巴音郭楞蒙古自治州耕地

王金国　金嘉伟　陈署晃　主编

中国农业科学技术出版社

图书在版编目（CIP）数据

巴音郭楞蒙古自治州耕地／王金国，金嘉伟，陈署晃主编 . --北京：
中国农业科学技术出版社，2022.1

ISBN 978-7-5116-5487-8

Ⅰ.①巴⋯　Ⅱ.①王⋯ ②金⋯ ③陈⋯　Ⅲ.①耕作土壤-土壤肥力-
土壤调查-巴音郭楞蒙古自治州②耕作土壤-土壤评价-巴音郭楞蒙古
自治州　Ⅳ.①S159.245.2②S158.2

中国版本图书馆 CIP 数据核字（2021）第 181906 号

责任编辑	张国锋	
责任校对	李向荣	
责任印制	姜义伟　王思文	
出 版 者	中国农业科学技术出版社	
	北京市中关村南大街 12 号　邮编：100081	
电　　话	（010）82106625（编辑室）　（010）82109702（发行部）	
	（010）82109709（读者服务部）	
传　　真	（010）82106625	
网　　址	http://www.castp.cn	
经 销 者	各地新华书店	
印 刷 者	北京建宏印刷有限公司	
开　　本	185 mm×260 mm　1/16	
印　　张	14.25　彩插　2 面	
字　　数	378 千字	
版　　次	2022 年 1 月第 1 版　2022 年 1 月第 1 次印刷	
定　　价	120.00 元	

《巴音郭楞蒙古自治州耕地》
编　委　会

主　　任：冯雪海

副 主 任：楼伟荣　金嘉伟

委　　员：楼伟荣　金嘉伟　路绍雷

主　　编：王金国　金嘉伟　陈署晃

副 主 编：蒲俊蓉　朱海涵　屈　涛　唐光木　信会男

编写人员：汤明尧　　宋鹏飞　　耿庆龙　　赖　宁

　　　　　李永福　　李　娜　　闫翠侠　　王祥金

　　　　　李保山　　谭永军　　赵　慧　　陈晓丽

　　　　　丁　力　　刘贤德　　王　勇　　苏勇宏

　　　　　刘江涛　　努尔比亚·牙克甫　　塔依尔·尼亚孜

　　　　　吉福鑫　　龙云静　　热娜古丽·艾则孜

　　　　　李应升　　沈凤瑞　　王沼州　　段会平

　　　　　段婧婧　　魏亚媛　　吕彩霞　　李昱朋

前　言

　　为落实"藏粮于地、藏粮于技"战略，按照耕地质量等级调查评价总体工作安排部署，全面掌握巴音郭楞蒙古自治州耕地质量状况，查清影响耕地生产的主要障碍因素，提出加强耕地质量保护与提升的对策措施与建议，2018—2019 年，巴州农业技术推广中心依据《耕地质量调查监测与评价办法》（农业部令〔2016〕第 2 号），首次应用《耕地质量等级》国家标准，组织开展了巴州耕地质量区域评价工作。

　　在总结前期巴州 9 个县域耕地地力评价工作基础上，巴州农业技术推广中心组织编写了《巴音郭楞蒙古自治州耕地》一书。全书分为六章：第一章巴州概况。介绍了区域地理位置、行政区划、气候条件、地形地貌、植被分布、水文情况、成土母质等自然环境条件，区域种植结构、产量水平、施肥情况、灌溉情况、机械化应用等农业生产情况。第二章耕地土壤类型。对巴州面积较大的半水成土、漠土等土纲的草甸土、潮土、棕漠土等 3 个土类、9 个亚类进行了重点描述。第三章耕地质量评价方法与步骤。系统地对区域耕地质量评价的每个技术环节进行了详细介绍，具体包括资料收集与整理、评价指标体系建立、数据库建立、耕地质量等级评价方法、评价指标权重确定、专题图件编制方法等内容。第四章耕地质量等级分析。详细阐述了巴州各等级耕地面积及分布、主要属性及存在的障碍因素，提出了有针对性的对策与建议。第五章耕地土壤有机质及主要营养元素。重点分析了土壤有机质、全氮、碱解氮、有效磷、速效钾、缓效钾、有效铜、有效锌、有效铁、有效锰、有效硼、有效钼、有效硅、有效硫等 14 个耕地质量主要性状指标及变化趋势。第六章其他指标。详细阐述了土壤 pH 值、灌溉排水能力、有效土层厚度、质地构型、耕层质地、障碍因素、林网化程度、盐渍化程度等其他耕地指标分布情况。

　　本书编写过程中得到了新疆维吾尔自治区土壤肥料工作站、巴州农业农村局领导的大力支持。巴州农业技术推广中心、巴州 9 个县（市）的农业技术推广中心（站）参与了数据资料收集整理与分析工作，新疆农业科学院土壤肥料和农业节水研究所承担了数据汇总、专题图制作工作，在此一并表示感谢！

　　由于编者水平有限，书中不足之处在所难免，敬请广大读者批评指正。

编　　者

2020 年 9 月

目　　录

第一章　巴音郭楞蒙古自治州概况

第一节　地理位置与区划

一、地理位置

巴音郭楞蒙古自治州（以下简称巴州）位于新疆维吾尔自治区东南部，东经82°38′~93°45′，北纬35°38′~43°36′。东邻甘肃、青海；南倚昆仑山与西藏相接；西连和田、阿克苏地区；北以天山为界与伊犁、塔城、昌吉、乌鲁木齐、吐鲁番、哈密等地、州、市相连。东西和南北最大长度为800余km。全州行政面积为482 665 km²，占新疆总面积的1/4，是中国面积最大的自治州。

二、行政区划

巴州共辖9个县级行政区，包括1个县级市、7个县、1个自治县，分别是库尔勒市、轮台县、尉犁县、若羌县、且末县、和静县、和硕县、博湖县、焉耆回族自治县。巴州行政公署驻库尔勒市。

三、社会经济人口情况

巴州现有人口数为124.21万人，其中城镇人口68.19万人，乡村人口56.02万人，农业人口占45.10%。2018年，巴州全年实现生产总值（GDP）1 027.50亿元，人均地区生产总值为7.20万元。城镇居民人均可支配收入32 358元，农民人均纯收入17 075元，城乡居民收入比为1.90∶1。从产业看，第一产业产值为155.31亿元，占地区GDP的15.12%；第二产业产值为560.08亿元，占地区GDP的54.51%；第三产业产值为312.12亿元，占地区GDP的30.38%。

第二节　自然环境概况

一、气候条件

巴州处在中亚腹部，地跨温带和暖温带两个水平气候带，山川暖温带、温带、寒温带、寒带等4个垂直气候层，但受地理环境的制约，属暖温带大陆性干旱气候带。境内四季分明、光照长、气温年和日变化大，降水稀少，蒸发旺盛。夏季炎热，但酷暑期短；冬无严寒，但低温期长，冬夏温差还是很大的。春夏多大风、沙暴、浮尘天气。根据地形、水文、海拔和经纬度等自然因素的制约，巴州大体可分为以下4个气候区。

（一）山间盆地湿润型大陆气候区

主要以焉耆盆地为代表，地形封闭，地下地面水资源丰富，冬季最大温差为-35～39℃，年平均气温8℃，年均≥10℃积温在3 420～3 590℃，相对湿度为51.4%～60%，年蒸发量为1 949.5～2 315.5mm，年均降水量50.6～75.1mm，多集中在4—9月。年日照时数3 057～3 138 h，日照率68.6%～84.7%，无霜期175～199d，最低约140d，最高达214d，一般冬季无稳定性积雪。气候湿润，光照丰富。

（二）天山半湿润高寒气候区

天山半湿润高寒气候区海拔2 400m以上，夏季受季风影响多阵雨，冬季西伯利亚冷空气入侵与东南海洋性气流相遇多降雪。无霜期12d左右，日照时数2 822h，日照率64%，年均气温-4.5℃，≥10℃积温122℃，年降水量276mm，相对湿度70%。

（三）塔里木干热荒漠气候区

塔里木干热荒漠气候区地处盆地底部，地形封闭，远离海洋，冬季干冷，夏季炎热，日照时数2 777～3 120h，日照率63%～70%，年平均气温10℃以上，夏季最高温43℃以上，冬季最大温差-30～43℃，≥10℃年积温3 833～4 350℃，无霜期171～212d，年降水量52～56mm，年蒸发量2 100～3 600mm。

（四）昆仑山、阿尔金山高寒、干旱荒漠气候区

昆仑山、阿尔金山高寒、干旱荒漠气候区主要位于巴州最南端，海拔2 600～6 860m，年平均气温在0℃以下，冬季最低温-40℃以上，年降水量70～150mm，雪线4 000～4 500m。

二、地形地貌

巴州地貌分属天山山脉、塔里木盆地东部和昆仑山、阿尔金山等三个地貌区，基本格局似一个大"U"字形。境内有高山、盆地、河流、湖泊、戈壁、沙漠和平原绿洲。在全州面积中，山地面积22.5万km²，占47.7%；平原面积24.66万km²，占52.3%；其中戈壁沙漠面积14.3万km²，占全州面积的30.3%。

山脉：天山，横亘于准噶尔盆地和塔里木盆地之间，为亚洲最大的山系之一，在巴州境内长约950km，宽140～200km，走向大致呈北西西向。山间盆地和纵向构造谷地把整个山系分割成许多山脉和山块，主要有北部的天格尔山、阿拉沟山、霍拉山等。昆仑山，位于塔里木盆地与藏北高原之间，自治州南部的昆仑山为东昆仑山，呈东北西南走向，一般高在4 000～6 000m，最高峰木孜塔格峰海拔7 723 m。东昆仑山北侧，且末以东为阿尔金山，是州境东南部塔里木盆地东端与青海省柴达木盆地之间的界山，由北向东延伸，山脉一般高度3 000～5 000m，气候干旱，为荒漠山地。

北部天山山脉横贯东西，境内全长约880km，宽50～170km，最高峰海拔4 500m，山上有终年积雪带和冰川，丰富的水资源汇集呈巩乃斯河、开都河、呼图壁河、玛纳斯河等。

南部昆仑山山系东西走向，境内总长约为870km，南北宽160~350km，海拔高度4 000~6 700 m，西高东低，垂直气候带与天山山脉跨度相似。

中部以塔里木盆地和焉耆盆地为主的平原区，东西长约850km，南北宽70~600km，海拔780~1 100m，北、东、南三面环山。天山、昆仑山山前洪积平原，并有瓦石峡河、且末河、若羌河、米兰河、迪那河、策大雅河、阳霞河等山溪性河流冲积平原，开都河、孔雀河、塔里木河及车尔臣河等主要河流中下游冲积平原。

三、植被分布

巴州植被属于塔里木荒漠亚地带，平原地带性植被以灌木为代表，其次为小半灌木和小灌木，可归纳为农田植被、草甸植被、沼泽植被、荒漠植被和高山植被。

（一）农田植被

农田植被主要由栽培作物、果林及田间杂草所构成，主要分布在广大的灌溉绿洲。土壤类型为草甸土、潮土、棕漠土、灌淤土等。

栽培作物有棉花、小麦、玉米、水稻、西甜瓜、蔬菜、苜蓿、草木樨等。果树有梨、红枣、核桃、葡萄、杏、桃、苹果、巴旦木、樱桃等。林木有白杨、青杨、柳、榆树、沙枣、槐、白腊、胡杨等。田间杂草有灰藜、苦苣菜、野燕麦、大蓟、泥胡菜、芦苇、苦豆子、甘草、三蕊草、滨草、车前、黄蒿、秕草、蒲公英、田旋花等。

（二）草甸植被

草甸植被主要分布在诸河三角洲、阶地、河间及扇缘洼地，水库周围底土经常湿润地段，土壤有不同程度的盐渍化。由于地下水位较高，地下水矿化度高低不一，生境条件悬殊，组成盐化草甸植物的生物生态学特性也有很大差异。群种主要是各种耐盐的禾草及杂草类，有的在强盐化条件下发生盐生变型，群落种类组成和结构比较简单。

1. 芦苇群系

芦苇群系是一种分布很广的盐化草甸，群落的主要特征如下。①芦苇与耐盐小禾草形成群落，优势种是小獐茅、混生拂子茅、发芨草、花花柴、疏叶骆驼刺和铃铛刺、白刺、黑刺等灌木。②芦苇和耐盐杂草类组成的群落。以芦苇为主，混生甘草、野麻、疏叶骆驼刺等。③在干燥且盐渍化强烈的生境上，芦苇丛中仅混有稀少的疏叶骆驼刺、野麻、甘草，除此尚有柽柳和盐穗木。④在潮湿的盐化草甸土、草甸盐土上，以矮型铁秆芦苇为主，匍匐丛生，茎叶坚硬，呈灰绿色。群落或稀或密，混生疏叶骆驼刺、海乳草、碱蓬等。据草原普查，芦苇群系的组合一般是芦苇+拂子茅、芦苇+甘草、芦苇+骆驼刺、芦苇+獐茅、芦苇+花花柴、芦苇+狗牙根。

2. 獐毛群系

獐毛是典型的小禾草盐生草甸植被，与其他小杂草类组成群落。这些小杂草类主要是盐生车前、蒲公英、碱蓬等；有的则与狗牙根、矮生芦苇组成群落。随着盐渍化的加强，群落中出现柽柳、盐节木、盐爪爪等典型盐生植物。

3. 芨芨草群系

多分布在土壤盐渍化较弱、地下水供应充足的盐化草甸土上，混生稀少的小獐茅、芦苇、委陵菜等，个别情况下还有较多的铃铛刺、柽柳等灌木。

4. 胡杨或灰杨-低地草甸、灌丛-低地草甸、沙枣-低地草甸

（1）胡杨或灰杨-低地草甸。①灰杨芦苇，伴生柽柳、甘草、骆驼刺。②胡杨-柽柳-杂草。③灰杨骆驼刺+大花野麻，并伴生芦苇、甘草。④灰杨-柽柳-花花柴。⑤灰杨-柽柳-骆驼刺。

（2）灌丛-低地草甸。①柽柳-骆驼刺+盐穗木，伴生碱蓬、花花柴、盐爪爪、甘草、黑刺等。②柽柳-甘草+骆驼刺，伴生黑刺、芦苇、铃铛刺、獐茅等。③柽柳-骆驼刺，伴生芦苇、大花野麻、盐穗木，盐角草、花花柴等。④柽柳-大花野麻+甘草，伴生骆驼刺、黑刺芦苇、花花柴、苦豆子。⑤柽柳-花花柴+大花野麻。伴生甘草、骆驼刺、黑刺、碱蓬等，除此尚有零星灰杨、胡杨的分布。⑥柽柳-盐穗木，伴生碱蓬、骆驼刺、黑刺、芦苇等。

（3）沙枣-低地草甸。①沙枣-小芦苇，伴生狗牙根、菊苣。②沙枣-小芦苇+狗牙根，伴生鸦葱、蒲公英、苦苣菜。

（三）沼泽植被

沼泽植被主要分布在冲积平原积水洼地、扇缘潜水地、河漫滩。土壤类型为沼泽土。建群植物是高大的禾草、香蒲和莎草科植物，生长茂密。主要类型有以下几种。

（1）小芦苇+牛毛毡+荆三棱+香蒲，伴生水麦冬、海乳草。

（2）小芦苇+海乳草，伴生牛毛毡、鸦葱、苦苣菜、百脉根、盐角草。

（3）牛毛毡+荆三棱，伴生芦苇、海乳草、狗牙根、鸦葱、百脉根、苦苣菜、獐茅、骆驼刺等。

（4）香蒲，伴生芦苇、荆三棱、长芒棒头草。

（四）荒漠植被

荒漠植被主要有超旱生的灌木构成，分布在山前洪积扇、低山丘陵、洪积平原等，属于地带性的植被类型。主要有以下类型。

（1）币果碱蓬群系。主要植被有币果碱蓬、猪毛菜、骆驼刺、蒿。

（2）骆驼芒群系。主要植被有骆驼蓬、骆驼蹄瓣、盐爪爪、盐穗木、叉枝鸦葱、无叶假木贼等。

（3）无叶假木贼群系。主要植被有假木贼、白刺、巴州琵琶柴等。

（4）叉枝鸦葱群系。主要植被有叉枝鸦葱、骆驼蹄瓣等。

（五）高山植被

高山植被主要分布在天山及昆仑山山地。植被类型既有荒漠植被，又有荒漠草原、草原荒漠植被。植被的垂直带简单，带状分界不明显。

1. 天山山地

海拔3 000～3 300m 荒漠植被主要由垫形小半灌木所组成。以稀疏的帕米尔麻黄、粉花蒿、黄芪委陵菜等为主。海拔3 300m 以上出现草原化荒漠。组成种类除了上述麻黄和蒿类植物外，还有沙生针茅、狭叶状苔草、蓖形冰草、棘豆等。海拔3 600～3 900m 分布着主要由匍生优若黎形成的垫形小半灌木荒漠。海拔3 900～4 700m 为高寒荒漠。种类组成主要是藏亚菊、粉花蒿、沙生针茅、狐茅、高寒棘豆、委陵菜、锦鸡儿、扁芒菊、四蕊梅、草地早熟禾等。海拔4 700m 以上则生长稀生四蕊梅、雪报春、帕米尔雪莲等雪山适

冰雪植物。

2. 昆仑山山地

海拔 2 200~3 000m，以巴州蒿为主，伴生针茅、木地肤。海拔 3 000~3 400m，以巴州蒿+针茅为主，伴生驼绒藜、银穗草、羊茅、木地肤、小锦鸡儿。海拔 3 400~4 000m，一种是以冷蒿+羊茅为主，伴生火绒草、马蔺、银穗草；另一种则为羊茅+冷蒿+银穗草为主，伴生马蔺、巴州蒿。海拔 4 000m 以上，以棱狐茅+银穗草为主，伴生冷蒿、羊茅。均属荒漠草原、草原荒漠两大类型。

四、水文条件

巴州水系受地形地貌、地域降水影响，各河系的源头都位于冰川、山区积雪带，随着山区水的融冻而使各河流的年内枯洪变化明显。水资源在地区分布上存在不均匀，天山山区和昆仑山区是主要产水区，但天山与昆仑山单位面积降水、产水量相差悬殊，各县拥有的水资源量也很不平衡。并且水资源年内分配不均，但年际变化平稳，水资源的年内分配因受降水、气温、环流形势的影响，夏季最多，冬季最少，农业春旱情况时有发生，表现为季节分配很不平衡，而年际变化基本平衡。

巴州共有大小河流 53 条。按河流的发源地可分为天山水系和东昆仑山水系。天山水系的河流主要有开都河、黄水沟、清水河、迪那河、库尔楚河等，滋润着焉耆盆地、库尔勒、尉犁、轮台平原的大片土地；东昆仑山-阿尔金山水系的河流主要有车尔臣河、喀拉米兰河、莫勒切河、米兰河、塔什赛依河、瓦石峡河等，孕育着若羌、且末两地的绿洲。

巴州境内共有大小湖泊 69 个，总面积 2 398 km²。主要湖泊有博斯腾湖、罗布淖尔湖、台特玛湖、鲸鱼湖等。位于焉耆盆地东南部的博斯腾湖，东西长 55km，南北宽 25km，湖水高程 1 048m，水域面积 1 001km²，为全国最大的内陆淡水湖。

冰川资源。根据 1987 年水文年鉴资料统计，巴州冰川有 2 383 条，冰川面积 3 270km²，冰川总储量 1 330 亿 m³，其中冰川融水量约 18.8 亿 m³。

地表水资源。根据统计，境内有大小 53 余条河流及 69 个湖泊，2018 年地表水资源总量为 128.26 亿 m³，其中开都河年径流量为 38.78 亿 m³、黄水沟 3.33 亿 m³、孔雀河 16.86 亿 m³、车尔臣河 9.40 亿 m³；主要各县市地表水资源量为和静地区 65.54 亿 m³、轮台地区 5.19 亿 m³、和硕地区 3.87 亿 m³、若羌地区 30.23 亿 m³、且末地区 22.04 亿 m³；不同流域年地表水资源量为伊犁河流域 9.92 亿 m³、开孔河流域 58.15 亿 m³、天山北麓中段 8.53 亿 m³、吐鲁番盆地 1.79 亿 m³、车尔臣诸小河 25.77 亿 m³、羌塘高原 18.13 亿 m³。

地下水资源。2018 年巴州地下水资源总量为 63.35 亿 m³，其中和静县 44.54 亿 m³、轮台县 1.90 亿 m³、尉犁县 0.01 亿 m³、库尔勒市 0.16 亿 m³、焉耆回族自治县 0.18 亿 m³、博湖县 0.35 亿 m³、和硕县 2.00 亿 m³、若羌县 6.37 亿 m³、且末县 7.76 亿 m³，主要分布在开孔 43.83 亿 m³、车尔臣河诸小河 9.70 亿 m³。

水资源总量。2018 年巴州地表水资源量 128.26 亿 m³，地下水资源总量 63.35 亿 m³，扣除地表水与地下水重复计算量 57.37 亿 m³，巴州水资源总量 134.24 亿 m³。

截至 2018 年，巴州现有水库总数 25 座（含第二师、塔管局和发电企业及在建水库），其中在建水库为 4 座；2018 年巴州直属各水库年初蓄水总量 0.33 亿 m³，年末蓄水总量为 0.44 亿 m^3。

五、成土母质

巴州地质条件复杂，一般来说，山地多分布残积物、坡积物；山前平原洪积平原多分布洪积和洪积-冲积物；山溪性河流沿途多分布洪积-冲积物；灌溉绿洲有特殊的灌溉淤积物；沙漠则为砂质风积物；湖积物、冰水沉积物等都各有不同面积的分布，对土壤的形成有一定的影响。

（一）冲积物

冲积物为河流搬运堆积或泛滥淤积而成，广布于各冲积平原。冲积物最明显的特征是：在其垂直剖面上有粗细不同、层次分明的沉积层理。每层内或砂或黏，粗细均一。砂粒磨圆程度很高，有的完全没有棱角。发育在河床的冲积物，颗粒较大，主要为砾石和粗砂，磨圆程度好；发育在河床两侧河漫滩、阶地的冲积物，分选较好，且具有水平层理，颗粒较细，多为细砂壤和壤土，砂黏程度适中，而下层为质地较粗的具有交错层理的堆积层；而在干三角洲中、下部，局部低洼地的冲积物，下部是河床沉积相，上部是细粒的静水沉积物，类似湖相沉积。这种冲积物主要是淤泥、黏土及植物残体沉积的间层，具有明显的水平层理。

（二）洪积物

洪积物由暂时性线状洪流搬运堆积而成。广泛分布于天山及昆仑山山前倾斜平原（包括洪积扇、洪积裙、洪积锥）、高山谷地及河谷上游，在土壤形成中起着重大的作用。

洪积物的分选程度很差，往往是很粗的、复杂而不均一的沉积物，常有透镜体的存在。所夹砾石有一定的磨圆度和层理，其厚度远远超过残积物和坡积物。

洪积物在水平方向上粒径有明显的分选。顶部粒径较大，多为砾石层；中部表层有一定厚度的土层，下层为砂、砾石层；下部地势平缓，质地细腻；扇缘地势低洼，质地黏重。按照洪积物的层理和机械组成，可以把洪积物分为两种洪积相：一种为砾质洪积相，另一种为细土质（壤土砂土）洪积相。

洪积物在垂直剖面上，机械组成是愈向深处愈粗，但愈至洪积扇下部这种过渡性变化就愈不明显。洪积物的砾石岩性成分、粒径大小与集水区山地的基岩相关。

（三）灌溉淤积物

灌溉淤积物是由灌溉水携带的悬移物质灌溉农田沉积的结果，主要分布在轮台、且末、若羌灌区，和静的黄水渠、和硕的清水河灌区。

灌溉淤积物的厚度取决于灌溉历史的长短，历史较长者则厚，可达 2m 以上；反之则较薄，一般都能达到 30~50cm，灌溉淤积物的淤积速度取决于灌溉水的浑浊程度、流速及悬移物质的数量。悬移物质较多的，淤积速度较快，年可淤积 4~6mm。反之则较慢，一般 2~3mm。还与灌溉系统的上下游有联系。上游淤积快，下游淤积慢。灌溉淤积物的性质同冲积物性质相似，不同点是它没有冲积物那样的水平沉积层理，而是整个灌溉淤积层的机械组成和物理结持性相当一致。灌溉淤积物与水文特点及其动态表现出明显的相关性。

（四）风积物

风积物是由风力将第四纪冲积物、洪积物等堆积物侵蚀、搬运、沉积而成。风积物的主要特点是风选好，颗粒粗细均一，层次厚而且分明，砂粒磨圆度高，表面光泽暗淡。常见的风成地貌有新月形沙丘、沙丘链、沙垄、金字塔沙丘、风蚀沙丘、沙山和风蚀洼地等。按其移动性可分为流动性沙丘、半固定沙丘、固定沙丘。

塔克拉玛干沙漠，边缘为沙垄、丛草沙堆等形态，厚度达 0.5~3.0m；内部多以新月型沙丘、沙山形态出现，沙层疏松，沙源丰富，沙丘高度大，厚度可达 50~100m；由黄褐色、黄灰色、黄棕色的细砂组成。粒径 0.1~0.5mm，分选性、磨圆度均好。矿物成分为石英、长石及云母碎片。

（五）残积物

残积物为岩石就地风化的产物，多分布在准平原化的剥蚀山顶平坦面上。在一定程度上保留了原生母岩的特性；母质中的砂粒和碎石有明显的棱角；颗粒无分选和层理；母质中的原生矿物组成与底部基岩相同。发育在残积母质上的土壤，土层较薄，一般 30~80cm。土层由上而向下逐渐过渡，全剖面多含砂砾和碎石。表层含量较少且粒径较小至下层为基岩崩裂的大块岩石。

（六）坡积物

残积物受冻融及热力风化，在间隙性坡地水流和重力的影响下，沿山坡倾斜面搬运堆积而成，多分布于山麓地段，形成坡积裙和倒石堆。坡积物和上述残积物有着密切的联系，并经常形成混合型的坡积-残积物或残积-坡积物。由于搬运距离短，夹杂的砾石无磨圆度，分选性不好，无明显层理，但砾石都保留重力倾斜。坡积物顶部较薄，下部深厚，可见叠加层次和埋藏土层基本上没有形成真正的土壤。在低山丘陵、残丘地区，坡积物仍然存在，只是程度上不同而已。

（七）冰碛物和冰水沉积物

冰碛物为现代冰川作用搬运堆积而形成，常见于帕天山、昆仑山谷地和山地平坦面上。古代巨大的冰川堆积物可分布到山龙带。由于槽谷的底碛、侧碛和终碛常受到后期冰川和水流的切割，以致形成阶地、终碛垄、终碛堤、残丘等冰碛地形。冰碛物的特点是巨砾和碎石混杂，巨砾奇形怪状，杂乱无章，结构松散，成分各地而异，多呈风化和半风化状态。

第三节 农业生产概况

一、耕地利用情况

巴州现有耕地面积 379.12khm²，其中水浇地 379.119khm²，各县市耕地情况见表1-1。

表1-1　巴州耕地面积分布　　　　　　　　（khm²）

地点	面积	水浇地	旱地
库尔勒市	79.56	79.56	—
轮台县	37.72	37.72	—
尉犁县	84.00	84.00	0.000 21
若羌县	7.44	7.44	—
且末县	17.87	17.87	—
焉耆回族自治县	39.58	39.58	—
和静县	51.87	51.87	—
和硕县	38.84	38.84	—
博湖县	22.24	22.24	—
巴州	379.12	379.12	0.000 21

注：数据来源《新疆统计年鉴2019年》。

巴州果树面积106.36km²，占全疆果树面积的11.15%，其中红枣、梨、葡萄是种植面积最多的果树，分别为39.77km²、42.08km²、16.35km²，占巴州果树种植面积的39.57%、37.39%、15.37%。

二、区域主要农作物播种面积及产量

巴州2018年农作物播种面积416.49km²，占全疆播种面积的6.87%。主要种植作物为棉花、蔬菜、小麦、玉米、甜菜和苜蓿，面积分别为239.59km²、54.63km²、43.54km²、29.21km²、6.57km²和5.67km²，占全疆的比例分别为10.80%、17.16%、3.64%、3.20%、9.01%和2.28%。棉花、蔬菜、小麦、玉米、甜菜和苜蓿种植面积占巴州农作物种植面积的57.53%、13.12%、10.45%、7.01%、1.58%和1.36%，各县市的农作物种植面积见表1-2。

表1-2　巴州农作物种植面积　　　　　　　　　　　　（khm²）

县市	播种面积	小麦	玉米	棉花	油料	甜菜	蔬菜	苜蓿
库尔勒市	85.6	1.67	0.93	75.43	0.01	0.05	1.66	1.5
轮台县	86.5	12	5.24	65.46	0.12	0.05	0.35	0.38
尉犁县	81.03	0.33	0.18	75.11	0.01	—	0.52	0.21
若羌县	6.96	1.67	0.61	2.07	0.07	—	0.15	0.03
且末县	25.47	7.67	2.25	11.11	0.15	—	0.38	1.77
焉耆回族自治县	33.53	5.95	4.73	0.32	1.02	3.06	13.17	0.67

县市	播种面积	小麦	玉米	棉花	油料	甜菜	蔬菜	苜蓿
和静县	31.52	4.94	6.58	0.07	0.83	1.61	13.32	0.46
和硕县	41.66	7.23	6.71	7.16	0.64	0.64	13.28	0.31
博湖县	24.23	2.09	1.99	2.87	0.67	1.16	11.8	0.33
巴州	416.49	43.54	29.21	239.59	3.51	6.57	54.63	5.67
占全疆比例	6.87%	3.64%	3.20%	10.80%	1.46%	9.01%	17.16%	2.28%

巴州 2018 年棉花、蔬菜、小麦、玉米、甜菜和苜蓿的产量分别为 51.61 万 t、337.99 万 t、25.50 万 t、29.28 万 t、58.93 万 t 和 7.61 万 t，占全疆的比例分别为 11.30%、17.13%、3.92%、4.23%、11.10% 和 2.56%，各县市的农作物产量见表 1-3。

表 1-3 巴州农作物产量 　　　　　　　　　（千 t）

县市	小麦	玉米	棉花	油料	甜菜	蔬菜	苜蓿
库尔勒市	7.34	5.82	164.40	0.01	3.35	80.89	22.45
轮台县	67.82	26.78	139.02	0.25	5.68	13.43	3.41
尉犁县	1.40	1.21	171.25	0.04	0.11	17.67	1.61
若羌县	7.47	1.94	2.97	0.09	—	4.45	—
且末县	36.34	14.32	20.17	0.56	—	14.16	25.01
焉耆回族自治县	39.25	55.33	0.48	2.98	291.47	830.05	8.44
和静县	33.92	75.88	0.11	2.04	142.21	672.46	5.56
和硕县	47.17	86.88	12.92	1.49	40.62	1 024.58	3.54
博湖县	14.34	24.60	4.75	1.81	105.84	722.19	6.06
巴州	255.04	292.75	516.06	9.26	589.29	3 379.87	76.09
占全疆比例	3.92%	4.23%	11.30%	1.30%	11.10%	17.13%	2.56%

三、农作物施肥品种和用量情况

从表 1-4 可以看出，巴州的化肥总用量（折纯）为 171.28 千 t，农作物使用的化肥主要为氮肥、磷肥、钾肥和复合肥，用量（折纯）分别为 82.10 千 t、45.02 千 t、15.79 千 t 和 28.37 千 t，占全疆总用量的比例分别为 7.47%、6.91%、7.57% 和 4.80%，占巴州化肥总量的比例分别为 47.93%、26.29%、9.22% 和 16.56%。巴州氮磷肥用量较为合理，但较少施用钾肥和复合肥，尤其是钾肥用量不足。

表 1-4　巴州化肥折纯用量　　　　　　　　（千 t）

县市	氮肥	磷肥	钾肥	复合肥	总用量
库尔勒市	19.89	10.76	2.90	2.69	36.24
轮台县	13.24	5.82	0.64	7.02	26.71
尉犁县	15.52	11.02	7.44	9.45	43.43
若羌县	4.60	1.99	0.42	1.96	8.97
且末县	5.34	1.51	0.25	1.47	8.57
和静县	6.38	2.63	1.09	2.63	12.73
和硕县	4.40	3.39	1.12	0.63	9.54
博湖县	8.37	5.40	1.01	1.37	16.14
焉耆回族自治县	4.37	2.51	0.93	1.16	8.96
巴州	82.10	45.02	15.79	28.37	171.28
占全疆比例	7.47%	6.91%	7.57%	4.80%	6.72%

四、农作物灌溉情况

巴州各河系的源头位于冰川、山区积雪带，随着山区不同季节水分的融化而使各河流的年内枯洪变化明显。全地区有天山和昆仑山两个水系，大小河流 53 条，69 个湖泊，2018 年地表水资源总量为 128.26 亿 m³，其中伊犁河流域 9.92 亿 m³、开孔河流域 58.15 亿 m³、天山北麓中段 8.53 亿 m³、吐鲁番盆地 1.79 亿 m³、车尔臣诸小河 25.77 亿 m³、羌塘高原 18.13 亿 m³；地下水资源总量为 63.35 亿 m³，其中开都河、孔雀河 43.83 亿 m³、车尔臣河诸小河 9.70 亿 m³。考虑到自然地理条件、实际开采的难易程度等因素，开发利用比较困难的地表水资源量为 52.53 亿～56.01 亿 m³。

巴州 99.44% 的耕地为水浇地，其中漫灌农田面积占 67.50%，包括滴灌在内的节水农田面积占 32.50%。

巴州农田灌溉中存在以下问题。① 3—5 月河水供水严重不足，春季期间缺水严重，而 6—9 月洪水过多，导致巴州供水不均衡。②干渠防渗率低、渠系建筑物配套率低，水资源利用率不高。③地下水用量大，水位下降快。④高效节水面积小，水分利用效率不高。⑤地表水含沙量大，不适宜直接滴灌。

建议如下。①主要针对现有各级灌溉系统、水库、灌溉渠水工程及地下渠水设施做好管理和维护，确保农业灌溉用水高效科学运转。同时针对主要河流、水库等做好实时监控，高标准完成各级防洪工程，调控水资源时空不均衡。②针对传统灌溉和节水灌溉方式，结合现有小麦、玉米、棉花、水稻、饲草农艺措施、需水规模等因素，制定合理的灌水定额及详细灌水方案，做到高效、合理供配水。③应用节水灌溉技术，解决灌水量不足、灌水周期长、效率低、水浪费等问题。常规滴灌 20～35m³/亩次，对于条件较好区域，用地下水并新增水库水实现滴灌，河水+地下水能从根本上解决春季缺水的矛盾。

五、农作物机械化应用情况

巴州农业机械总动力为 2 524 691 kW，其中农业大中型拖拉机 34 723 台，动力为 1 510 962 kW，占农业机械总动力的 59.85%；小型拖拉机 42 871 台，动力为 633 577 kW，占农业机械总动力的 25.10%；农用排灌柴油机 7 340 台，大中型拖拉机配套农具 82 047 套，小型拖拉机配套农具 75 855 套。各县市的农业机械情况见表1-5。

表1-5　巴州农业机械情况

县市	总动力（kW）	大中型拖拉机		小型拖拉机		大中型拖拉机配套农具（部）	小型拖拉机配套农具（部）	节水灌溉机械数量（台）
		数量（台）	动力（kW）	数量（台）	动力（kW）			
库尔勒市	580 163	11 946	378 200	10 404	126 746	21 125	29 280	3 752
轮台县	267 435	2 673	121 042	7 102	106 016	6 236	8 120	489
尉犁县	479 442	7 493	390 346	5 082	85 591	9 717	5 643	345
若羌县	85 074	1 290	47 097	1 493	25 684	3 088	2 130	129
且末县	153 332	2 457	87 867	3 270	48 690	5 309	7 808	
和静县	231 907	2 142	133 097	4 392	74 603	11 752	5 764	308
和硕县	234 170	1 970	108 105	2 949	45 325	5 134	3 458	1 423
博湖县	183 971	1 797	85 391	3 327	49 696	3 727	5 200	376
焉耆回族自治县	309 197	2 955	159 817	4 852	71 226	15 959	8 452	518
巴州	2 524 691	34 723	1 510 962	42 871	633 577	82 047	75 855	7 340

目前巴州农业机械化使用程度较低，主要原因是土地经营仍以各家各户为主，作业地块小，林间间作严重影响机械作业。机采棉花比重低，饲草机械化配套不高。

因地制宜推广农机化覆盖范围，不断提高机械应用率，实现高效、优质农业机械化的合理布局。在现有机械基础上提升农业种植机械化效率和作业质量，大力推广小麦、玉米、棉花等主要作物全程机械化，从整地到犁地、整地、播种、中耕、施肥、打药、除草、收获、拉运、打捆等要全程做到机械化；饲草收割机械类，先是解决青贮收割机械，引进青贮收割机彻底解决青贮高效收割问题，有关收割打捆类机械全方位配套，可以引进比较成熟的中大型割草机，解决苜蓿、草木樨等收割问题，打捆机械建议直接使用大捆（200kg以上）的打捆机械，实现机械装车、小地块就近使用的草捆可用小方捆机械作业。压缩打捆机械引进，主要解决零碎秸秆的集中拉运，全面解决农村秸秆的合理使用问题。

第二章　耕地土壤类型

巴州耕地总面积为 379.12khm²。耕地土壤类型分 9 个土纲、11 个亚纲、14 个土类、33 个亚类。本次仅针对面积较大的草甸土、潮土和棕漠土 3 个土类进行重点描述。巴州耕地土壤分类系统见表 2-1。

表 2-1　巴州耕地土壤分类系统

土纲	亚纲	土类	亚类
半水成土	暗半水成土	草甸土	石灰性草甸土
			盐化草甸土
			灌耕林灌草甸土
		林灌草甸土	林灌草甸土
			盐化林灌草甸土
	淡半水成土	潮土	潮土
			灌淤潮土
			黄潮土
			盐化潮土
初育土	土质初育土	风沙土	荒漠风沙土
		灌漠土	黄灌漠土
			灰灌漠土
			盐化黄灌漠土
人为土	灌耕土	灌淤土	潮灌淤土
			典型灌淤土
			盐化潮灌淤土
			盐化灌淤土
高山土	半湿寒高山土	冷钙土	灌耕冷钙土
钙层土	半干旱温钙层土	栗钙土	灌耕栗钙土

土纲	亚纲	土类	亚类
		漠境盐土	干盐土
盐碱土	盐土		草甸盐土
		盐土	结壳盐土
			沼泽盐土
初育土	石质初育土	石质土	灌耕石质土
			盐化石质土
			草甸沼泽土
水成土	水成土	沼泽土	泥炭沼泽土
			盐化沼泽土
干旱土	干旱温钙层土	棕钙土	灌耕棕钙土
			灌耕棕漠土
漠土	暖温漠土	棕漠土	石膏棕漠土
			盐化灌耕棕漠土
			棕漠土

第一节　草甸土

一、草甸土的分布与特点

（一）草甸土的分布

草甸土面积 142.02khm²，占巴州耕地面积的 37.46%。主要分布于各冲积平原中下部及各扇形地的扇缘。如孔雀河冲积物、霍拉与库鲁克塔格山前洪积物及扇间洼地扇缘洪积－冲积物、风积物、淤积物，开都河、黄水沟、清水河、迪那河、库尔楚河洪积－冲积扇缘等。草甸土多分布于潮土带的外缘，并常与盐土形成复区。在行政区划的分布主要在库尔勒市、尉犁县和轮台县。

（二）草甸土的特点

水文地质和生物气候是草甸土的主要成土条件。草甸土的"草甸化"过程一般包括生草化—腐殖化—泥炭化三个阶段。草甸土土壤水分丰富，钙质含量高，灌溉水或地下水均有一定的矿化度，水土中所含的钙及其他盐类在土壤中的移动性又较强，所以常有"盐渍化""潮化""钙积化"等附加成土过程伴生主导成土过程始终。草甸土土层多较深厚，质地粗细差异较大而构型较为复杂，剖面中下部多有锈色斑纹层出现。

二、草甸土剖面形态

草甸土的剖面形态可分为三个发生层次，即腐殖质层、锈纹锈斑层、母质层（或潜育层）。

　　腐殖质层：一般不明显，厚者 30~70cm，薄者仅 3~5cm。干态色调呈暗棕灰色-浊黄橙色，多团粒或屑粒状结构，松软，根系多。

　　锈纹锈斑层：厚度一般 20~100cm，厚者可达 160cm，薄者 40~50cm，有明显的锈纹锈斑。出现的部位取决于地下水位的高低，地下水位高，该层出现部位则高，厚度大；地下水位低，该层出现部位深且厚度薄。

　　母质层（或潜育层）：锈纹锈斑层以下常接母质层，保持冲积母质砂粘相间的特征。

　　巴州草甸土地表多有盐霜、盐斑、盐结皮；表层枯枝落叶层较薄，薄的无法区分，厚的不过 1~2cm，并与表层盐、土松散物混合相掺。但胡杨林下，落叶层较厚。

三、草甸土的养分

　　草甸土养分、盐分含量变化范围较大，不同土壤养分的变异情况各不相同，变异系数在 45.30%~72.60%，属于中等变异性；土壤盐分的变异系数为 167.78%，属于强变异性；pH 值变异系数为 3.35%，属于弱变异性。草甸土耕层土壤 pH 值 8.03，有机质 13.76g/kg，全氮 0.65g/kg，碱解氮 57.75mg/kg，有效磷 24.83mg/kg，速效钾 190mg/kg，盐分 4.52g/kg。

四、草甸土的分类

　　草甸土在形成过程中，腐殖质积累和滞育过程为主导成土过程，但是由于附加成土条件的不同，草甸土在成土过程中有不同的差异，以此作为草甸土划分亚类的依据。由于成土过程钙积化过程，划分为石灰性草甸土亚类；由于地下水矿化度较高，加之蒸发强烈，草甸土在成土过程中伴随盐渍化过程，土体含盐，故划出盐化草甸土亚类。

（一）石灰性草甸土

　　石灰性草甸土成土母质为石灰性冲积物或洪积冲积物，分布于河流沿岸的河漫滩、低阶地。地下水埋深 1m 左右，地下水矿化度 0.5~1.0g/L，母质富钙，剖面由腐殖质层和氧化还原层组成，腐殖质平均厚度 20~40cm，颜色呈灰黑色、暗棕灰色或者棕灰色，质地多为砂质黏壤土，结构多呈块状及粒状，氧化还原的锈斑一般出现在 20cm 以下，淋溶作用弱，通体强石灰化反应，地下水位较高处，底土可见潜育层。

　　石灰性草甸土耕层土壤 pH 值 8.02，有机质 14.58g/kg，全氮 0.69g/kg，碱解氮 57.82mg/kg，有效磷 20.70mg/kg，速效钾 198mg/kg，盐分 5.47g/kg。

（二）盐化草甸土亚类

　　盐化草甸土是在草甸化成土过程中附加盐渍化成土过程所形成的一类盐渍化土壤，盐分表聚层厚度一般 20cm，多分布于地势低平及地下水位和矿化度较高的地段，如河滩、河阶、三角洲、扇缘等下部低地或交接洼地等地貌地段。地下水位一般在 1~3m，剖面有绣纹绣斑外，还常有石灰沙僵结核或结盘出现，淀积作用较明显。

　　盐化草甸土耕层土壤 pH 值 8.03，有机质 13.32g/kg，全氮 0.63g/kg，碱解氮 57.71mg/kg，有效磷 27.05mg/kg，速效钾 186mg/kg，盐分 4.01g/kg。

第二节 潮 土

一、潮土的分布与特点

潮土是在长期的灌溉、耕种熟化过程中，在草甸土、草甸盐土和部分沼泽土等自然土壤的基础上演变而成。土壤剖面有不厚的灌淤层，还受地下水的强烈影响，是巴州主要的耕作土壤之一。面积 63.91khm²，占耕作土壤的 16.86%。

（一）潮土的分布

潮土广泛分布于洪积、冲积扇形地的扇缘溢出带的上部及广大的冲积平原。以开都河下游的焉耆盆地最为集中和典型，其次为孔雀河中上游有连片分布，此外开都河、黄水沟、清水河、迪那河、库尔楚河以及博斯腾湖的湖滨地带和平原水库下游地段也有分布。在行政区划的分布主要在焉耆回族自治县和和静县。

（二）潮土的特点

潮土具有特定的地质地貌和水文条件，所处地形平坦，排水不甚通畅。巴州地下水年内径流不稳定，地下水位升降频繁，土体干湿交替。4—6 月春夏之交常为土壤失水期，表层土壤水分降低较快，全土层水分上少下多，地下水位在一年中下降至最低值；7—8 月全土层稍为干燥，夜间返潮；9—11 月夏末秋季，土壤水分为聚积期，地下水位在一年中升至最高值，有的全土层水分接近饱和量；12—翌年 3 月，土壤上层水分上升并达到高峰。变化频繁的干湿交替，促使土壤剖面氧化、还原过程的周而复始，影响了土壤物质的溶解、移动和淀积；当土壤处于氧化态时低价铁锰变为高价，沉积形成锈纹、锈斑和铁锰结核，碳酸钙成为石灰结核；当土壤处于还原态时，铁锰又变为低价，活动性加强，有的土层常期处于还原状态时，产生蓝灰色潜育层次。

在土壤进行氧化-还原过程的同时，土壤中可溶盐在土体内不断得到重新分配的机会。旱季随水向上移动在地表积聚，汛期又随水分淋失下移或在下层积累，盐渍化过程时强时弱，则土壤盐渍化程度时重时轻。潮土的盐渍化在巴州相当普遍，除少量的土壤为非盐渍化外，均有程度不同的盐渍化现象，这种现象与地下水的埋藏深度和水矿化度的高低密切相关。一般来说，地下水埋藏浅，Na^+、Mg^{2+} 为主的高矿化度水，则使土壤盐渍较重；反之，则较轻。必须指出，地下水的埋藏深度及矿化度的高低受到局部地形的影响，埋藏深度与矿化度高低差异很大。

二、潮土剖面形态

潮土剖面分化较为明显，上部是耕作层，心土层为潴育层，底土层一般为潴育层，有的则为潜育层，其下过渡到母质层。耕作层与心土层有淤积土层的存在，通体湿润，土性冷凉，犁底层极不明显，难以区分。

耕作层：一般厚度达 16～28cm，质地以中壤或轻壤为主；颜色呈灰、灰棕、红棕、黄灰色，腐殖质积累较多的颜色较暗；团块状或碎块状结构，疏松，土壤容重一般在

1.3～1.4g/cm³；有多量的蚯蚓孔道，作物根茎多，根孔小且密；夹有碳渣、瓦屑等侵入体；按紧实度向下过渡较明显；地表较干并有局部的白色盐霜或盐斑，下部则润。

心土层：一般耕作层以下紧接心土层，但有的具厚度不等的过渡层。该层上部大多为灌溉淤积物。质地直接受灌溉淤积物来源的影响。颜色较上层浅，块状结构，较紧实，有明显的氧化还原产物锈纹锈斑和白色石灰结核存在，而区别于耕作层及底土层，锈纹锈斑和石灰斑点在该层出现的部位各流域差异很大。而在同一流域里，地下水位的高低直接影响到锈纹锈斑出现部位的高低，地下水位深，出现部位较低；反之，则较高。有的地区潮土在该层尚有白色脉纹状的盐分新生体存在。

底土层：土层湿或潮湿，紧实，孔隙较少，大块状结构；质地往往不均一，有冲积母质的沉积层次，层理分明，砂、黏或壤、砂相间；地形低洼的扇缘或洼地常有潜育现象，土色呈青灰色，并有铁锰结核。

母质层：河流冲积物。

三、潮土的养分

潮土养分、盐分含量变化范围较大，不同土壤养分的变异情况各不相同，变异系数在42.98%～82.34%，属于中等变异性；土壤盐分的变异系数为133.07%，属于强变异性；pH值变异系数为3.67%，属于弱变异性。潮土耕层土壤pH值8.12，有机质14.56g/kg，全氮0.71g/kg，碱解氮62.76mg/kg，有效磷23.98mg/kg，速效钾178mg/kg，盐分4.01g/kg。

四、潮土的分类

巴州的潮土由于受地貌、地形部位、成土母质、地下水矿化度和组成等多因子影响，其参与的附加成土过程的主次不同而分为4个亚类，即潮土、盐化潮土、灌淤潮土和黄潮土。潮土形成过程中附加盐化过程而形成的，是潮土和盐土之间的过渡类型，与盐土具有相同的成土条件和成土特征；灌淤潮土是在潮土的基础上，经过人工引洪或河水灌溉，逐渐形成深厚的灌淤层，并经过耕作、施肥而形成的土壤类型。潮土不同亚类土壤养分状况如下。

（一）盐化潮土亚类

盐化潮土主要成土过程为高位地下水浸润以及灌溉耕作熟化，附加盐渍化成土过程，使土壤的属性起了很大变化。盐化潮土分布区的地下水矿化度高，一般在1.8～4.7g/L，加之地下水径流受质地影响，水平渗透速度减缓，阻滞了地下水径流的排出，壅高了地下水位，使地下水连续地稳定在高部位上。由于毛管的作用，使可溶性盐类积累在地表，造成盐分含量过高。盐分在土体内的分布呈现"T"字形较多，基本上以表层积聚形式为主。

盐化潮土耕层土壤pH值8.05，有机质17.14g/kg，全氮0.81g/kg，碱解氮70.26mg/kg，有效磷24.57mg/kg，速效钾186mg/kg，盐分3.82g/kg。

（二）灌淤潮土亚类

灌淤潮土具有潮土向灌淤土过渡特征，但仍以潮土的属性特征为主，成土过程以潮耕熟化过程为主，附加灌淤化过程，同时伴有微弱盐化过程，成土母质为灌溉淤积物，灌淤层厚度 30~60cm。地形部位较低，坡度平缓，地下水位 1~4m，矿化度平均为 2.1g/L。

灌淤潮土耕层土壤 pH 值 8.46，有机质 8.23g/kg，全氮 0.47g/kg，碱解氮 35.89mg/kg，有效磷 25.14mg/kg，速效钾 138mg/kg，盐分 5.63g/kg。

（三）黄潮土亚类

黄潮土成土母质以洪积-冲积物为主，成土过程多有浅色草甸土开垦发育而来，多有微弱的草甸化或生草化过程。质地偏粗，通体氧化性较强、碳酸钙含量高，高价铁含量比重大。地形部位较高，地下水位偏低。

黄潮土耕层土壤 pH 值 8.15，有机质 8.61g/kg，全氮 0.47g/kg，碱解氮 41.37mg/kg，有效磷 18.82mg/kg，速效钾 179mg/kg，盐分 3.88g/kg。

第三节　棕漠土

一、棕漠土分布及特点

棕漠土是在暖温带极端干旱的荒漠气候条件下发育而形成的地带性土壤，面积 55.55khm²，占巴州耕作土壤面积的 14.65%，是巴州分布面积较大的耕地土壤类型。在行政区划的分布主要在和静县、和硕县和库尔勒市。

棕漠土的地形部位多见于山前洪积平原，坡度多在 1/400m 至 1/100m，年降水量 20~200mm，地下水位多在 5~10m，多为粗骨质性母质，蒸发强烈，常年处于极端干旱状态下并以物理风化为主的缓慢发育过程。生物活性极端微弱，耐旱植被以琵琶柴、麻黄、骆驼刺、合头草等为主，动物、微生物种类贫乏，数量稀少。

棕漠土主导成土过程为棕漠化过程，成土过程具有鲜明的铁质化过程，土体呈棕色，并且粗骨性母质处于物理风化分解阶段，各种矿物质营养丰富，矿质盐类多系原生矿物分解产物，由母质分解导致土壤积盐是棕漠土主要的附加成土过程，其中石膏的累积最为普遍。此外，在洪积平原下阶或洪积扇缘地带，人为垦殖耕作、灌溉、施肥成为棕漠土附加的成土过程。

二、棕漠土剖面形态

棕漠土的剖面发育比较微弱，剖面构型较为简单，典型的棕漠土剖面形态一般包括 3 个发生层。

（一）微弱的孔状结皮表层

微弱的孔状结皮表层的形成与土壤微弱的腐殖化程度和强碳酸钙性及土壤表层的水热状况密切相关，主要在土壤表层短暂湿润后随即快速变干，使钙钠的重碳酸盐转变为碳酸盐并释放二氧化碳，从而造成土壤表层出现许多小孔隙。

（二）红棕色的铁质染色紧密层

红棕色的铁质染色紧密层细土颗粒增加，厚度一般小于 10cm，红棕色紧实层的形成，直接与土壤的铁质化和残积粘化作用相联系。该层活性铁、全铁及粘粒含量比较高，常显铁质染色现象，垒结紧实，呈块状或棱状结构。

（三）石膏和易淋溶盐聚集层

石膏和易淋溶盐聚集层厚度一般 10~30cm，石膏呈蜂窝状或纤维状，含量高达 270~400g/kg，剖面中小部有不同程度的盐渍化，甚至形成坚硬的盐磐层。

三、棕漠土养分

棕漠土养分、盐分含量变化范围较大，不同土壤养分的变异情况各不相同，变异系数在 48.07%~89.34%，属于中等变异性；土壤盐分的变异系数为 133.09%，属于强变异性；pH 值变异系数为 3.36%，属于弱变异性。棕漠土耕层土壤 pH 值 7.97，有机质 15.52g/kg，全氮 0.71g/kg，碱解氮 75.32mg/kg，有效磷 18.76mg/kg，速效钾 196mg/kg，盐分 4.64g/kg。

四、棕漠土的分类

依据棕漠土发育分段及附加成土过程，将棕漠土划分为棕漠土、石膏棕漠土、灌耕棕漠土和盐化灌耕棕漠土 4 个亚类。灌耕棕漠土亚类面积 44.06khm²，占土类面积的 79.31%；棕漠土亚类面积 9.88khm²，占土类面积的 17.79%；石膏棕漠土亚类面积 1.14khm²，占土类面积的 2.06%；盐化灌耕棕漠土亚类面积 0.46khm²，占土类面积的 0.84%。

（一）灌耕棕漠土亚类

灌耕棕漠土的发育较低的地貌部位，洪积平原（扇）下部，地下水位相对较高而降水量稀少，成土母质较细，生物活性相对较强，开垦耕作、灌溉施肥等人为改造作用，具有明显的耕作层，荒漠结皮层、红棕色紧实层、盐聚层和石膏层不复存在，剖面含盐量和石膏含量显著降低，碳酸钙很少表聚，土壤熟化程度较低，成为棕漠土向灌耕土演变的过渡类型。

灌耕棕漠土亚类耕层土壤 pH 值 7.98，有机质 14.21g/kg，全氮 0.69g/kg，碱解氮 62.41mg/kg，有效磷 21.90mg/kg，速效钾 213.85mg/kg，盐分 5.74g/kg。

（二）棕漠土亚类

棕漠土亚类主要分布于山前洪积-冲积扇的中下部，代表棕漠土形成过程的早期阶段，剖面发育较为明显，主要有发育较弱的孔状结皮层、片状-鳞片状层、红棕色紧实层及略显石膏聚积的砂砾层发育。质地大部分较粗，残积黏化、碳酸钙表聚现象明显，石膏和易溶性盐含量不多，无大量石膏聚集层。

棕漠土亚类耕层土壤 pH 值 7.86，有机质 13.86g/kg，全氮 0.54g/kg，碱解氮 67.55mg/kg，有效磷 22.94mg/kg，速效钾 237.02mg/kg，盐分 9.06g/kg。

（三）石膏棕漠土亚类

具有明显的石膏聚集层，粗骨性特强，孔状结皮层，片状-鳞片状及红棕色紧实层发育很弱，甚至缺失，在强烈风蚀作用下，石膏层常接近地表，甚至露出地面。地表多具有细小风蚀沟，生长着极稀疏的琵琶柴、麻黄等耐贫瘠抗干旱的小灌木和小半灌木。

石膏棕漠土亚类耕层土壤 pH 值 7.72，有机质 11.75g/kg，全氮 0.58g/kg，碱解氮

95.31mg/kg，有效磷 19.92mg/kg，速效钾 180.30mg/kg，盐分 8.79g/kg。

（四）盐化灌耕棕漠土亚类

母质分解积盐或地下水位较高区域，干旱蒸发强，盐分活化表聚，致使棕漠土有附加盐渍化过程。

盐化灌耕棕漠土亚类耕层土壤 pH 值 7.87，有机质 9.62g/kg，全氮 1.01g/kg，碱解氮 63.74mg/kg，有效磷 21.94mg/kg，速效钾 175.40mg/kg，盐分 3.99g/kg。

第四节　其他土类

除草甸土、潮土和棕漠土外，盐土、灌淤土、风沙土、林灌草甸土、灌漠土和沼泽土等其他土类面积共计 117.64khm²，分别占巴州耕地总面积的 8.83%、4.57%、1.78%、8.98%、1.63%和 4.42%。

第三章　耕地质量评价方法与步骤

本次耕地质量调查评价根据《耕地质量调查监测与评价办法》（农业部令 2016 第 2 号）和《耕地质量等级》国家标准（GB/T 33469—2016）进行，本次评价的数据主要来源于 2018 年耕地质量调查评价监测样点野外调查及室内分析数据。在评价过程中，应用 GIS 空间分析、层次分析、特尔斐等方法，划分评价单元、确定指标隶属度、建立评价指标体系、构建评价数据库、计算耕地质量综合指数、评价耕地质量等级、编制耕地质量等级及养分等相关图件。

第一节　资料收集与整理

耕地质量评价资料主要包括耕地化学性状、物理性状、立地条件、土壤管理、障碍因素等。通过野外调查、室内化验分析和资料收集，获取了大量耕地质量基础信息，经过严格的数据筛选、审核与处理，保障了数据信息的科学准确。

一、软硬件及资料准备

（一）软硬件准备

1. 硬件准备

主要包括图形工作站、数字化仪、扫描仪、喷墨绘图仪等。微机主要用于数据和图件的处理分析，数字化仪、扫描仪用于图件的输入，喷墨绘图仪用于成果图的输出。

2. 软件准备

主要包括 WINDOWS 操作系统软件，FOXPRO 数据库管理、SPSS 数据统计分析等应用软件，MAPGIS、ARCVIEW 等 GIS 软件，以及 ENVI 遥感图像处理等专业分析软件。

（二）资料的收集

本次评价广泛收集了与评价有关的各类自然和社会经济因素资料，主要包括参与耕地质量评价的野外调查资料及分析测试数据、各类基础图件、统计年鉴及其他相关统计资料等。收集获取的资料主要包括样点基本信息、立地条件、理化性状、障碍因素、土壤管理等 5 个方面。

样点（调查点）基本信息：包括统一编号、省区名、地市名、县名、乡镇名、村名、采样年份、经度、纬度、采样深度等。

立地条件：包括土类、亚类、土属、土种、成土母质、地形地貌、坡度、坡向、地下水埋深等。

理化性状：包括耕层厚度、耕层质地、有效土层厚度、容重、质地构型等土壤物理性状；土壤化学性状主要有土壤 pH 值、有机质、全氮、有效磷、速效钾、缓效钾、有效硫、有效锌、有效硼、有效铜、有效铁、有效钼、有效锰等。

障碍因素：包括障碍层类型、障碍层出现位置、障碍层厚度、盐渍化程度等。

土壤管理：包括常年轮作制度、作物产量、灌溉方式、灌溉能力、排水能力、农田林网化、清洁程度等。

1. 野外调查资料

野外调查点是依据耕地质量调查评价监测样点布设点位图进行调查取样，野外调查资料主要包括地理位置、地形地貌、土壤母质、土壤类型、有效土层厚度、表层质地、耕层厚度、容重、障碍层次类型及位置与厚度、耕地利用现状、灌排条件、水源类型、地下水埋深、作物产量及管理措施等。采样地块基本情况调查内容见表3-1。

表 3-1　耕地质量等级调查项目

项目	项目	项目	项目
统一编号	地形部位	盐化类型	有效铜（mg/kg）
省（区）名	海拔高度	地下水埋深（m）	有效锌（mg/kg）
地市名	田面坡度	障碍因素	有效铁（mg/kg）
县（区、市、农场）名	有效土层厚度（cm）	障碍层类型	有效锰（mg/kg）
乡镇名	耕层厚度（cm）	障碍层深度（cm）	有效硼（mg/kg）
村名	耕层质地	障碍层厚度（cm）	有效钼（mg/kg）
采样年份	耕层土壤容重（g/cm³）	灌溉能力	有效硫（mg/kg）
经度（°）	质地构型	灌溉方式	有效硅（mg/kg）
纬度（°）	常年耕作制度	水源类型	铬（mg/kg）
土类	熟制	排水能力	镉（mg/kg）
亚类	生物多样性	有机质（g/kg）	铅（mg/kg）
土属	农田林网化程度	全氮（g/kg）	砷（mg/kg）
土种	土壤 pH 值	有效磷（mg/kg）	汞（mg/kg）
成土母质	耕层盐分（g/kg）	速效钾（mg/kg）	主载作物名称
地貌类型	盐渍化程度	缓效钾（mg/kg）	年产量（kg/亩）

注：1 亩≈667m²。

2. 分析化验资料

室内分析测试数据，主要有土壤 pH 值、耕层含盐量、有机质、全氮、碱解氮、有效磷、速效钾、缓效钾、全磷、全钾、交换性钙、交换性镁、有效硫、有效锌、有效硼、有效铜、有效铁、有效钼、有效锰、有效硅，以及重金属铬、镉、铅、砷、汞等化验分析资料。

3. 基础及专题图件资料

主要包括县级 1：5 万及自治区级 1：100 万比例尺的土壤图、土地利用现状图、地貌图、土壤质地图、行政区划图等。其中土壤图、土地利用现状图、行政区划图主要用于叠加生成评价单元。土壤质地图、地貌图、林网化分布图、渠道分布图等用于提取评价单元信息。

4. 其他资料

收集的统计资料包括近年的县、地区、自治区统计年鉴，农业统计年鉴等，内容包含以行政区划为基本单位的人口、土地面积、耕地面积，近三年主要作物种植面积、粮食单产、总产，蔬菜和果品种植面积及产量，以及肥料投入等社会经济指标数据；名、特、优特色农产品分布、数量等资料；近几年土壤改良试验、肥效试验及示范资料；土壤、植株、水样检测资料；高标准农田建设、水利区划、地下水位分布等相关资料；项目区范围内的耕地质量建设及提升项目资料，包括技术报告、专题报告等。

二、评价样点的布设

1. 样点布设原则

要保证获取信息及成果的准确性和可靠性，布点要综合考虑行政区划、土壤类型、土地利用、肥力高低、作物种类、管理水平、点位已有信息的完整性等因素，科学布设耕地质量调查点位。

2. 样点布设方法

耕地质量调查点位基本固定，大致按 1 万亩左右耕地布设 1 个，覆盖所有农业县（区、市、场），并与全疆耕地质量汇总评价样点、测土配方施肥取土样点、耕地质量长期定位监测点相衔接，确保点位代表性与延续性的要求，依据《新疆统计年鉴 2019 年》巴州耕地面积 379.12khm²，共计布设 535 个耕地质量调查评价点，形成巴州耕地质量调查评价监测网（彩图 3-1）。

三、土壤样品检测与质量控制

（一）分析项目及方法

1. 分析项目

根据耕地质量等级调查内容的要求，土壤样品分析测试项目有：土壤 pH 值、有机质、全氮、碱解氮、有效磷、速效钾、缓效钾、有效硫、有效锌、有效硼、有效铜、有效铁、有效钼、有效锰、有效硅，以及重金属铬、镉、铅、砷、汞、总盐、容重等。

2. 分析方法

（1）土壤 pH 值：土壤检测第 2 部分，依据 NY/T 1121.2。

（2）碱解氮：碱解扩散法测定，依据 LY/T 1228。

（3）有机质：土壤检测第 6 部分，依据 NY/T 1121.6。

（4）全氮：土壤全氮测定法（半微量开氏法）NY/T 53。

（5）有效磷：土壤检测第 7 部分，中性和石灰性土壤有效磷的测定，依据 LY/T 1233。

（6）土壤速效钾、缓效钾：依据 NY/T 889。

（7）土壤水溶性总盐：土壤检测第 16 部分，依据 NY/T 1121.16。

（8）土壤有效铜、锌、铁、锰：DTPA浸提－原子吸收分光光度法测定，依据NY/T 890。

（9）有效硼：土壤检测第8部分，依据NY/T 1121.8。

（10）有效钼：土壤检测第9部分，依据NY/T 1121.9。

（11）有效硫：土壤检测第14部分，依据NY/T 1121.14。

（12）有效硅：土壤检测第15部分，依据NY/T 1121.15。

（13）铬：火焰原子吸收分光光度法，依据HJ 491。

（14）镉、铅：石墨炉原子吸收分光光度法，依据GB/T 17141。

（15）砷、汞：原子荧光法，依据GB/T 22105。

（16）耕层土壤容重：土壤检测第4部分，依据NY/T 1121.4。

（二）分析测试质量控制

1. 实验前的准备工作

严格按照《测土配方施肥技术规程》实施，对分析测试人员进行系统的技术培训、岗位职责培训，建立健全实验室各种规章制度，规范实验步骤，对仪器设备进行计量校正，指定专人管理标准器皿和试剂，并重点对容易产生误差的环节进行监控，定期邀请专家来检查和指导化验工作，不定期对化验人员分析技能进行分析质量考核检查，及时发现问题解决问题。确保检测结果的真实性、准确性、可比性与实用性。

2. 分析质量控制方法

（1）方法：严格按照NY/T 1121等标准方法要求进行分析测试。

（2）标准曲线控制。建立标准曲线，标准曲线线性相关达到0.999以上。每批样品都必须做标准曲线，并且重现性良好。

（3）精密度控制：平行测定误差控制，合格率达100%。盲样控制，制样时将同一样品处理好后，四分法分成2份，编上统一分析室编号，分到不同批次中，按平行误差的1.5倍比对盲样两次测定结果的误差，所有盲样的某项目测试合格率达到90%，即可判断该项目整个测定结果合格。

（4）与地区化验室分析测试结果做对比。

（5）参加自治区统一组织的化验员培训和化验员参比样考核。

（6）参加农业农村部耕地质量监测保护中心每年组织的耕地质量检测能力验证考核。通过上述质量控制方法确保分析质量。

（三）数据资料审核处理

数据的准确与否直接关系到耕地质量评价的精度、养分含量分布图的准确性，并对成果应用的效益产生很大影响。为保证数据的可靠性，在进行耕地质量评价之前，需要对数据进行检查和预处理。数据资料审核处理主要是对参评点位资料的审核处理，采取了人工检查和计算机筛查相结合的方式进行，以确保数据资料的完整性和准确性。

1. 数据资料人工检查

执行数据的自校→校核→审核的"三级审核"。先由县级专业人员对耕地质量调查评价样点点位，按照点位资料完整性、规范性、符合性、科学性、相关性的原则，对评价点位资料进行数据检查和审核。地州级再对县（市）级资料进行检查和审核，重点审核养分数据是否异常，作物产量是否符合实际，发现问题反馈给相应县（市）进行修改补充。在此基础上，自治区级对地州级资料再进行分析审核，重点统一地形地貌、土壤母质、灌排条件等划分标准，按照不同利用类型、不同质地类型、不同土壤类型分类检查土壤养分数据，剔除异常值、障碍因素、类型与分析测试指标及土壤类型之间是否有逻辑错误，土层厚度与耕层厚度之间是否存在逻辑错误等，发现问题及时反馈并修改。

2. 计算机筛查

为快速对逐级上报的数据资料进行核查，应用统计学软件等进行基本统计量、频数分布类型检验、异常值的筛选等去除可疑样本，保证数据的有效性、规范性。

四、调查结果的应用

（一）应用于耕地养分分级标准的确定

依据各县市汇总样点数据，结合巴州域田间试验和长期研究等数据，建立巴州域土壤pH值、总盐、有机质、全氮、有效磷、速效钾、缓效钾、有效铜、有效锌、有效铁、有效锰、有效硼、有效钼和有效硫等耕地主要养分分级标准。

（二）应用于耕地质量评价指标体系的建立

区域耕地质量评价实质上是评价各要素对农作物生长影响程度的强弱，所以，在选择评价指标时主要遵循4个原则：一是选取的因素对耕地质量有较大影响，如地形部位、灌排条件等；二是选取的因素在评价区内变异较大，如质地构型、障碍因素等；三是选取的因素具有相对的稳定性和可获取性，如质地、有机质及养分等；四是选取的因素考虑评价区域的特点，如盐渍化程度、地下水埋深等。

（三）应用于耕地综合生产能力分析等

通过分析评价区样点资料和评价结果，可以获得区域生产条件状况、耕地质量状况、耕地质量主要性状情况，以及农业生产中存在的问题等，可为区域耕地质量水平提升提出有针对性的对策措施与建议。

第二节　评价指标体系的建立

本次评价重点包括耕地质量等级评价和耕地理化性状分级评价两个方面。为满足评价要求，首先要建立科学的评价指标体系。

一、评价指标的选取原则

参评指标是指参与评价耕地质量等级的一种可度量或可测定的属性。正确的选择评价指标是科学评价耕地质量的前提，直接影响耕地质量评价结果的科学性和准确性。巴州耕地质量评价指标的选取主要依据《耕地质量等级》国家标准，综合考虑评价指标的科学性、综合性、主导性、可比性、可操作性等原则。

科学性原则：指标体系能够客观地反映耕地综合质量的本质及其复杂性和系统性。选取评价指标应与评价尺度、区域特点等有密切的关系，因此，应选取与评价尺度相适应、体现区域特点的关键因素参与评价。本次评价以巴州耕地单元为评价区域，既需考虑地形部位等大尺度变异因素，又需选择与农业生产相关的灌溉、土壤养分等重要因子，从而保障评价的科学性。

综合性原则：指标体系要反映出各影响因素的主要属性及相互关系。评价因素的选择和评价标准的确定要考虑当地的自然地理特点和社会经济因素及其发展水平，既要反映当前的局部和单项的特征，又要反映长远的、全局的和综合的特征。本次评价选取了土壤化学性状、物理性状、立地条件、土壤管理等方面的相关因素，形成了综合性的评价指标体系。

主导性原则：耕地系统是一个非常复杂的系统，要把握其基本特征，选出有代表性的起主导作用的指标。指标的概念应明确，简单易行。各指标之间涵义各异，没有重复。选取的因子应对耕地质量有比较大的影响，如地形因素、土壤因素和灌溉条件等。

可比性原则：由于耕地系统中的各个因素具有很强的时空差异，因而评价指标体系在空间分布上应具有可比性，选取的评价因子在评价区域内的变异较大，数据资料应具有较好的时效性。

可操作性原则：各评价指标数据应具有可获得性，易于调查、分析、查找或统计，有利于高效准确完成整个评价工作。

二、指标选取的方法及原因

耕地质量是由耕地质量、土壤健康状况和田间基础设施构成的满足农产品持续产出和质量安全的能力。选取的指标主要能反映耕地土壤本身质量属性的好坏。按照《耕地质量等级》标准要求区域耕地质量指标由基础性指标和区域补充性指标组成，建立"N+X"指标体系。N为基础性指标（14个），X为区域补充性指标，通过自治区相关科研院所及各地州农技中心专家函选出全疆区域性评价指标2个，共选取16个指标作为自治区评价指标，各地州统一采用自治区评价指标，具体如下。

基础性指标：地形部位、有效土层厚度、有机质含量、耕层质地、土壤容重、质地构型、土壤养分状况（有效磷、速效钾）、生物多样性、障碍因素、灌溉能力、排水能力、清洁程度、农田林网化率。

区域性指标：盐渍化程度、地下水埋深。

运用层次分析法建立目标层、准则层和指标层的三级层级结构，目标层即耕地质量等级，准则层包括立地条件、剖面性状、耕层理化性状、养分状况、健康状况和土壤管理6个部分。

立地条件：包括地形部位和农田林网化程度。巴州地形地貌较为复杂，地形部位的差异对耕地质量有重要的影响，不同地形部位的耕地坡度、坡向、光温水热条件、灌排能力差异明显，直接或间接地影响农作物的适种性和生长发育；农田林网能够很好地防御灾害性气候对农业生产的危害，保证农业的稳产、高产，同时还可以提高和改善农田生态系统的环境。

剖面性状：包括有效土层厚度、质地构型、地下水埋深和障碍因素。有效土层厚度影响耕地土壤水分、养分库容量和作物根系生长；土壤剖面质地构型是土壤质量和土壤生产力的重要影响因子，不仅反映土壤形成的内部条件与外部环境，还体现出耕作土壤肥力状况和生产性能;地下水埋深影响作物土壤水分吸收和盐分运移,影响作物生长发育、产量;障碍因素影响耕地土壤水分状况以及作物根系生长发育,对土壤保水和通气性以及作物水分和养分吸收、生长发育以及生物量等均具有显著影响。

耕层理化性状:包括耕层质地、土壤容重和盐渍化程度。耕层质地是土壤物理性质的综合指标,与作物生长发育所需要的水、肥、气、热关系十分密切,显著影响作物根系的生长发育、土壤水分和养分的保持与供给;容重是土壤最重要的物理性质之一,能反映土壤质量和土壤生产力水平;盐渍化程度是土壤的重要化学性质之一,作物正常生长发育、土壤微生物活动、矿质养分存在形态及其有效性、土壤通气透水性等都与盐渍化程度密切相关。

养分状况:包括有机质、有效磷和速效钾。有机质是微生物能量和植物矿质养分的重要来源,不仅可以提高土壤保水、保肥和缓冲性能,改善土壤结构性,而且可以促进土壤养分有效化,对土壤水、肥、气、热的协调及其供应起支配作用。土壤磷、钾是作物生长所需的大量元素,对作物生长发育以及产量等均有显著影响。

健康状况:包括清洁程度和生物多样性。清洁程度反映了土壤受重金属、农药和农膜残留等有毒有害物质影响的程度;生物多样性反映了土壤生命力丰富程度。

土壤管理:包括灌溉能力和排水能力。灌溉能力直接关系到耕地对作物生长所需水分的满足程度,进而显著制约着农作物生长发育和生物量;排水能力通过制约土壤水分状况而影响土壤水、肥、气、热的协调及作物根系生长和养分吸收利用等,同时直接影响盐渍化土壤改良利用的效果。

三、耕地质量主要性状分级标准的确定

20世纪80年代,全国第二次土壤普查项目开展时,曾对土壤 pH、有机质、全氮、碱解氮、有效磷、速效钾、有效硼、有效钼、有效锰、有效锌、有效铜、有效铁等耕地理化性质进行分级,其分级标准见表3-2、表3-3。经过近40年的发展,耕地土壤理化性质发生了巨大变化,有的分级标准与目前的土壤现状已不相符合。本次评价在全国第二次土壤普查耕地土壤主要性状指标分级的基础上进行了修改或重新制定。

表3-2 全国第二次土壤普查土壤理化性质分级标准

分级标准	一级	二级	三级	四级	五级	六级
有机质(g/kg)	>40	30~40	20~30	10~20	6~10	<6
全氮(g/kg)	>2.00	1.50~2.00	1.50~1.00	1.00~0.75	0.50~0.75	<0.50
碱解氮(mg/kg)	>150	120~150	90~120	60~90	30~60	<30
有效磷(mg/kg)	>40	20~40	10~20	5~10	3~5	<3
速效钾(mg/kg)	>200	150~200	100~150	50~100	30~50	<30
有效硼(mg/kg)	>2.0	1.0~2.0	0.5~1.0	0.2~0.5	<0.2	—
有效钼(mg/kg)	>0.30	0.20~0.30	0.15~0.20	0.10~0.15	<0.10	—
有效锰(mg/kg)	>30	15~30	5~15	1~5	<1	—
有效锌(mg/kg)	>3.0	1.0~3.0	0.5~1.0	0.3~0.5	<0.3	—

（续表）

分级标准	一级	二级	三级	四级	五级	六级
有效铜（mg/kg）	>1.8	1.0~1.8	0.2~1.0	0.1~0.2	<0.1	—
有效铁（mg/kg）	>20	10~20	4.5~10	2.5~4.5	<2.5	—

表3-3 全国第二次土壤普查土壤酸碱度分级标准

项目	强碱性	碱性	微碱性	中性	微酸性	酸性	强酸性
pH	>9.5	8.5~9.5	7.5~8.5	6.5~7.5	5.5~6.5	4.5~5.5	<4.5

（一）制定的原则

一是要与第二次土壤普查分级标准衔接，在保留原全国分级标准级别值基础上，可以在一个级别中进行细分；同时在综合考虑当前土壤养分变化基础上，对个别养分分级级别进行归并调整，以便于资料纵向、横向比较。二是细分的级别值以及向上或向下延伸的级别值要有依据，需综合考虑作物需肥的关键值、养分丰缺指标等。三是各级别的幅度要考虑均衡，幅度大小基本一致。

（二）耕地质量主要性状分级标准

依据新疆耕地质量评价7 054个调查采样点数据，对相关指标进行了数理统计分析，计算了各指标的平均值、中位数、变异系数和标准差等统计参数（表3-4）。以此为依据，同时参考相关已有的分级标准，并结合当前区域土壤养分的实际状况、丰缺指标和生产需求，确定依据新疆科学合理调整的养分分级标准（表3-5）进行分级。

表3-4 新疆耕地质量主要性状描述性统计参数

项目	单位	中位数	平均值	标准差	变异系数（%）
pH值	—	8.22	8.21	0.37	4.45
总盐	g/kg	1.5	2.73	3.94	144.27
有机质	g/kg	15.77	18.74	14.07	75.10
全氮	g/kg	0.87	0.95	0.52	54.86
碱解氮	mg/kg	61.20	69.48	40.19	57.84
有效磷	mg/kg	17.80	23.08	19.36	83.88
速效钾	mg/kg	172.00	211.51	145.70	68.89
缓效钾	mg/kg	1 001.15	1 038.00	397.05	38.25
有效锰	mg/kg	6.30	7.95	6.65	83.68
有效硅	mg/kg	143.70	182.97	151.78	82.95

（续表）

项目	单位	中位数	平均值	标准差	变异系数（％）
有效硫	mg/kg	119.70	398.01	699.78	175.82
有效钼	mg/kg	0.07	0.15	0.22	145.24
有效铜	mg/kg	1.49	3.58	5.86	163.81
有效铁	mg/kg	9.60	13.07	16.37	125.20
有效锌	mg/kg	0.60	0.78	0.87	111.55
有效硼	mg/kg	1.30	1.78	1.97	110.33

表 3-5　新疆耕地质量监测分级标准

项目	单位	分级标准				
		一级	二级	三级	四级	五级
有机质	g/kg	>25.0	20.0~25.0	15.0~20.0	10.0~15.0	≤10.0
全氮	g/kg	>1.50	1.00~1.50	0.75~1.00	0.50~0.75	≤0.50
碱解氮	mg/kg	>150	120~150	90~120	60~90	≤60
有效磷	mg/kg	>30.0	20.0~30.0	15.0~20.0	8.0~15.0	≤8.0
速效钾	mg/kg	>250	200~250	150~200	100~150	≤100
缓效钾	mg/kg	>1 200	1 000~1 200	800~1 000	600~800	≤600
有效硼	mg/kg	>2.00	1.50~2.00	1.00~1.50	0.50~1.00	≤0.50
有效钼	mg/kg	>0.20	0.15~0.20	0.10~0.15	0.05~0.10	≤0.05
有效硅	mg/kg	>250	150~250	100~150	50~100	≤50
有效铜	mg/kg	>2.00	1.50~2.00	1.00~1.50	0.50~1.00	≤0.50
有效铁	mg/kg	>20.0	15.0~20.0	10.0~15.0	5.0~10.0	≤5.0
有效锰	mg/kg	>15.0	10.0~15.0	5.0~10.0	3.0~5.0	≤3.0
有效锌	mg/kg	>2.00	1.50~2.00	1.00~1.50	0.50~1.00	≤0.50
有效硫	mg/kg	>50.0	30.0~50.0	15.0~30.0	10.0~15.0	≤10.0
pH 值	—	酸性 ≤6.5	中性 6.5~7.5	微碱性 7.5~8.5	碱性 8.5~9.5	强碱性 ≥9.5
总盐	g/kg	无 ≤2.5	轻度盐渍化 2.5~6.0	中度盐渍化 6.0~12.0	重度盐渍化 12.0~20.0	盐土 ≥20.0

以土壤有机质为例，本次评价分为 5 级，考虑到新疆耕地有机质含量大于 25g/kg 的样点占比只有 1 124 个，比例较小，因此，将有机质>25.0g/kg 列为一级；同时，考虑到

土壤有机质含量在 10~20g/kg 的比例较高，占 53.84%，为了细分有机质含量对耕地质量等级的贡献，将 10~20g/kg 拆分为 10~15g/kg 和 15~20g/kg，分别作为三级、四级。

第三节 数据库的建立

一、建库的内容与方法

（一）数据库建库的内容

数据库的建立主要包括空间数据库和属性数据库。

空间数据库包括道路、水系、采样点点位图、评价单元图、土壤图、行政区划图等。道路、水系通过土地利用现状图提取；土壤图通过扫描纸质土壤图件拼接校准后矢量化；评价单元图通过土地利用现状图、行政区划图、土壤图叠加形成；采样点点位图通过野外调查采样数据表中的经纬度坐标生成。

属性数据库包括土地利用现状图属性数据表、土壤样品分析化验结果数据表、土壤属性数据表、行政编码表、交通道路属性数据表等。通过分类整理后，以编码的形式进行管理。

（二）数据库建库的方法

耕地质量等级评价系统采用不同的数据模型，分别对属性数据和空间数据进行存储管理，属性数据采用关系数据模型，空间数据采用网状数据模型。

空间数据图层标识码是要素属性表中的一个关键字段，空间数据与属性数据以此字段形成关联，完成对地图的模拟。这种关联使两种数据模型联成一体，可以方便地从空间数据检索属性数据或者从属性数据检索空间数据。在进行空间数据和属性数据连接时，在 ArcMAP 环境下分别调入图层数据和属性数据表，利用关键字段将属性数据表链接到空间图层的属性表中，将属性数据表中的数据内容赋予图层数据表中。建立耕地质量等级评价数据库的工作流程见图 3-2。

二、建库的依据及平台

数据库建设主要是依据和参考全国耕地资源管理信息系统数据字典、耕地质量调查与评价技术规程，以及有关全疆汇总技术要求完成的。本次耕地质量评价建库工作采用 Arc-GIS 平台，对电子版、纸质版资料进行点、线、面文件的规范化处理和拓扑处理，空间数据库成果为点、线、面 Shape 格式的文件，属性数据库成果为 Excel 格式。最后将数据库资料导入区域耕地资源信息管理系统中运行，或在 ArcGIS 平台上运行。

三、建库的引用标准

1. 中华人民共和国行政区划代码　　　GB/T 2260—2007
2. 耕地质量等级　　　　　　　　　　GB/T 33469—2016
3. 基础地理信息要素分类与代码　　　GB/T 13923—2006
4. 中国土壤分类与代码　　　　　　　GB/T 17296—2009

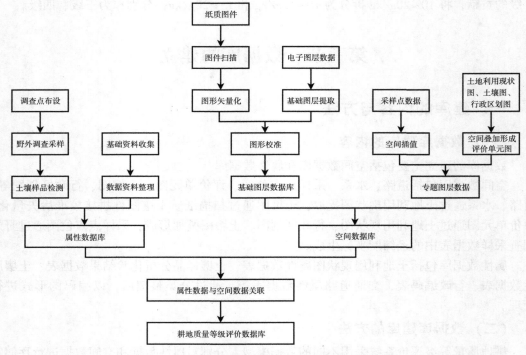

图3-2 耕地质量等级评价数据库建立工作流程

5. 国家基本比例尺地形图分幅与编号　　　GB/T 13989—2012
6. 县域耕地资源管理信息系统数据字典
7. 全球定位系统（GPS）测量规范　　　GB/T 18314—2009
8. 地球空间数据交换格式　　　GB/T 17798—1999
9. 土地利用数据库标准　　　TD/T 1016—2017
10. 第三次全国国土调查土地分类

四、建库资料的核查

为了构建一个有质量、可持续应用的空间数据库，数据入库前应进行质量检查，确保数据的正确性和完整性。主要包括以下数据检查处理。

（一）数据的分层检查

根据《土地利用数据库标准》对所有空间数据进行分层检查，按照标准中规定的三大要素层进行分层，并保证层与层之间没有要素重叠。

（二）数学基础检查

按照《土地利用数据库标准》检查各图层数据的坐标系和投影是否符合建库标准，各层数学基础是否保持一致。

（三）图形数据检查

检查内容包括：点、线、面拓扑关系检查。对于点图层，检查点位是否重合，坐标位置是否准确，权属是否清晰；对于线图层，检查是否有自相交、多线相交是否有公共边重复、悬挂点或伪节点；对于多边形，检查是否闭合、标识码等属性是否唯一、图形中是否有需要合并碎小图斑等。

（四）属性数据检查

属性数据是数据库的重要部分，它是数据库和地图的重要标志。检查属性文件是否完整，命名是否规范，字段类型、长度、精度是否正确，有错漏的应及时补上，确保各要素层属性结构完全符合数据库建设标准要求。

五、空间数据库建立

（一）空间数据库内容

空间数据库用来存储地图空间数据，主要包括土壤类型图、土地利用现状图、行政区划图、耕地质量调查评价点点位图、耕地质量评价等级图、土壤养分系列图等，见表3-6。

表3-6　巴州空间数据库主要图件

序号	成果图名称
1	巴州土地利用现状图
2	巴州行政区划图
3	巴州土壤质地图
4	巴州土壤图
5	巴州耕地质量调查点点位图
6	巴州耕地质量评价等级图
7	巴州土壤 pH 值分布图
8	巴州总盐含量分布图
9	巴州土壤有机质含量分布图
10	巴州全氮含量分布图
11	巴州碱解氮含量分布图
12	巴州有效磷含量分布图
13	巴州土壤速效钾含量分布图

（二）各地理要素图层的建立

考虑建库及相关图件编制的需要，将空间数据库图层分为地理底图、点位图、土地利用现状图、养分图等专题图4类。

地理底图是按照空间数据库建设的分层原则，所有成果图的空间数据库均采用同一地理底图，即地理底图的要素主要有县级行政区划、县行政驻地、水系、交通道路、防风林等要素。

土壤质地图、耕地养分等专题图，则是分别在地理底图的基础上增加了各专题要素。

（三）空间数据库分层

巴州提供地图分纸制图和电子化图两种，分别采用不同方式处理建立空间数据库。巴州空间数据库分层数据内容见表3-7。

表3-7 耕地质量等级评价空间数据库分层数据

图层类型	序号	图层名	图层属性
本底基础图层	1	湖泊、水库、面状河流（lake）	多边形
	2	堤坝、渠道、线状河流（stream）	线
	3	等高线（contour）	线
	4	交通道路（traffic）	线
	5	行政界线（省、市、县、乡、村）（boundary）	线
	6	县、乡、村所在地（village）	点
	7	注记（annotate）	注记层
专题图层	8	土地利用现状（landuse）	多边形
	9	土壤图（soil）	多边形
	10	土壤养分图（pH值、有机质、全氮等）（nutrient）	多边形
	11	耕地质量调查评价点点位图	点
辅助图层	12	卫星影像数据	Grid

（四）空间数据库比例尺、投影和空间坐标系

投影方式：高斯—克里格投影，6°分带。

坐标系：2000国家大地坐标系。

高程系统：1985国家高程基准。

文件格式：矢量图形文件Shape，栅格图形文件GRID，图像文件JPG。

六、属性数据库建立

（一）属性数据库内容

属性数据库内容是参照县域耕地资源管理信息系统数据字典和有关专业的属性代码标准填写的。在全国耕地资源管理信息系统数据字典中属性数据库的数据项包括字段代码、字段名称、字段短名、英文名称、数据类型、数据来源、量纲、数据长度、小数位、取值范围、备注等内容。在数据字典中及有关专业标准中均有具体填写要求。属性数据库内容全部按照数据字典或有关专业标准要求填写。应用野外调查资料、室内分析资料、二次土壤普查、农业统计资料等相关数据资料进行筛选、审核、检查并录入构建属性数据库。

1. 野外调查资料

包括地形地貌、地形部位、土壤母质、土层厚度、耕层质地、质地构型、灌水能力、排水能力、林网化程度、清洁程度、障碍因素类型及位置和深度等。

2. 室内分析资料

包括 pH 值、总盐、全氮、有机质、碱解氮、有效磷、速效钾、有效锌、有效锰、有效铁、有效铜、有效硼、有效钼、有效硅、交换性钙、交换性镁，重金属镉、铬、砷、汞、铅等。

3. 二次土壤普查资料

土壤名称编码表、土种属性数据表等。

4. 农业统计资料

县、乡、村编码表，行政界限属性数据等。

（二）属性数据库导入

属性数据库导入主要采用外挂数据库的方法进行。通过空间数据与属性数据的相同关键字段进行属性连接。在具体工作中，先在编辑或矢量化空间数据时，建立面要素层和点要素层的统一赋值 ID 号。在 Excel 表中第一列为 ID 号，其他列按照属性数据项格式内容填写，最后利用命令统一赋属性值。

（三）属性数据库格式

属性数据库前期存放在 Excel 表格中，后期通过外挂数据库的方法，在 ArcGIS 平台上与空间数据库进行连接。

第四节　耕地质量评价方法

依据《耕地质量调查监测与评价办法》和《耕地质量等级》国家标准，开展巴州耕地质量等级评价。

一、评价的原理

耕地地力是由耕地土壤的地形地貌条件、成土母质特征、农田基础设施及培肥水平、土壤理化性状等综合因素构成的耕地生产能力。耕地质量等级评价是从农业生产角度出发，通过综合指数法对耕地地力、土壤健康状况和田间基础设施构成的满足农产品持续产出和质量安全的能力进行评价划分出等级。通过耕地质量等级评价可以掌握区域耕地质量状况及分布，摸清影响区域耕地生产的主要障碍因素，提出有针对性的对策措施与建议，对进一步加强耕地质量建设与管理，保障国家粮食安全和农产品有效供给具有十分重要的意义。

二、评价的原则与依据

（一）评价的原则

1. 综合因素研究与主导因素分析相结合原则

耕地是一个自然经济综合体，耕地地力也是各类要素的综合体现，因此对耕地质量等级的评价应涉及耕地自然、气候、管理等诸多要素。所谓综合因素研究是指对耕地土壤立地条件、气候因素、土壤理化性状、土壤管理、障碍因素等相关社会经济因素进行综合全面的研究、分析与评价，以全面了解耕地质量状况。主导因素是指对耕地质量等级起决定作用的、相对稳定的因子，在评价中应着重对其进行研究分析。只有把综合因素与主导因素结合起来，才能对耕地质量等级做出更加科学的评价。

2. 共性评价与专题研究相结合原则

评价区域耕地利用存在水浇地、林地等多种类型，土壤理化性状、环境条件、管理水平不一，因此，其耕地质量等级水平有较大的差异。一方面，考虑区域内耕地质量等级的系统性、可比性，应在不同的耕地利用方式下，选用统一的评价指标和标准，即耕地质量等级的评价不针对某一特定的利用方式。另一方面，为了解不同利用类型耕地质量等级状况及其内部的差异，将来可根据需要，对有代表性的主要类型耕地进行专题性深入研究。通过共性评价与专题研究相结合，可使评价和研究成果具有更大的应用价值。

3. 定量评价和定性评价相结合的原则

耕地系统是一个复杂的灰色系统，定量和定性要素共存，相互作用，相互影响。为了保证评价结果的客观合理，宜采用定量和定性评价相结合的方法。首先，应尽量采用定量评价方法，对可定量化的评价指标如有机质等养分含量、有效土层厚度等按其数值参与计算。对非数量化的定性指标如耕层质地、地形部位等则通过数学方法进行量化处理，确定其相应的指数，以尽量避免主观人为因素影响。在评价因素筛选、权重确定、隶属函数建立、质量等级划分等评价过程中，尽量采用定量化数学模型，在此基础上充分运用人工智能与专家知识，做到定量与定性相结合，从而保证评价结果准确合理。

4. 采用遥感和 GIS 技术的自动化评价方法原则

自动化、定量化的评价技术方法是当前耕地质量等级评价的重要方向之一。近年来，随着计算机技术，特别是 GIS 技术在耕地评价中的不断发展和应用，基于 GIS 技术进行自动定量化评价的方法已不断成熟，使评价精度和效率都大大提高。本次评价工作采用现势性的卫星遥感数据提取和更新耕地资源现状信息，通过数据库建立、评价模型与 GIS 空间叠加等分析模型的结合，实现了评价流程的全程数字化、自动化，在一定程度上代表了当前耕地评价的最新技术方向。

5. 可行性与实用性原则

从可行性角度出发，区域耕地质量评价的部分基础数据为区域内各项目县的耕地地力评价成果。应在核查区域内项目县耕地地力各类基础信息的基础上，最大程度利用项目县原有数据与图件信息，以提高评价工作效率。同时，为使区域评价成果与全疆评价成果有效衔接和对比，巴州耕地质量汇总评价方法应与全疆耕地质量评价方法保持相对一致。从实用性角度出发，为确保评价结果科学准确，评价指标的选取应从大区域尺度出发，切实针对区域实际特点，体现评价实用目标，使评价成果在耕地资源的利用管理和粮食作物生产中发挥切实指导作用。

（二）评价的依据

耕地质量反映耕地本身的生产能力，因此耕地质量的评价应依据与此相关的各类自然和社会经济要素，具体包括 3 个方面。

1. 自然环境要素

指耕地所处的自然环境条件，主要包括耕地所处的地形地貌条件、水文地质条件、成土母质条件以及土地利用状况等。耕地所处的自然环境条件对耕地质量具有重要的影响。

2. 土壤理化性状要素

主要包括土壤剖面与质地构型、障碍层次、耕层厚度、质地、容重等物理性状，有机质、氮、磷、钾等主要养分，中微量元素、土壤 pH 值、盐分含量、交换量等化学性状等。不同的耕地土壤理化性状，其耕地质量也存在较大的差异。

3. 农田基础设施与管理水平

包括耕地的灌排条件、水土保持工程建设、培肥管理条件、施肥水平等。良好的农田基础设施与较高的管理水平对耕地质量的提升具有重要的作用。

三、评价的流程

整个评价工作可分为 3 个方面，按先后次序分别如下。

1. 资料工具准备及评价数据库建立

根据评价的目的、任务、范围、方法，收集准备与评价有关的各类自然及社会经济资料，进行资料的分析处理。选择适宜的计算机硬件和 GIS 等分析软件，建立耕地质量等级评价基础数据库。

2. 耕地质量等级评价

划分评价单元，提取影响地力的关键因素并确定权重，选择相应评价方法，制订评价标准，确定耕地质量等级。

3. 评价结果分析

依据评价结果，统计各等级耕地面积，编制耕地质量等级分布图。分析耕地存在的主要障碍因素，提出耕地资源可持续利用的对策措施与建议。

评价具体工作流程如图 3-3 所示。

图 3-3　耕地质量等级评价流程

四、评价单元的确定

（一）评价单元的划分

评价单元是由对耕地质量具有关键影响的各要素组成的空间实体，是耕地质量评价的最基本单位、对象和基础图斑。同一评价单元内的耕地自然基本条件、个体属性和经济属性基本一致。不同评价单元之间，既有差异性，又有可比性。耕地质量评价就是要通过对每个评价单元的评价，确定其质量等级，把评价结果落实到实地和编绘的耕地质量等级分布图上。因此，评价单元划分得合理与否，直接关系到评价结果的正确性及工作量的大小。进行评价单元划分时应遵循以下原则。

1. 因素差异性原则

影响耕地质量的因素很多，但各因素的影响程度不尽相同。在某一区域内，有些因素对耕地质量起决定性影响，区域内变异较大；而另一些因素的影响较小，且指标值变化不大。因此，应结合实际情况，选择在区域内差异明显的主导因素作为划分评价单元的基础，如土壤条件、地貌特征、土地利用类型等。

2. 相似性原则

评价单元内部的自然因素、社会因素和经济因素应相对均一，单元内同一因素的分值差异应满足相似性统计检验。

3. 边界完整性原则

耕地质量评价单元要保证边界闭合，形成封闭的图斑，同时对面积过小的零碎图斑应进行适当归并。

目前，对耕地评价单元的划分尚无统一的方法，常见有以下几种类型：一是基于单一专题要素类型的划分。如以土壤类型、土地利用类型、地貌类型划分等。该方法相对简便有效，但在多因素均呈较大变异的情况下，其单元的代表性有一定偏差。二是基于行政区划单元的划分。以行政区划单元作为评价单元，便于对评价结果的行政区分析与管理，但对耕地自然属性的差异性反映不足。三是基于地理区位的差异，以公里网、栅格划分。该方法操作简单，但网格或栅格的大小直接影响评价的精度及工作量。四是基于耕地质量关键影响因素的组合叠置方法进行划分。该方法可较好反映耕地自然与社会经济属性的差异，有较好的代表性，但操作相对较为复杂。

依据上述划分原则，考虑评价区域的地域面积、耕地利用管理及土壤属性的差异性，本次耕地质量评价中评价单元的划分采用土壤图、土地利用现状图和行政区划图的组合叠置划分法，相同土壤单元、土地利用现状类型及行政区的地块组成一个评价单元，即"土地利用现状类型–土壤类型–行政区划"的格式。其中，土壤类型划分到土属，土地利用现状类型划分到二级利用类型，行政区划分到县级。为了保证土地利用现状的现势性，基于野外实地调查，对耕地利用现状进行了修正。同一评价单元内的土壤类型相同，利用方式相同，所属行政区相同，交通、水利、经营管理方式等基本一致。用这种方法划分评价单元，可以反映单元之间的空间差异性，既使土地利用类型有了土壤基本性质的均一性，又使土壤类型有了确定的地域边界线，使评价结果更具综合性、客观性，可以较容易地将评价结果落到实地。

通过图件的叠置和检索，本次巴州耕地质量评价共划分评价单元 50 731 个，并编制形成了评价单元图。

（二）评价单元赋值

影响耕地质量的因子较多，如何准确地获取各评价单元评价信息是评价中的重要一环。因此，评价过程中舍弃了直接从键盘输入参评因子值的传统方式，而采取将评价单元与各专题图件叠加采集各参评因素的方法。具体的做法为：①按唯一标识原则为评价单元编号；②对各评价因子进行处理，生成评价信息空间数据库和属性数据库，对定性因素进行量化处理，对定量数据插值形成各评价因子专题图；③将各评价因子的专题图分别与评价单元图进行叠加；④以评价单元为依据，对叠加后形成的图形属性库进行"属性提取"操作，以评价单元为基本统计单位，按面积加权平均汇总各评价单元对应的所有评价因子的分值。

本次评价构建了由有效土层厚度、质地、质地构型、有机质、有效磷、速效钾、地形部位、土壤容重、生物多样性、农田林网化、清洁程度、障碍因素、灌溉能力、排水能力、盐渍化程度、地下水埋深等16个参评因素组成的评价指标体系，将各因素赋值给评价单元的具体做法如下。①质地、质地构型、地形部位和地下水埋深值4个因子均有各自的专题图，直接将专题图与评价单元图进行叠加获取相关数据。②农田林网化、障碍因素、生物多样性和盐渍化程度4个定性因子，采用"以点代面"方法，将点位中的属性联入评价单元图。③有机质、有效磷、速效钾、土壤容重和有效土层厚度5个定量因子，采用反距离加权空间插值法（IDW）等不同空间差值方法将点位数据转为栅格数据，再叠加到评价单元图上，运用区域统计功能获取相关属性。④灌溉能力、排水能力、清洁程度3个定性因子，采用收集的巴州灌排水统计表、重金属测试数据分析污染情况及地膜残留统计表来确定，将表中的属性联入评价单元图。

经过以上步骤，得到以评价单元为基本单位的评价信息库。单元图形与相应的评价属性信息相连，为后续的耕地质量评价奠定了基础。

五、评价指标权重的确定

在耕地质量评价中，需要根据各参评因素对耕地质量的贡献确定权重。权重确定的方法很多，有定性方法和定量方法。综合目前常用方法的优缺点，层次分析法（AHP）同时融合了专家定性判读和定量方法特点，是在定性方法基础上发展起来的定量确定参评因素权重的一种系统分析方法。这种方法可将人们的经验思维数量化，用以检验决策者判断的一致性，有利于实现定量化评价，是一种较为科学的权重确定方法。本次评价采用了特尔斐（Delphi）法与层次分析法（AHP）相结合的方法确定各参评因素的权重。首先采用Delphi法，由专家对评价指标及其重要性进行赋值。在此基础上，以层次分析法计算各指标权重。层次分析法的主要流程如下。

（一）建立层次结构

首先，以耕地质量作为目标层。其次，按照指标间的相关性、对耕地质量的影响程度及方式，将16个指标划分为六组作为准则层：第一组立地条件包括地形部位、农田林网化；第二组剖面性状，包括有效土层厚度、质地构型、地下水埋深、障碍因素；第三组理化性状，包括质地、盐渍化程度、土壤容重；第四组土壤养分，包括有机质、有效磷和速效钾；第五组土壤健康状况，包括生物多样性、清洁程度；第六组土壤管理，包括灌溉能力、排水能力。最后，以准则层中的指标项目作为指标层。从而形成层次结构关系模型。

（二）构造判断矩阵

根据专家经验，确定 C 层（准则层）对 G 层（目标层），及 A 层（指标层）对 C 层（准则层）的相对重要程度，共构成 A、C_1、C_2、C_3、C_4、C_5、C_6 共 6 个判断矩阵。例如，质地、盐渍化程度、土壤容重对第三组准则层的判断矩阵表示为：

$$C_3 = \begin{pmatrix} a_{11} & a_{12} & a_{13} \\ a_{21} & a_{22} & a_{23} \\ a_{31} & a_{32} & a_{33} \end{pmatrix} = \begin{pmatrix} 1.0000 & 0.8169 & 2.9000 \\ 1.2241 & 1.0000 & 3.5500 \\ 0.3448 & 0.2817 & 1.0000 \end{pmatrix}$$

其中，a_{ij}（i 为矩阵的行号，j 为矩阵的列号）表示对 C_3 而言，a_i 对 a_j 的相对重要性的数值。

（三）层次单排序及一致性检验

即求取 A 层对 C 层的权数值，可归结为计算判断矩阵的最大特征根对应的特征向量。利用 SPSS 等统计软件，得到各权数值及一致性检验的结果，见表 3-8。

表 3-8　权数值及一致性检验结果

矩阵	CI	CR
矩阵 A	0	<0.1
矩阵 C_1	0	<0.1
矩阵 C_2	0	<0.1
矩阵 C_3	$-2.0553E-7$	<0.1
矩阵 C_4	$2.0553E-7$	<0.1
矩阵 C_5	0	<0.1
矩阵 C_6	0	<0.1

从表 3-8 中可以看出，CR<0.1，具有很好的一致性。

（四）各因子权重确定

根据层次分析法的计算结果，同时结合专家经验进行适当调整，最终确定了巴州耕地质量评价各参评因子的权重（表 3-9）。

表 3-9　巴州耕地质量评价因子权重

指标	权重	指标	权重	指标	权重	指标	权重
有机质	0.063 5	有效磷	0.063 5	速效钾	0.049 0	排水能力	0.076 4
质地	0.064 6	质地构型	0.046 8	盐渍化程度	0.078 8	灌溉能力	0.147 1
有效土层厚度	0.053 5	地下水埋深	0.033 4	障碍因素	0.036 8	农田林网化	0.063 2
土壤容重	0.035 4	地形部位	0.118 4	生物多样性	0.031 0	清洁程度	0.038 8

六、评价指标的处理

获取的评价资料可以分为定量和定性指标两大类。为了采用定量化的评价方法和自动化的评价手段，减少人为因素的影响，需要对其中的定性因素进行定量化处理，根据各因素对耕地质量影响的级别状况赋予其相应的分值或数值。此外，对于各类养分等按调查点位获取的数据，对其进行插值处理，生成各类养分专题图。

（一）定性指标的量化处理

1. 质地

考虑不同质地类型的土壤肥力特征，及其与种植农作物生长发育的关系，同时结合专家意见，赋予不同质地类别相应的分值（表3-10）。

表3-10　土壤质地的量化处理

质地类别	中壤	轻壤	重壤	砂壤	黏土	砂土
分值	100	90	80	70	50	40

2. 质地构型

考虑耕地的不同质地类型，根据土壤的紧实程度，赋予不同质地构型类别相应的分值（表3-11）。

表3-11　质地构型的量化处理

质地构型	薄层型	海绵型	夹层型	紧实型	上紧下松	上松下紧	松散型
分值	40	90	60	70	50	100	40

3. 地形部位

评价区域地形部位众多，空间变异较为复杂。通过对所有地形部位进行逐一分析和比较，根据不同地形部位的耕地质量状况，以及不同地形部位对农作物生长的影响，赋予各类型相应的分值（表3-12）。

表3-12　地形部位的量化处理

地形部位	平原低阶	平原中阶	宽谷盆地	山间盆地	平原高阶	丘陵下部
分值	100	90	85	80	75	85
地形部位	丘陵中部	丘陵上部	山地坡下	山地坡中	山地坡上	沙漠边缘
分值	70	50	75	60	40	30

4. 盐渍化程度

巴州有部分耕地存在不同程度的盐渍化。根据土壤盐渍化对耕地质量和农作物生产的影响，将盐渍化程度划分为不同的等级，并对各等级进行赋值量化处理（表3-13）。

表3-13 土壤盐渍化程度的量化处理

盐渍化程度	无	轻度	中度	重度	盐土
分值	100	90	75	40	30

5. 灌溉能力

考虑巴州灌溉能力的总体状况，根据灌溉能力对耕地质量的影响，按照灌溉能力对农作物生产的满足程度划分为不同的等级，并赋予其相应的分值进行量化处理（表3-14）。

表3-14 灌溉能力的量化处理

灌溉能力	充分满足	满足	基本满足	不满足
分值	100	80	60	40

6. 排水能力

考虑巴州排水能力的总体状况，根据排水能力对耕地质量的影响，按照排水能力对农作物生产的满足程度划分为不同的等级，并赋予其相应的分值进行量化处理（表3-15）。

表3-15 排水能力的量化处理

排水能力	充分满足	满足	基本满足	不满足
分值	100	80	60	40

7. 障碍因素

根据中华人民共和国农业行业标准《全国中低产田类型划分与改良技术规范》（NY/T 310），同时结合专家意见，赋予不同质地类别相应的分值（表3-16）。

表3-16 土壤质地的量化处理

障碍因素	瘠薄	沙化	无	盐碱	障碍层次	干旱灌溉型
分值	70	50	100	60	65	65

8. 生物多样性

考虑巴州生物多样性的总体状况，根据生物多样性对耕地质量的影响，按照生物多样性对农作物生产的满足程度划分为不同的等级，并赋予其相应的分值进行量化处理（表3-17）。

表3-17 生物多样性的量化处理

生物多样性	丰富	一般	不丰富
分值	100	85	60

9. 农田林网化

考虑巴州农田林带的总体状况，根据农田林带对耕地质量的影响，按照农田林网对农作物生产的满足程度划分为不同的等级，并赋予其相应的分值进行量化处理（表3-18）。

表3-18 生物多样性的量化处理

农田林网化	高	中	低
分值	100	85	70

10. 清洁程度

考虑巴州农田地膜的清洁程度，根据农田地膜对耕地质量的影响，按照农田地膜残留量的程度划分为不同的等级，并赋予其相应的分值进行量化处理（表3-19）。

表3-19 清洁程度的量化处理

清洁程度	清洁	尚清洁
分值	100	85

（二）定量指标的赋值处理

有机质、有效磷、速效钾、土壤容重、有效土层厚度、地下水埋深均为定量指标，均用数值大小表示其指标状态。与定性指标的量化处理方法一样，应用DELPHI法划分各参评因素的实测值，根据各参评因素实测值对耕地质量及作物生长的影响进行评估，确定其相应的分值，为建立各因素隶属函数奠定基础（表3-20）。

表3-20 定量指标的赋值处理

评价因素	专家评估											
有机质（g/kg）	50	40	35	30	25	20	15	12	10	6	4	2
分值	100	98	95	90	85	75	65	60	50	40	25	10
有效磷（mg/kg）	50	40	35	30	25	20	15	10	5			
分值	100	98	95	90	80	75	60	35	20			
速效钾（mg/kg）	400	300	250	200	180	150	120	100	80	50	20	
分值	100	95	90	85	80	75	70	60	40	20	10	
土壤容重（g/cm³）	2	1.8	1.6	1.5	1.4	1.35	1.3	1.25	1.2	1.15	1.1	1	0.8
分值	20	40	70	80	90	95	100	95	90	85	80	60	40

（三）评价指标隶属函数的确定

隶属函数的确定是评价过程的关键环节。评价过程需要在确定各评价因素的隶属度基础上，计算各评价单元分值，从而确定耕地质量等级。在定性和定量指标进行量化处理后，应用 DELPHI 法，评估各参评因素等级或实测值对耕地质量及作物生长的影响，确定其相应分值对应的隶属度。应用相关的统计分析软件，绘制这两组数值的散点图，并根据散点图进行曲线模拟，寻求参评因素等级或实际值与隶属度的关系方程，从而构建各参评因素隶属函数。各参评因素的分级、对应的专家赋值和隶属度汇总情况见表 3-21、表 3-22。

表 3-21 参评因素的分级、分值及其隶属度

评价因素	专家评估											
有机质（g/kg）	50	40	35	30	25	20	15	12	10	6	4	2
分值	100	98	95	90	85	75	65	60	50	40	25	10
隶属度	1.00	0.98	0.95	0.90	0.85	0.75	0.65	0.60	0.50	0.40	0.25	0.10
有效磷（mg/kg）	50	40	35	30	25	20	15	10	5			
分值	100	98	95	90	80	75	60	35	20			
隶属度	1.00	0.98	0.95	0.90	0.80	0.75	0.60	0.35	0.20			
速效钾（mg/kg）	400	300	250	200	180	150	120	100	80	50	20	
分值	100	95	90	85	80	75	70	60	40	20	10	
隶属度	1.00	0.95	0.90	0.85	0.80	0.75	0.70	0.60	0.40	0.20	0.10	
土壤容重（g/cm³）	2	1.8	1.6	1.5	1.4	1.35	1.3	1.25	1.2	1.15	1.1	1 0.8
分值	20	40	70	80	90	95	100	95	90	85	80	60 40
隶属度	0.20	0.40	0.70	0.80	0.90	0.95	1.00	0.95	0.90	0.85	0.80	0.60 0.40
有效土层厚度（cm）	>150	120	100	80	70	60	50	40	30	20	10	
分值	100	97	95	85	75	65	60	50	30	20	10	
隶属度	1.00	0.97	0.95	0.85	0.75	0.65	0.60	0.50	0.30	0.20	0.10	
地下水埋深（m）	80	50	30	20	10	5	3	2	1	0.5	0.1	
分值	100	98	96	92	85	75	65	50	40	30	10	
隶属度	1.00	0.98	0.96	0.92	0.85	0.75	0.65	0.50	0.40	0.30	0.10	
质地	中壤	轻壤	重壤	砂壤	黏土	砂土						
分值	100	90	80	70	50	40						
隶属度	1.00	0.90	0.80	0.70	0.50	0.40						
灌溉能力	充分满足	满足	基本满足	不满足								
分值	100	80	60	40								
隶属度	1.00	0.80	0.60	0.40								
排水能力	充分满足	满足	基本满足	不满足								
分值	100	80	60	40								

（续表）

评价因素	专家评估											
隶属度	1.00	0.80	0.60	0.40								
盐渍化程度	无	轻度	中度	重度	盐土							
分值	100	90	75	40	30							
隶属度	1.00	0.90	0.75	0.40	0.30							
质地构型	上松下紧	海绵型	紧实型	夹层型	上紧下松	松散型	薄层型					
分值	100	90	70	60	50	40	40					
隶属度	1.00	0.90	0.70	0.60	0.50	0.40	0.40					
地形部位	平原低阶	平原中阶	宽谷盆地	丘陵下部	山间盆地	平原高阶	山地坡下	丘陵中部	山地坡中	丘陵上部	山地坡上	沙漠边缘	河滩地
分值	100	90	85	85	80	75	75	70	60	50	40	30	50
隶属度	1.00	0.90	0.85	0.85	0.80	0.75	0.75	0.70	0.60	0.50	0.40	0.30	0.50
地形部位	扇缘	扇缘洼地	扇间洼地									
分值	50	50	60									
隶属度	0.50	0.50	0.60									
障碍因素	无	瘠薄	障碍层次	干旱灌溉型	盐碱	沙化						
分值	100	70	65	65	60	50						
隶属度	1.00	0.70	0.65	0.65	0.60	0.50						
农田林网化	高	中	低									
分值	100	85	70									
隶属度	1.00	0.85	0.70									
生物多样性	丰富	一般	不丰富									
分值	100	85	60									
隶属度	1.00	0.85	0.60									
清洁程度	清洁	尚清洁										
分值	100	85										
隶属度	1.00	0.85										

表 3-22 参评定量因素类型及其隶属函数

函数类型	参评因素	隶属函数	a	c	U1	U2
戒上型	有机质（g/kg）	$Y=1/[1+A\times(x-C)^2]$	0.001 245	39.976 682	2	39

（续表）

函数类型	参评因素	隶属函数	a	c	U1	U2
戒上型	速效钾（mg/kg）	$Y=1/\left[1+A\times(x-C)^2\right]$	0.000 021	315.812 89	20	315
戒上型	有效磷（mg/kg）	$Y=1/\left[1+A\times(x-C)^2\right]$	0.001 293 2	41.023 703	2	40
戒上型	地下水埋深（m）	$Y=1/\left[1+A\times(x-C)^2\right]$	0.000 293	56.275 087	0.1	50
戒上型	有效土层厚度（cm）	$Y=1/\left[1+A\times(x-C)^2\right]$	0.000 089	149.661 69	10	145
峰型	土壤容重	$Y=1/\left[1+A\times(x-C)^2\right]$	6.390 02	1.310 488	0.5	2

七、耕地质量等级的确定

（一）计算耕地质量综合指数

用累加法确定耕地质量的综合指数，具体公式为：

$$IFI = \sum \left(F_i \times C_i\right)$$

式中：IFI（Integrated Fertility Index）代表耕地质量综合指数；Fi 为第 i 个因素的评语（隶属度）；Ci 为第 i 个因素的组合权重。

（二）确定最佳的耕地质量等级数目

在获取各评价单元耕地质量综合指数的基础上，选择累计频率曲线法进行耕地质量等级数目的确定。首先根据所有评价单元的综合指数，形成耕地质量综合指数分布曲线图，然后根据曲线斜率的突变点（拐点）来确定最高和最低等级的综合指数，中间二至九等地采用等距法划分。最终，将巴州耕地质量划分为十个等级。各等级耕地质量综合指数见表 3-23，耕地质量综合指数分布曲线见图 3-4。

表 3-23　巴州耕地质量等级综合指数

IFI	>0.8600	0.8368~0.8600	0.8136~0.8368	0.7904~0.8136	0.7672~0.7904
耕地质量等级	一等	二等	三等	四等	五等
IFI	0.7440~0.7672	0.7208~0.7440	0.6976~0.7208	0.6744~0.6976	<0.6744
耕地质量等级	六等	七等	八等	九等	十等

八、耕地质量等级图的编制

为了提高制图的效率和准确性，采用地理信息系统软件 ArcGIS 进行巴州耕地质量等级图及相关专题图件的编绘处理。其步骤为：扫描并矢量化各类基础图件→编辑点、线→点、线校正处理→统一坐标系→区编辑并对其赋属性→根据属性赋颜色→根据属性加注记→图幅整饰→图件输出。在此基础上，利用软件空间分析功能，将评价单元图与其他图件进行叠加，从而生成其他专题图件。

（一）专题图地理要素底图的编制

专题图的地理要素内容是专题图的重要组成部分，用于反映专题内容的地理分布，也

综合指数分布图

图 3-4 巴州耕地质量综合指数分布

是图幅叠加处理等的重要依据。地理要素的选择应与专题内容相协调，考虑图面的负载量和清晰度，应选择评价区域内基本的、主要的地理要素。

以巴州最新的土地利用现状图为基础，进行制图综合处理，选取的主要地理要素包括居民点、交通道路、水系、境界线等及其相应的注记，进而编辑生成与各专题图件要素相适应的地理要素底图。

（二）耕地质量等级图的编制

以耕地质量评价单元为基础，根据各单元的耕地质量评价等级结果，对相同等级的相临评价单元进行归并处理，得到各耕地质量等级图斑。在此基础上，分 2 个层次进行耕地质量等级的表达：一是颜色表达，即赋予不同耕地质量等级以相应的颜色；二是代号表达，用罗马数字 Ⅰ、Ⅱ、Ⅲ、Ⅳ、Ⅴ、Ⅵ、Ⅶ、Ⅷ、Ⅸ、Ⅹ表示不同的耕地质量等级，并在评价图相应的耕地质量等级图斑上注明。将评价专题图与以上的地理要素底图复合，整饰获得巴州耕地质量等级分布图，见彩图 3-5。

九、耕地清洁程度评价

（一）耕地环境质量评价方法

根据土壤的监测结果，通过综合污染指数进行评价，并对区域土壤环境质量进行分级、比较。综合评价指数的计算如下。

内梅罗（N. L. Nemerow）指数是一种兼顾极值或突出最大值的计权型多因子环境质量指数。其特别考虑了污染最严重的因子，内梅罗环境质量指数在加权过程中避免了权系数中主观因素的影响，是目前应用仍然较多的一种环境质量指数。

其基本计算公式：$P_N = \sqrt{\dfrac{(\overline{Pi^2} + Pi_{\max}^2)}{2}}$ （2）

式中 $\overline{Pi}$ 为各单因子环境质量指数的平均值，Pi_{max} 为各单因子环境质量指数中最大值。

（二）耕地环境质量评价标准

依据《土壤环境质量标准》（GB 15618—1995）、《土壤环境监测技术规范》（HJ/T 166—2004）、《全国土壤污染状况评价技术规定》（环发〔2008〕39 号），以法内罗梅指数法计算各监测点位的综合污染指数，并对其土壤环境质量进行分级评价，评价标准见表 3-24。

表 3-24　土壤环境质量分级标准

等级	综合污染指数（P_n）	污染等级
I	$P_n \leqslant 0.7$	清洁
II	$0.7 < P_n \leqslant 1.0$	尚清洁
III	$1.0 < P_n \leqslant 2.0$	轻度污染
IV	$2.0 < P_n \leqslant 3.0$	中度污染
V	$P_n > 3.0$	重度污染

十、评价结果的验证方法

为保证评价结果的科学合理，需要对评价形成的耕地质量等级分布等结果进行审核验证，使其符合实际，更好地指导农业生产与管理。具体采用了以下方法进行耕地质量评价结果的验证。

（一）对比验证法

不同的耕地质量等级应与其相应的评价指标值相对应。高等级的耕地质量应体现较为优良的耕地理化性状，而低等级耕地则会对应较劣的耕地理化性状。因此，可汇总分析评价结果中不同耕地质量等级对应的评价指标值，通过比较不同等级的指标差异，分析耕地质量评价结果的合理性。

以灌溉能力为例，一、二、三等地的灌溉能力以"充分满足"和"满足"为主，四、五、六等地以"基本满足"为主，七至十等地则以"不满足"为主。可见，评价结果与灌溉能力指标有较好的对应关系，说明评价结果较为合理。

表 3-25　巴州耕地质量各等级对应的灌溉能力占比情况　　　　　　　　（%）

等级	充分满足	满足	基本满足	不满足	合计
1	71.82	28.18	—	—	100
2	17.29	80.88	1.83	—	100
3	6.88	78.59	14.53	—	100
4	2.86	50.66	46.49	0.000 3	100
5	0.82	26.22	71.02	1.94	100

等级	充分满足	满足	基本满足	不满足	合计
6	0.44	15.31	64.46	19.78	100
7	0.84	13.15	46.58	39.43	100
8	0.13	9.08	33.22	57.57	100
9	—	2.59	24.95	72.46	100
10	—	0.40	35.76	63.84	100

（二）专家验证法

专家经验的验证也是判定耕地质量评价结果科学性的重要方法。应邀请熟悉区域情况及相关专业的专家，会同参与评价的专业人员，共同对属性数据赋值、等级划分、评价过程及评价结果进行系统的验证。

本次评价先后组织了自治区及巴州的土壤学、土地资源学、地理信息系统、植物营养学、地理信息系统等领域的多位专家以及基层工作技术人员，通过召开多次专题会议，对评价结果进行验证，确保了评价结果符合巴州耕地实际状况。

（三）实地验证法

以评价得到的耕地质量等级分布图为依据，随机或系统选取各等级耕地的验证样点，逐一到对应的评价地区实际地点进行调查分析，实地获取不同等级耕地的自然及社会经济信息指标数据，通过相应指标的差异，综合分析评价结果的科学合理性。

本次评价的实地验证工作在由巴州农技推广中心负责组织人员展开。首先，根据各个等级耕地的空间分布状况，选取代表性的典型样点，各县（市）每一等级耕地选取15～20个样点，进行实地调查并查验相关的土壤理化性状指标。在此基础上，实地查看各样点的土地利用状况、地貌类型、管理情况，以及土壤质地、耕层厚度、质地构型、障碍层类型等物理性状，调查近三年的作物产量、施肥、浇水等生产管理情况，查阅土壤有机质、有效磷、速效钾含量等化学性状。通过综合考虑实际土壤环境要素、土壤理化性状及其健康状况、施肥量、经济效益等相关信息，全面分析实地调查和化验分析数据与评价结果各等级耕地属性数据，验证评价结果是否符合实际情况（表3-26）。

表3-26　巴州不同等级耕地典型地块实地调查信息对照表

样点编号	评价等级	地点	地形部位	土类	耕层质地	农田林网化	盐渍化程度	灌溉能力
1	一	博湖县	平原低阶	草甸土	砂壤	高	轻度	充分满足
2	二	焉耆回族自治县	平原中阶	潮土	砂壤	高	无	满足
3	三	焉耆回族自治县	平原中阶	潮土	砂壤	高	无	满足
4	四	库尔勒市	平原中阶	灌淤土	中壤	中	轻度	满足
5	五	和硕县	平原中阶	潮土	砂壤	中	轻度	满足

（续表）

样点编号	评价等级	地点	地形部位	土类	耕层质地	农田林网化	盐渍化程度	灌溉能力
6	六	尉犁县	平原中阶	草甸土	砂壤	高	轻度	满足
7	七	若羌县	山地坡下	棕漠土	中壤	低	轻度	基本满足
8	八	且末县	山地坡下	棕漠土	中壤	中	无	基本满足
9	九	轮台县	平原低阶	草甸土	砂壤	低	轻度	不满足
10	十	轮台县	沙漠边缘	风沙土	中壤	低	轻度	不满足

第五节　耕地土壤养分等专题图件编制方法

一、图件的编制步骤

对于土壤 pH 值、总盐、有机质、全氮、碱解氮、有效磷、速效钾、有效铁、有效锰、有效锌、有效铜、有效硼、有效钼、有效硅等养分数据，首先按照野外实际调查点进行整理，建立了以调查点为记录，以各养分为字段的数据库。在此基础上，进行土壤采样样点图与分析数据库的连接，进而对各养分数据进行插值处理，形成插值图件。然后，按照相应的分级标准划分等级绘制土壤养分含量分布图。

二、图件的插值处理

本次绘制图件是将所有养分采样点数据经 ArcGIS 软件处理，利用其空间分析模块功能对各样分数据进行插值，鉴于样点数量，本次插值采用反距离权重法进行，经编辑后得到养分含量分布图。反距离加权空间插值法（Inverse Distance to a Power，IDW）又被称为"距离倒数乘方法"，它是一种加权平均内插法，该方法认为任何一个观测值都对邻近的区域有影响，且影响的大小随距离的增大而减小。在实际运算中，以插值点与样本点位间的距离为权重进行加权平均，离插值点越近的样本点赋予的权重越大，即距离样本点位越近，插值数据也就越接近点位实际数值。在 ArcGIS 中先插值生成巴州养分栅格格式图件，再与评价单元图叠加，转换为矢量格式图件。

三、图件的清绘整饰

对于土壤有机质、pH 值，土壤大、中、微量元素含量分布等其他专题要素地图，按照各要素的不同分级分别赋予相应的颜色，标注相应的代号，生成专题图层。之后与地理要素底图复合，编辑处理生成相应的专题图件，并进行图幅的整饰处理。

第四章　耕地质量等级分析

第一节　耕地质量等级

一、巴州耕地质量等级分布

依据《耕地质量等级》标准，采用累加法计算耕地质量综合指数，形成耕地质量综合指数分布曲线，参考新疆耕地质量综合指数分级标准，将巴州耕地质量等级从高到低依次划分为一至十级，各等级面积分布及比例如表4-1所示。

巴州一等地耕地面积共26.75khm²，占巴州耕地面积的7.05%，且末县和尉犁县无一等地分布。其中，博湖县0.25khm²，占该等级耕地面积的0.95%；和静县18.88khm²，占该等级耕地面积的70.58%；和硕县1.11hm²，占该等级耕地面积的4.17%；库尔勒市5.98hm²，占该等级耕地面积的22.34%；轮台县0.0007km²，占该等级耕地面积的0.003%；若羌县0.17khm²，占该等级耕地面积的0.62%；焉耆回族自治县0.36km²，占该等级耕地面积的1.34%。

巴州二等地耕地面积共41.06khm²，占巴州耕地面积的10.83%，二等地在巴州各县市均有分布。其中，博湖县4.05khm²，占该等级耕地面积的9.86%；和静县7.60khm²，占该等级耕地面积的18.51%；和硕县7.42khm²，占该等级耕地面积的18.06%；库尔勒市5.96khm²，占该等级耕地面积的14.51%；轮台县0.32khm²，占该等级耕地面积的0.79%；且末县0.08hm²，占该等级耕地面积的0.20%；若羌县1.32khm²，占该等级耕地面积的3.22%；尉犁县6.39khm²，占该等级耕地面积的15.56%；焉耆回族自治县7.92khm²，占该等级耕地面积的19.28%。

巴州三等地耕地面积共29.63khm²，占巴州耕地面积的7.82%，三等地在巴州各县市均有分布。其中，博湖县0.82khm²，占该等级耕地面积的2.77%；和静县2.94khm²，占该等级耕地面积的9.91%；和硕县7.42khm²，占该等级耕地面积的25.05%；库尔勒市4.41khm²，占该等级耕地面积的14.88%；轮台县3.04khm²，占该等级耕地面积的10.26%；尉犁县2.86khm²，占该等级耕地面积的9.67%；焉耆回族自治县7.00khm²，占该等级耕地面积的23.61%；且末县0.34khm²，占该等级耕地面积的1.13%；若羌县0.80khm²，占该等级耕地面积的2.71%。

表4-1 巴州耕地质量等级分布

县市	一等地 面积(khm²)	一等地 占比(%)	二等地 面积(khm²)	二等地 占比(%)	三等地 面积(khm²)	三等地 占比(%)	四等地 面积(khm²)	四等地 占比(%)	五等地 面积(khm²)	五等地 占比(%)	六等地 面积(khm²)	六等地 占比(%)	七等地 面积(khm²)	七等地 占比(%)	八等地 面积(khm²)	八等地 占比(%)	九等地 面积(khm²)	九等地 占比(%)	十等地 面积(khm²)	十等地 占比(%)	合计 面积(khm²)	合计 占比(%)
博湖县	0.25	0.95	4.05	9.86	0.82	2.77	2.63	4.68	4.47	5.24	1.95	6.36	2.22	6.97	1.17	4.69	0.96	5.88	2.49	6.91	21.03	5.55
和静县	18.88	70.58	7.60	18.51	2.94	9.91	4.38	7.78	9.71	11.37	5.74	18.67	2.22	6.96	0.37	1.48	—	—	—	—	51.83	13.67
和硕县	1.11	4.17	7.42	18.06	7.42	25.05	7.99	14.18	6.88	8.06	4.76	15.48	1.50	4.70	0.51	2.04	0.98	5.96	0.28	0.77	38.84	10.25
库尔勒市	5.98	22.34	5.96	14.51	4.41	14.88	13.45	23.88	13.42	15.72	6.01	19.55	8.52	26.69	7.67	30.85	6.47	39.43	8.68	24.04	80.55	21.25
轮台县	0.0007	0.003	0.32	0.79	3.04	10.26	7.59	13.48	6.96	8.15	1.55	5.06	2.65	8.30	6.19	24.89	2.94	17.91	6.48	17.95	37.72	9.95
且末县	—	—	0.08	0.20	0.34	1.13	3.50	6.21	7.80	9.14	0.79	2.57	0.94	2.96	2.87	11.56	0.18	1.10	1.37	3.78	17.87	4.71
若羌县	0.17	0.62	1.32	3.22	0.80	2.71	1.92	3.42	2.97	3.48	0.22	0.72	0.03	0.09	—	—	—	—	—	—	7.44	1.96
尉犁县	—	—	6.39	15.56	2.86	9.67	3.67	6.52	23.76	27.84	6.59	21.45	11.99	37.59	6.05	24.36	4.87	29.72	16.81	46.55	83.01	21.90
焉耆回族自治县	0.36	1.34	7.92	19.28	7.00	23.61	11.19	19.86	9.39	11.00	3.12	10.15	1.83	5.74	0.03	0.12	—	—	—	—	40.82	10.77
总计	26.75	7.05	41.06	10.83	29.63	7.82	56.34	14.86	85.35	22.51	30.73	8.11	31.91	8.42	24.85	6.56	16.40	4.33	36.10	9.52	379.12	100

巴州四等地耕地面积共 56.34km²，占巴州耕地面积的 14.86%，四等地在巴州各县市均有分布。其中，博湖县 2.63km²，占该等级耕地面积的 4.68%；和静县 4.38km²，占该等级耕地面积的 7.78%；和硕县 7.99km²，占该等级耕地面积的 14.18%；库尔勒市 13.45km²，占该等级耕地面积的 23.88%；轮台县 7.59km²，占该等级耕地面积的 13.48%；且末县 3.50km²，占该等级耕地面积的 6.21%；若羌县 1.92km²，占该等级耕地面积的 3.42%；尉犁县 3.67km²，占该等级耕地面积的 6.52%；焉耆回族自治县 11.19km²，占该等级耕地面积的 19.86%。

巴州五等地耕地面积共 85.35km²，占巴州耕地面积的 22.51%，五等地在巴州各县市均有分布。其中，博湖县 4.47km²，占该等级耕地面积的 5.24%；和静县 9.71km²，占该等级耕地面积的 11.37%；和硕县 6.88km²，占该等级耕地面积的 8.06%；库尔勒市 13.42km²，占该等级耕地面积的 15.72%；轮台县 6.96km²，占该等级耕地面积的 8.15%；且末县 7.80km²，占该等级耕地面积的 9.14%；若羌县 2.97km²，占该等级耕地面积的 3.48%；尉犁县 23.76km²，占该等级耕地面积的 27.84%；焉耆回族自治县 9.39km²，占该等级耕地面积的 11.00%。

巴州六等地耕地面积共 30.73km²，占巴州耕地面积的 8.11%，六等地在巴州各县市均有分布。其中，博湖县 1.95km²，占该等级耕地面积的 6.36%；和静县 5.74km²，占该等级耕地面积的 18.67%；和硕县 4.76km²，占该等级耕地面积的 15.48%；库尔勒市 6.01km²，占该等级耕地面积的 19.55%；轮台县 1.55km²，占该等级耕地面积的 5.06%；且末县 0.79km²，占该等级耕地面积的 2.57%；若羌县 0.22km²，占该等级耕地面积的 0.72%；尉犁县 6.59km²，占该等级耕地面积的 21.45%；焉耆回族自治县 3.12km²，占该等级耕地面积的 10.15%。

巴州七等地耕地面积共 31.91km²，占巴州耕地面积的 8.42%，七等地在巴州各县市均有分布。其中，博湖县 2.22km²，占该等级耕地面积的 6.97%；和静县 2.22km²，占该等级耕地面积的 6.96%；和硕县 1.50km²，占该等级耕地面积的 4.70%；库尔勒市 8.52km²，占该等级耕地面积的 26.69%；轮台县 2.65km²，占该等级耕地面积的 8.30%；且末县 0.94km²，占该等级耕地面积的 2.96%；若羌县 0.03km²，占该等级耕地面积的 0.09%；尉犁县 11.99km²，占该等级耕地面积的 37.59%；焉耆回族自治县 1.83km²，占该等级耕地面积的 5.74%。

巴州八等地耕地面积共 24.85km²，占巴州耕地面积的 6.56%，八等地在若羌县无分布。其中，博湖县 1.17km²，占该等级耕地面积的 4.69%；和静县 0.37km²，占该等级耕地面积的 1.48%；和硕县 0.51km²，占该等级耕地面积的 2.04%；库尔勒市 7.67km²，占该等级耕地面积的 30.85%；轮台县 6.19km²，占该等级耕地面积的 24.89%；且末县 2.87km²，占该等级耕地面积的 11.56%；尉犁县 6.05km²，占该等级耕地面积的 24.36%；焉耆回族自治县 0.03km²，占该等级耕地面积的 0.12%。

巴州九等地耕地面积共 16.40km²，占巴州耕地面积的 4.33%，九等地在和静县、若羌县和焉耆回族自治县无分布。其中，博湖县 0.96km²，占该等级耕地面积的 5.88%；和硕县 0.98km²，占该等级耕地面积的 5.96%；库尔勒市 6.47km²，占该等级耕地面积的 39.43%；轮台县 2.94km²，占该等级耕地面积的 17.91%；且末县 0.18hm²，占该等级耕地面积的 1.10%；尉犁县 4.87km²，占该等级耕地面积的 29.72%。

巴州十等地耕地面积共 36.10km²，占巴州耕地面积的 9.52%，十等地在和静县、若羌县和焉耆回族自治县无分布。其中，博湖县 2.49km²，占该等级耕地面积的 6.91%；和硕县 0.28km²，占该等级耕地面积的 0.77%；库尔勒市 8.68km²，占该等级耕地面积的 24.04%；轮台县 6.48km²，占该等级耕地面积的 17.95%；且末县 1.37km²，占该等级耕地面积的 3.78%；尉犁县 16.81km²，占该等级耕地面积的 46.55%。

二、巴州耕地质量高中低等级分布

将耕地质量的十等划分为高等、中等和低等三档，即一到三等地为高等，四到六等地为中等，七到十等地为低等（下同）。巴州中等地面积比例最大，高等地与低等地面积比例相当，其中高等地面积为 97.44km²，占巴州耕地总面积的 25.70%；中等地面积为 172.42km²，占巴州耕地总面积的 45.48%；低等地面积为 109.26km²，占地区耕地总面积的 28.82%。详见表 4-2。

巴州高等地分布的县市中，和静县所占面积最大，为 29.42km²，占巴州高等地耕地面积的 30.19%；且末县所占面积最小，为 0.42km²，占巴州高等地耕地面积的 0.43%。

巴州中等地分布的县市中，尉犁县所占面积最大，为 34.02km²，占巴州中等地耕地面积的 19.73%；若羌县所占面积最小，为 5.12km²，占巴州中等地耕地面积的 2.97%。

巴州低等地分布的县市中，尉犁县所占面积最大，为 39.73km²，占巴州低等地耕地面积的 36.36%；若羌县所占面积最小，为 0.03km²，占巴州低等地耕地面积的 0.03%。

表 4-2　巴州耕地质量高中低等级分布

等级 县市	高等 面积（khm²）	高等 占比（%）	中等 面积（khm²）	中等 占比（%）	低等 面积（khm²）	低等 占比（%）	合计 面积（khm²）	合计 占比（%）
博湖县	5.12	5.26	9.06	5.26	6.85	6.27	21.03	5.55
和静县	29.42	30.19	19.83	11.50	2.59	2.37	51.83	13.67
和硕县	15.95	16.37	19.63	11.38	3.26	2.99	38.84	10.25
库尔勒市	16.35	16.77	32.88	19.07	31.33	28.67	80.55	21.25
轮台县	3.36	3.45	16.10	9.34	18.25	16.71	37.72	9.95
且末县	0.42	0.43	12.09	7.01	5.36	4.91	17.87	4.71
若羌县	2.29	2.35	5.12	2.97	0.03	0.03	7.44	1.96
尉犁县	9.26	9.50	34.02	19.73	39.73	36.36	83.01	21.90
焉耆回族自治县	15.27	15.67	23.69	13.74	1.86	1.70	40.82	10.77
总计	97.44	25.70	172.42	45.48	109.26	28.82	379.12	100.00

三、地形部位耕地质量高中低等级分布

巴州地形部位耕地质量高中低等级分布见表4-3。

表4-3 巴州地形部位耕地质量高中低等级分布

等级	高等		中等		低等		合计	
地形部位	面积（khm²）	占比（%）	面积（khm²）	占比（%）	面积（khm²）	占比（%）	面积（khm²）	占比（%）
平原低阶	61.17	62.78	70.67	40.99	14.19	12.99	146.02	38.52
平原高阶	1.51	1.54	15.97	9.26	39.96	36.57	57.43	15.15
平原中阶	34.75	35.67	82.73	47.98	29.67	27.15	147.15	38.81
山地坡下	0.01	0.01	3.06	1.78	5.35	4.89	8.42	2.22
沙漠边缘	—	—	—	—	20.10	18.40	20.10	5.30
总计	97.44	25.70	172.42	45.48	109.26	28.82	379.12	100.00

巴州高等地分布的地形部位中，平原低阶所占面积最大，为61.17khm²，占巴州高等地耕地面积的62.78%；山地坡下所占面积最小，为0.01khm²，占巴州高等地耕地面积的0.01%；沙漠边缘无高等地分布。

巴州中等地分布的地形部位中，平原中阶所占面积最大，为82.73khm²，占巴州中等地耕地面积的47.98%；山地坡下所占面积最小，为3.06khm²，占巴州中等地耕地面积的1.78%；沙漠边缘无高等地分布。

巴州低等地分布的地形部位中，平原高阶所占面积最大，为39.96khm²，占巴州低等地耕地面积的36.57%；山地坡下所占面积最小，为5.35khm²，占巴州低等地耕地面积的4.89%。

四、各县市耕地质量等级分布

由表4-1可知，博湖县评价区二等地和五等地所占面积最大，合计8.52khm²，从一等至十等地的面积分别为 0.25khm²、4.05khm²、0.82khm²、2.63khm²、4.47khm²、1.95khm²、2.22khm²、1.17khm²、0.96khm²和2.49khm²，占比分别为1.20%、19.24%、3.90%、12.52%、21.27%、9.29%、10.57%、5.55%、4.58%和11.86%。

和静县评价区一等地和五等地所占面积最大，合计28.59khm²，从一等至八等地的面积分别为 18.88khm²、7.60khm²、2.94khm²、4.38khm²、9.71khm²、5.74khm²、2.22khm²和0.37khm²，占比为36.42%、14.66%、5.67%、8.46%、18.73%、11.07%、4.28%和0.71%。

和硕县评价区二等、三等地和四等地所占面积最大，合计22.83khm²，从一等至十等地的面积分别为 1.11khm²、7.42khm²、7.42khm²、7.99khm²、6.88khm²、4.76khm²、1.50khm²、0.51khm²、0.98khm²和0.28khm²，占比分别为2.87%、19.09%、19.11%、20.57%、

17.71%、12.24%、3.86%、1.31%、2.52%和0.71%。

库尔勒市评价区四等地和五等地所占面积最大，合计26.87khm²，从一等至十等地的面积分别为5.98khm²、5.96khm²、4.41khm²、13.45khm²、13.42khm²、6.01khm²、8.52khm²、7.67khm²、6.47khm²和8.68khm²，占比分别为7.42%、7.40%、5.47%、16.70%、16.66%、7.46%、10.57%、9.52%、8.03%和10.78%。

轮台县评价区四等地和五等地所占面积最大，合计14.55khm²，从一等至十等地的面积分别为0.72khm²、0.32khm²、3.04khm²、7.59khm²、6.96khm²、1.55khm²、2.65khm²、6.19khm²、2.94khm²和6.48khm²，占比分别为0.0019%、0.86%、8.06%、20.13%、18.44%、4.12%、7.02%、16.40%、7.79%和17.18%。

且末县评价区四等地和五等地所占面积最大，合计11.30khm²，从二等至十等地的面积分别为0.08khm²、0.34khm²、3.50khm²、7.80khm²、0.79khm²、0.94khm²、2.87khm²、0.18khm²和1.37khm²，占比为0.47%、1.88%、19.57%、43.66%、4.41%、5.28%、16.08%、1.01%和7.64%。

若羌县评价区五等地和四等地所占面积最大，合计4.89khm²，从一等至七等地的面积分别为0.17khm²、1.32khm²、0.80khm²、1.92khm²、2.97khm²、0.22khm²和0.03khm²，占比分别为2.24%、17.76%、10.81%、25.88%、39.94%、2.98%和0.39%。

尉犁县评价区五等地和十等地所占面积最大，合计40.57khm²，从二等至十等地的面积分别为6.39khm²、2.86khm²、3.67khm²、23.76khm²、6.59khm²、11.99khm²、6.05khm²、4.87khm²和16.81khm²，占比分别为7.70%、3.45%、4.42%、28.63%、7.94%、14.45%、7.29%、5.87%和20.25%。

焉耆回族自治县评价区四等地和五等地所占面积最大，合计20.57khm²，从一等至八等地的面积分别为0.36khm²、7.92khm²、7.00khm²、11.19khm²、9.39khm²、3.12khm²、1.83khm²和0.03khm²，占比分别为0.88%、19.39%、17.13%、27.41%、22.99%、7.64%、4.48%和0.08%。

五、耕地质量在耕地主要土壤类型上的分布

巴州耕地中，土壤类型有草甸土、潮土、灌淤土、棕漠土、风沙土、盐土等14个土类。不同土壤类型上耕地质量等级面积分布见表4-4。可以看出，巴州耕地主要土壤类型依次为草甸土、潮土和棕漠土，占耕地面积的68.97%。

一等地中，草甸土、棕漠土和潮土所占面积最大，为7.06khm²、6.36khm²和5.21khm²，占比分别为26.38%、23.79%和19.46%。其次为沼泽土、风沙土、灌漠土、灌淤土、石质土、盐土和棕钙土，所占一等地面积比例分别为13.71%、3.77%、3.40%、3.15%、2.06%、1.14%和2.79%。还有冷钙土、栗钙土、林灌草甸土等土类少量分布。无漠境盐土。

二等地中，草甸土、潮土和棕漠土所占面积最大，为15.23khm²、10.31khm²和7.40khm²，占比分别为37.09%、25.12%和18.02%。其次为灌漠土、灌淤土、林灌草甸土、盐土和沼泽土，所占二等地面积比例分别为2.37%、1.06%、6.36%、7.73%和1.30%。还有风沙土、石质土、棕钙土等土类少量分布。无冷钙土、栗钙土和漠境盐土。

三等地中，草甸土、潮土和棕漠土所占面积最大，为9.20khm²、6.96khm²和

5.36km²，占比分别为31.06%、23.48%和18.09%。其次为灌漠土、灌淤土、林灌草甸土、盐土、沼泽土，所占三等地面积比例分别为4.62%、3.71%、6.40%、9.37%、2.21%。还有风沙土、栗钙土、石质土、棕钙土等土类少量分布。无冷钙土和漠境盐土。

四等地中，草甸土、潮土和棕漠土所占面积最大，为21.36km²、10.05km²和9.23km²，占比分别为37.92%、17.83%和16.38%。其次为风沙土、灌淤土、林灌草甸土、盐土、沼泽土，所占四等地面积比例分别为1.66%、8.75%、5.93%、5.98%、4.29%。还有灌漠土、冷钙土、栗钙土、漠境盐土、石质土、棕钙土等土类少量分布。

五等地中，草甸土、林灌草甸土、潮土和棕漠土所占面积最大，为25.32km²、16.71km²、15.32km²和12.78km²，占比分别为29.67%、19.58%、17.94%和14.98%。其次为风沙土、灌淤土、盐土、沼泽土，所占五等地面积比例分别为2.35%、4.35%、6.07%、3.19%。还有灌漠土、冷钙土、栗钙土、漠境盐土、石质土、棕钙土等土类少量分布。

六等地中，草甸土、棕漠土和潮土所占面积最大，为10.76km²、7.05km²和5.33km²，占比分别为35.00%、22.95%和17.33%。其次为风沙土、灌漠土、灌淤土、林灌草甸土、盐土、沼泽土，所占六等地面积比例分别为2.03%、3.46%、1.65%、5.82%、5.83%、5.47%。还有漠境盐土、石质土土类少量分布。无冷钙土、栗钙土和棕钙土。

七等地中，草甸土、潮土、盐土和棕漠土所占面积最大，为14.80km²、4.09km²、4.45km²和3.92km²，占比分别为46.38%、12.83%、13.94%和12.29%。其次为灌淤土、林灌草甸土、沼泽土、漠境盐土、风沙土和灌漠土，所占七等地面积比例分别为2.59%、6.55%、2.79%、1.44%、0.67%和0.53%。无冷钙土、栗钙土、石质土和棕钙土。

八等地中，草甸土所占面积最大，为11.88km²，占比为47.81%。其次为潮土、风沙土、灌漠土、灌淤土、林灌草甸土、盐土、沼泽土和棕漠土，所占八等地面积比例分别为9.70%、2.16%、0.32%、10.42%、8.70%、11.10%、4.65%和5.13%。无冷钙土、栗钙土、漠境盐土、石质土和棕钙土。

九等地中，草甸土所占面积最大，为8.78km²，占比为53.56%。其次为潮土、风沙土、灌漠土、灌淤土、林灌草甸土、盐土、沼泽土和棕漠土，所占九等地面积比例分别为6.05%、0.58%、1.06%、5.39%、11.48%、12.96%、3.34%和5.57%。无冷钙土、栗钙土、漠境盐土、石质土和棕钙土。

十等地中，草甸土所占面积最大，为17.63km²，占比为48.82%。其次为潮土、风沙土、灌漠土、灌淤土、林灌草甸土、盐土、沼泽土和棕漠土，所占十等地面积比例分别为9.01%、2.14%、0.35%、4.11%、4.30%、20.91%、6.89%和3.47%。无冷钙土、栗钙土、漠境盐土、石质土和棕钙土。

表4-4 主要土壤类型上耕地质量等级面积与比例

(khm²)

土类	一等地 面积	占比(%)	二等地 面积	占比(%)	三等地 面积	占比(%)	四等地 面积	占比(%)	五等地 面积	占比(%)	六等地 面积	占比(%)	七等地 面积	占比(%)	八等地 面积	占比(%)	九等地 面积	占比(%)	十等地 面积	占比(%)	合计 面积	占比(%)
草甸土	7.06	26.38	15.23	37.09	9.20	31.06	21.36	37.92	25.32	29.67	10.76	35.00	14.80	46.38	11.88	47.81	8.78	53.56	17.63	48.82	142.02	37.46
潮土	5.21	19.46	10.31	25.12	6.96	23.48	10.05	17.83	15.32	17.94	5.33	17.33	4.09	12.83	2.41	9.70	0.99	6.05	3.25	9.01	63.91	16.86
风沙土	1.01	3.77	0.29	0.71	0.26	0.88	0.93	1.66	2.00	2.35	0.62	2.03	0.21	0.67	0.54	2.16	0.10	0.58	0.77	2.14	6.74	1.78
灌漠土	0.91	3.40	0.97	2.37	1.37	4.62	0.55	0.97	0.76	0.89	1.06	3.46	0.17	0.53	0.08	0.32	0.17	1.06	0.13	0.35	6.17	1.63
灌淤土	0.84	3.15	0.44	1.06	1.10	3.71	4.93	8.75	3.72	4.35	0.51	1.65	0.83	2.59	2.59	10.42	0.88	5.39	1.48	4.11	17.31	4.57
冷钙土	0.0003	0.001	—	—	—	—	0.08	0.13	0.0005	0.001	—	—	—	—	—	—	—	—	—	—	0.08	0.02
栗钙土	0.09	0.33	—	—	0.001	0.004	0.03	0.06	0.02	0.02	—	—	—	—	—	—	—	—	—	—	0.14	0.04
林灌草甸土	0.005	0.02	2.61	6.36	1.90	6.40	3.34	5.93	16.71	19.58	1.79	5.82	2.09	6.55	2.16	8.70	1.88	11.48	1.55	4.30	34.04	8.98
漠境盐土	—	—	—	—	—	—	0.006	0.01	0.04	0.04	0.14	0.46	0.46	1.44	—	—	—	—	—	—	0.64	0.17
石质土	0.55	2.06	0.01	0.02	0.03	0.09	0.007	0.01	0.44	0.51	0.004	0.01	—	—	—	—	—	—	—	—	1.03	0.27
盐土	0.31	1.14	3.17	7.73	2.78	9.37	3.37	5.98	5.18	6.07	1.79	5.83	4.45	13.94	2.76	11.10	2.13	12.96	7.55	20.91	33.48	8.83
沼泽土	3.67	13.71	0.53	1.30	0.65	2.21	2.42	4.29	2.73	3.19	1.68	5.47	0.89	2.79	1.16	4.65	0.55	3.34	2.49	6.89	16.77	4.42
棕钙土	0.75	2.79	0.10	0.24	0.02	0.08	0.04	0.07	0.33	0.39	—	—	—	—	—	—	—	—	—	—	1.24	0.33
棕漠土	6.36	23.79	7.40	18.02	5.36	18.09	9.23	16.38	12.78	14.98	7.05	22.95	3.92	12.29	1.28	5.13	0.91	5.57	1.25	3.47	55.55	14.65
总计	26.75	7.05	41.06	10.83	29.63	7.82	56.34	14.86	85.35	22.51	30.73	8.11	31.91	8.42	24.85	6.56	16.40	4.33	36.10	9.52	379.12	100.00

各土类耕地质量高中低等级分布见表4-5。草甸土、风沙土、灌淤土、林灌草甸土和沼泽土耕地质量以中等地为主，低等地次之，高等地最少。草甸土高等地力耕地占草甸土面积的22.17%，中等地力耕地占40.45%，低等地力耕地占37.38%；风沙土高等地力耕地占风沙土面积的23.13%，中等地力耕地占52.85%，低等地力耕地占24.02%；灌淤土高等地力耕地占灌淤土面积的13.72%，中等地力耕地占52.86%，低等地力耕地占33.42%；林灌草甸土高等地力耕地占林灌草甸土面积的13.25%，中等地力耕地占64.16%，低等地力耕地占22.58%；沼泽土高等地力耕地占沼泽土面积的28.96%，中等地力耕地占40.73%，低等地力耕地占30.31%。

表4-5 各土类耕地质量高中低等级分布

等级	高等		中等		低等		合计	
土类	面积（khm²）	占比（%）	面积（khm²）	占比（%）	面积（khm²）	占比（%）	面积（khm²）	占比（%）
草甸土	31.48	32.31	57.44	33.32	53.09	48.59	142.02	37.46
潮土	22.48	23.07	30.69	17.80	10.74	9.83	63.91	16.86
风沙土	1.56	1.60	3.56	2.07	1.62	1.48	6.74	1.78
灌漠土	3.25	3.33	2.37	1.38	0.55	0.50	6.17	1.63
灌淤土	2.38	2.44	9.15	5.31	5.79	5.30	17.31	4.57
冷钙土	0.0003	0.001	0.08	0.04	—	—	0.08	0.02
栗钙土	0.09	0.09	0.05	0.03	—	—	0.14	0.04
林灌草甸土	4.51	4.63	21.84	12.67	7.69	7.04	34.04	8.98
漠境盐土	—	—	0.18	0.10	0.46	0.42	0.64	0.17
石质土	0.59	0.60	0.45	0.26	—	—	1.03	0.27
盐土	6.26	6.42	10.35	6.00	16.88	15.45	33.48	8.83
沼泽土	4.85	4.98	6.83	3.96	5.08	4.65	16.77	4.42
棕钙土	0.87	0.89	0.37	0.22	—	—	1.24	0.33
棕漠土	19.12	19.63	29.06	16.85	7.37	6.74	55.55	14.65
总计	97.44	25.70	172.42	45.48	109.26	28.82	379.12	100

潮土和棕漠土耕地质量以中等为主，高等次之，低等最少。潮土高等地力耕地占潮土面积的35.17%，中等地力耕地占48.02%，低等地力耕地占16.81%；棕漠土高等地力耕地占棕漠土面积的34.42%，中等地力耕地占52.32%，低等地力耕地占13.26%。

灌漠土、栗钙土、石质土和棕钙土耕地质量以高等地为主，中等地次之，低等地最少。灌漠土高等地力耕地占灌漠土面积的52.66%，中等地力耕地占38.47%，低等地力耕地占8.88%；栗钙土高等地力耕地占栗钙土耕地面积的65.64%，中等地力耕地占34.36%，无低等地力耕地；石质土高等地力耕地占石质土耕地面积的56.68%，中等地力耕地占43.32%，无低等地力耕地；棕钙土高等地力耕地占棕钙土耕地面积的69.94%，中等地力耕地占30.06%，无低等地力耕地。

漠境盐土和盐土耕地质量以低等为主，中等次之，高等最少。漠境盐土中等地力耕地占漠境盐土耕地面积的28.01%，低等地力耕地占71.99%，无高等地力耕地；盐土高等地力耕地占盐土耕地面积的18.68%，中等地力耕地占30.90%，低等地力耕地占50.42%。

冷钙土以中等地为主，高等地次之，无低等地。其高等地力耕地占冷钙土耕地面积的0.37%，中等地力耕地占99.63%，无高等地力耕地。

第二节 一等地耕地质量等级特征

一、一等地分布特征

（一）区域分布

巴州一等地耕地面积26.75khm²，占巴州耕地面积的7.05%。其中，博湖县0.25khm²，占博湖县耕地的1.19；和静县18.88khm²，占和静县耕地的36.42%；和硕县1.11khm²，占和硕县耕地的2.86%；库尔勒市5.98khm²，占库尔勒市耕地的7.42%；轮台县0.70hm²，占轮台县耕地的0.002%；若羌县0.17khm²，占若羌县耕地的2.29%；焉耆回族自治县0.36khm²，占焉耆回族自治县耕地的0.88%。（表4-6）。

表4-6 各县市一等地面积及占辖区耕地面积的比例

县市	面积（khm²）	比例（%）
博湖县	0.25	1.19
和静县	18.88	36.42
和硕县	1.11	2.86
库尔勒市	5.98	7.42
轮台县	0.000 7	0.002
若羌县	0.17	2.29
焉耆回族自治县	0.36	0.88

一等地在县域的分布上差异较大。一等地面积占全县耕地面积的比例在30%~40%间的仅有1个，为和静县。

一等地面积占全县耕地面积的比例在10%以下的有6个，分别是博湖县、和硕县、库尔勒市、轮台县、若羌县和焉耆回族自治县。另外，且末县、尉犁县无一等地。

（二）土壤类型

从土壤类型来看，巴州一等地分布面积和比例最大的土壤类型分别是草甸土、棕漠土、潮土和沼泽土，分别占一等地总面积的26.38%、23.79%、19.46%和13.71%，其次是风沙土、灌漠土、灌淤土、石质土、盐土和棕钙土，其他土类分布面积较少。详见表4-7。

表4-7　一等地耕地主要土壤类型耕地面积与比例

土壤类型	面积（khm²）	比例（%）
草甸土	7.05	26.38
潮土	5.21	19.46
风沙土	1.01	3.77
灌漠土	0.91	3.40
灌淤土	0.84	3.15
冷钙土	0.00028	0.001
栗钙土	0.09	0.33
林灌草甸土	0.0046	0.02
漠境盐土	—	—
石质土	0.55	2.06
盐土	0.31	1.14
沼泽土	3.67	13.71
棕钙土	0.75	2.79
棕漠土	6.36	23.79
总计	26.75	100

二、一等地属性特征

（一）地形部位

一等地的地形部位面积与比例如表4-8所示。一等地在平原低阶分布最多，面积为24.35khm²，占一等地总面积的91.05%，占巴州耕地平原低阶总面积的16.68%；一等地在平原中阶分布面积为2.39khm²，占一等地总面积的8.95%，占巴州耕地平原中阶总面积的1.63%。无平原高阶、沙漠边缘和山地坡下地形部位面积分布。

表4-8　一等地的地形部位面积与比例

地形部位	面积（khm²）	比例（%）	占相同地形部位的比例（%）
平原低阶	24.35	91.05	16.68
平原高阶	—	—	—
平原中阶	2.39	8.95	1.63
沙漠边缘	—	—	—
山地坡下	—	—	—

（二）灌溉能力

一等地中，灌溉能力为充分满足的耕地面积为23.61khm²，占一等地面积的88.27%，占巴州相同灌溉能力耕地总面积的30.79%；灌溉能力为满足的耕地面积为3.14km²，占一等地面积的11.73%，占巴州相同灌溉能力耕地总面积的1.96%（表4-9）。

表4-9 不同灌溉能力下一等地的面积与比例

灌溉能力	面积（km²）	比例（%）	占相同灌溉能力的比例（%）
充分满足	23.61	88.27	30.79
满足	3.14	11.73	1.96
基本满足	—	—	—
不满足	—	—	—

（三）质地

耕层质地在巴州一等地中的面积及占比如表4-10所示。一等地中，耕层质地以砂壤为主，面积达14.48km²，占比为54.15%，占巴州相同质地耕地总面积的8.96%；其次是中壤，面积为11.90km²，占比为44.50%，占巴州相同质地耕地总面积的7.79%；重壤所占比例为1.35%，占巴州相同质地耕地总面积的1.69%。无黏土和砂土。

表4-10 一等地与耕层质地

质地	面积（km²）	比例（%）	占相同质地耕地面积（%）
黏土	—	—	—
砂壤	14.48	54.15	8.96
砂土	—	—	—
中壤	11.90	44.50	7.79
重壤	0.36	1.35	1.69
总计	26.75	100	7.05

（四）盐渍化程度

本次评价将盐渍化程度分为无盐渍化、轻度盐渍化、中度盐渍化、重度盐渍化和盐土五类。一等地的盐渍化程度见表4-11。无盐渍化的耕地面积为13.91km²，占一等地总面积的51.99%，占相同盐渍化程度耕地面积的13.33%；轻度盐渍化的耕地面积为9.11km²，占一等地总面积的34.05%，占相同盐渍化程度耕地面积的4.61%；中度盐渍化的耕地面积为3.39km²，占一等地总面积的12.67%，占相同盐渍化程度耕地面积的5.15%；重度盐渍化的耕地面积为0.33km²，占一等地总面积的1.25%，占相同盐渍化程度耕地面积的3.69%；盐土的耕地面积为0.01km²，占一等地总面积的0.04%，占相同盐渍化程度耕地面积的0.41%。

表 4-11　一等地的盐渍化程度

盐渍化程度	面积（khm²）	比例（%）	占相同盐渍化程度耕地面积（%）
无	13.91	51.99	13.33
轻度	9.11	34.05	4.61
中度	3.39	12.67	5.15
重度	0.33	1.25	3.69
盐土	0.01	0.04	0.41
总计	26.75	100	27.19

（五）养分状况

对巴州一等地耕层养分进行统计如表 4-12 所示。一等地的养分含量平均值分别为：有机质 16.63g/kg、全氮 0.75g/kg、有效磷 30.72mg/kg、速效钾 197.16mg/kg、缓效钾 1 098.28mg/kg、有效硼 7.98mg/kg、有效钼 0.14mg/kg、有效铜 2.04mg/kg、有效铁 10.13mg/kg、有效锰 3.38mg/kg、有效锌 1.35mg/kg、有效硅 173.40mg/kg、有效硫 261.21mg/kg、碱解氮 66.55mg/kg、盐分 4.22g/kg。

表 4-12　一等地耕地土壤养分含量

项目	平均值	标准差
有机质（g/kg）	16.63	2.93
全氮（g/kg）	0.75	0.22
碱解氮（mg/kg）	66.55	17.28
有效磷（mg/kg）	30.72	8.48
速效钾（mg/kg）	197.16	37.77
缓效钾（mg/kg）	1 098.28	258.80
有效铜（mg/kg）	2.04	0.87
有效铁（mg/kg）	10.13	5.17
有效锌（mg/kg）	1.35	0.64
有效硼（mg/kg）	7.98	4.97
有效锰（mg/kg）	3.38	3.55
有效硫（mg/kg）	261.21	283.67
有效钼（mg/kg）	0.14	0.14
有效硅（mg/kg）	173.40	99.03
pH 值	8.02	0.18
盐分（g/kg）	4.22	1.86

对巴州一等地中各县市的土壤养分含量平均值比较见表 4-13，可以发现有机质含量焉耆回族自治县最高，为 20.26g/kg，若羌县最低，为 14.77g/kg；全氮含量和静县最高，为 0.89g/kg，若羌县最低，为 0.41g/kg；有效磷含量和静县最高，为 36.06mg/kg，和硕县最低，为 25.83mg/kg；速效钾含量若羌县最高，为 238.83mg/kg，博湖县最低，为 173.47mg/kg；缓效钾含量轮台县最高，为 1 261.35mg/kg，焉耆回族自治县最低，为 984.08mg/kg；碱解氮含量和静县最高，为 82.54mg/kg，若羌县最低，为 33.59mg/kg；盐分含量和硕县最高，为 5.25g/kg，焉耆回族自治县最低，为 1.78g/kg。微量元素硼、钼、铜、铁、锰、锌的有效含量各有高低，差异不明显。

表 4-13　一等地中各县市土壤养分含量平均值比较

养分项目	博湖县	和静县	和硕县	库尔勒市	轮台县	若羌县	焉耆回族自治县
有机质（g/kg）	15.82	16.02	16.06	18.15	19.36	14.77	20.26
全氮（g/kg）	0.71	0.89	0.64	0.70	0.51	0.41	0.83
碱解氮（mg/kg）	59.15	82.54	68.70	51.22	34.11	33.59	69.01
有效磷（mg/kg）	30.83	36.06	25.83	26.04	32.71	34.47	35.93
速效钾（mg/kg）	173.47	197.16	195.75	200.08	223.46	238.83	206.55
缓效钾（mg/kg）	1 122.61	1 111.20	1 063.38	1 104.53	1 261.35	1 134.49	984.08
有效铜（mg/kg）	1.98	2.02	2.08	2.05	2.18	2.13	2.00
有效铁（mg/kg）	6.93	10.65	10.44	10.66	10.91	9.34	9.91
有效锌（mg/kg）	1.32	1.34	1.37	1.35	0.86	1.52	1.08
有效硼（mg/kg）	7.70	7.92	7.68	8.35	6.15	8.86	7.51
有效锰（mg/kg）	1.23	3.78	2.81	3.98	0.75	4.91	2.91
有效硫（mg/kg）	57.36	329.04	168.33	294.32	376.77	417.11	324.86
有效钼（mg/kg）	0.05	0.16	0.13	0.15	0.02	0.20	0.09
有效硅（mg/kg）	156.10	172.72	174.60	180.90	152.40	185.57	153.73
pH 值	8.36	7.96	7.88	8.06	7.90	8.02	8.17
盐分（g/kg）	3.54	4.11	5.25	4.41	3.94	2.40	1.78

一等地有机质含量为一级（>25.0g/kg）的面积为 0.40khm²，占比 1.51%；有机质含量为二级（20.0~25.0g/kg）的面积为 3.44khm²，占比 12.87%；有机质含量为三级（15.0~20.0g/kg）的面积为 21.66khm²，占比 80.97%；有机质含量为四级（10.0~15.0g/kg）的面积为 0.94khm²，占比 3.50%；有机质含量为五级（≤10.0g/kg）的面积为 0.31khm²，占比 1.14%。表明巴州一等地有机质含量以中等为主，偏上和偏下的面积和比例较少。

一等地全氮含量为一级（>1.50g/kg）的面积为 0.02khm²，占比 0.08%；全氮含量为二级（1.00~1.50g/kg）的面积为 5.37khm²，占比 20.08%；全氮含量为三级（0.75~1.00g/kg）的面积为 10.16khm²，占比 38.00%；全氮含量为四级（0.50~0.75g/kg）的面积为 9.46khm²，占比 35.35%；全氮含量为五级（≤0.50g/kg）的面积为 1.73khm²，

占比 6.49%。表明巴州一等地全氮含量以中等偏下为主，偏上的面积和比例较少。

一等地碱解氮含量为三级（90~120mg/kg）的面积为 3.97khm²，占比 14.85%；碱解氮含量为四级（60~90gmg/kg）的面积为 16.53khm²，占比 61.80%；碱解氮含量为五级（≤60mg/kg）的面积为 6.25khm²，占比 23.35%。表明巴州一等地碱解氮含量以偏下为主，中等面积和比例较少。

一等地有效磷含量为一级（>30.0mg/kg）的面积为 20.05khm²，占比 74.95%；有效磷含量为二级（20.0~30.0mg/kg）的面积为 6.10khm²，占比 22.81%；有效磷含量为三级（15.0~20.0mg/kg）的面积为 0.30khm²，占比 1.11%；有效磷含量为四级（8.0~15.0mg/kg）的面积为 0.30khm²，占比 1.11%；有效磷含量为五级（≤8.0mg/kg）的面积为 0.003khm²，占比 0.01%。表明巴州一等地有效磷含量以中等偏上为主，偏下的面积和比例较少。

一等地速效钾含量为一级（>250mg/kg）的面积为 0.53khm²，占比 1.97%；速效钾含量为二级（200~250mg/kg）的面积为 11.24khm²，占比 42.03%；速效钾含量为三级（150~200mg/kg）的面积为 14.55khm²，占比 54.40%；速效钾含量为四级（100~150mg/kg）的面积为 0.43khm²，占比 1.60%。表明巴州一等地速效钾含量以中等偏上为主，偏低的面积和比例较少。（表 4-14）。

表 4-14　一等地土壤养分各级别面积与比例　　　　　　（khm²）

养分等级	一级		二级		三级		四级		五级	
	面积	占比（%）	面积	占比（%）	面积	占比（%）	面积	占比（%）	面积	占比（%）
有机质	0.40	1.51	3.44	12.87	21.66	80.97	0.94	3.50	0.31	1.14
全氮	0.02	0.08	5.37	20.08	10.16	38.00	9.46	35.35	1.73	6.49
碱解氮	—	—	—	—	3.97	14.85	16.53	61.80	6.25	23.35
有效磷	20.05	74.95	6.10	22.81	0.30	1.11	0.30	1.11	0.003	0.01
速效钾	0.53	1.97	11.24	42.03	14.55	54.40	0.43	1.60	—	—

第三节　二等地耕地质量等级特征

一、二等地分布特征

（一）区域分布

巴州二等地耕地面积 41.06khm²，占巴州耕地面积的 10.83%。其中，博湖县 4.05khm²，占博湖县耕地的 19.28%；和静县 7.60khm²，占和静县耕地的 14.66%；和硕县 7.42khm²，占和硕县耕地的 19.10%；库尔勒市 5.96khm²，占库尔勒市耕地的 7.40%；轮台县 0.32khm²，占轮台县耕地的 0.85%；且末县 0.08khm²，占且末县耕地的 0.45%；若羌县 1.32khm²，占若羌县耕地的 17.77%；尉犁县 6.39khm²，占尉犁县耕地的 7.70%；

焉耆回族自治县 7.92khm²，占焉耆回族自治县耕地的 19.39%（表 4-15）。

表 4-15　各县市二等地面积及占辖区耕地面积的比例

县市	面积（khm²）	占比（%）
博湖县	4.05	19.28
和静县	7.60	14.66
和硕县	7.42	19.10
库尔勒市	5.96	7.40
轮台县	0.32	0.85
且末县	0.08	0.45
若羌县	1.32	17.77
尉犁县	6.39	7.70
焉耆回族自治县	7.92	19.39

二等地在县域的分布上差异较小。二等地面积占全县耕地面积的比例在 10%~20% 间的有 5 个，分别是博湖县、和静县、和硕县、若羌县和焉耆回族自治县。

二等地面积占全县耕地面积的比例在 10% 以下的有 4 个，分别是库尔勒市、轮台县、且末县、尉犁县。

（二）土壤类型

从土壤类型来看，巴州二等地分布面积和比例最大的土壤类型分别是草甸土、潮土和棕漠土，分别占二等地总面积的 37.09%、25.12% 和 18.02%，其次是盐土、林灌草甸土、灌漠土、沼泽土、灌淤土等，其他土类分布面积较少，详见表 4-16。

表 4-16　二等地耕地主要土壤类型耕地面积与比例

土壤类型	面积（khm²）	比例（%）
草甸土	15.23	37.09
潮土	10.31	25.12
风沙土	0.29	0.71
灌漠土	0.97	2.37
灌淤土	0.44	1.06
冷钙土	—	—
栗钙土	—	—
林灌草甸土	2.61	6.36
漠境盐土	—	—
石质土	0.01	0.02
盐土	3.17	7.73
沼泽土	0.53	1.30

土壤类型	面积（khm²）	比例（%）
棕钙土	0.10	0.24
棕漠土	7.40	18.02
总计	41.06	100

二、二等地属性特征

（一）地形部位

二等地的地形部位面积与比例如表4-17所示。二等地在平原低阶分布最多，面积为25.58khm²，占二等地总面积的62.31%，占巴州耕地平原低阶总面积的17.52%；二等地在平原中阶分布面积为14.48khm²，占二等地总面积的35.28%，占巴州耕地平原中阶总面积的9.84%；二等地在平原高阶分布面积为0.99khm²，占二等地总面积的2.41%，占巴州耕地平原高阶总面积的1.72%；二等地在山地坡下分布面积为0.002khm²，占二等地总面积的0.005%。

表4-17 二等地的地形部位面积与比例

地形部位	面积（khm²）	比例（%）	占相同地形部位的比例（%）
平原低阶	25.58	62.31	17.52
平原高阶	0.99	2.41	1.72
平原中阶	14.48	35.28	9.84
沙漠边缘	—	—	—
山地坡下	0.002	0.005	0.02

（二）灌溉能力

二等地中，灌溉能力为充分满足的耕地面积为23.32khm²，占二等地面积的56.79%，占巴州相同灌溉能力耕地总面积的30.41%；灌溉能力为满足的耕地面积为17.74khm²，占二等地面积的43.21%，占巴州相同灌溉能力耕地总面积的11.10%（表4-18）。无灌溉能力不满足和基本满足的耕地。

表4-18 不同灌溉能力下二等地的面积与比例

灌溉能力	面积（khm²）	比例（%）	占相同灌溉能力的比例（%）
充分满足	23.32	56.79	30.41
满足	17.74	43.21	11.10
基本满足	—	—	—

（续表）

灌溉能力	面积（khm²）	比例（%）	占相同灌溉能力的比例（%）
不满足	—	—	—

（三）质地

耕层质地在巴州二等地中的面积及占比如表4-19所示。二等地中，耕层质地以中壤为主，面积达26.91khm²，占比为65.54%，占巴州相同质地耕地总面积的17.61%；其次是砂壤，面积为12.78khm²，占比为31.13%，占巴州相同质地耕地总面积的7.91%；另外重壤占二等地总面积的3.06%，占巴州相同质地耕地总面积的5.91%；黏土所占比例较低，无砂土质地耕地面积分布。

表4-19　二等地与耕层质地

质地	面积（khm²）	比例（%）	占相同质地耕地面积（%）
黏土	0.11	0.27	3.37
砂壤	12.78	31.13	7.91
砂土	—	—	—
中壤	26.91	65.54	17.61
重壤	1.26	3.06	5.91
总计	41.06	100	10.83

（四）盐渍化程度

二等地的盐渍化程度见表4-20。无盐渍化的耕地面积为16.14khm²，占二等地总面积的39.31%，占相同盐渍化程度耕地面积的15.47%，轻度盐渍化的耕地面积为17.42khm²，占二等地总面积的42.43%，占相同盐渍化程度耕地面积的8.81%；中度盐渍化的耕地面积为6.93khm²，占二等地总面积的16.87%，占相同盐渍化程度耕地面积的10.54%；重度盐渍化的耕地面积为0.53khm²，占二等地总面积的1.30%，占相同盐渍化程度耕地面积的5.87%；盐土耕地面积为0.04khm²，占二等地总面积的0.09%，占相同盐渍化程度耕地面积的1.64%。

表4-20　二等地的盐渍化程度

盐渍化程度	面积（khm²）	比例（%）	占相同盐渍化程度耕地面积（%）
无	16.14	39.31	15.47
轻度	17.42	42.43	8.81
中度	6.93	16.87	10.54

（续表）

盐渍化程度	面积（khm²）	比例（%）	占相同盐渍化程度耕地面积（%）
重度	0.53	1.30	5.87
盐土	0.04	0.09	1.64
总计	41.06	100	42.33

（五）养分状况

对巴州二等地耕层养分进行统计如表4-21所示。二等地的养分含量平均值分别为：有机质15.39g/kg、全氮0.69g/kg、有效磷25.35mg/kg、速效钾195.77mg/kg、缓效钾1 063.45 mg/kg、有效硼7.43mg/kg、有效钼0.11mg/kg、有效铜1.97mg/kg、有效铁9.51mg/kg、有效锰2.56mg/kg、有效锌1.32mg/kg、有效硅162.68mg/kg、有效硫212.24mg/kg、碱解氮61.61mg/kg、盐分4.49g/kg。

表4-21 二等地耕地土壤养分含量

项目	平均值	标准差
有机质（g/kg）	15.39	3.99
全氮（g/kg）	0.69	0.17
碱解氮（mg/kg）	61.61	13.07
有效磷（mg/kg）	25.35	9.06
速效钾（mg/kg）	195.77	43.73
缓效钾（mg/kg）	1 063.45	314.89
有效铜（mg/kg）	1.97	0.88
有效铁（mg/kg）	9.51	5.25
有效锌（mg/kg）	1.32	0.65
有效硼（mg/kg）	7.43	5.16
有效锰（mg/kg）	2.56	3.10
有效硫（mg/kg）	212.24	274.30
有效钼（mg/kg）	0.11	0.13
有效硅（mg/kg）	162.68	101.62
pH 值	8.08	0.18
盐分（g/kg）	4.49	2.68

对巴州二等地中各县市的土壤养分含量平均值比较见表4-22，可以发现有机质含量焉耆回族自治县最高，为18.98g/kg，和硕县最低，为12.91g/kg；全氮含量焉耆回族自治县最高，为0.85g/kg，若羌县最低，为0.41g/kg；有效磷含量且末县最高，为64.05mg/kg，和硕县最低，为19.29mg/kg；速效钾含量且末县最高，为258.48mg/kg，焉耆回族自治县最低，为176.32mg/kg；缓效钾含量且末县最高，为1 190.92 mg/kg，焉

耆回族自治县最低，为 974.66mg/kg；碱解氮含量和静县最高，为 80.68mg/kg，且末县最低，为 28.79mg/kg；盐分含量博湖县最高，为 5.43g/kg，焉耆回族自治县最低，为 1.79g/kg。微量元素硼、钼、铜、铁、锰、锌的有效含量各有高低，差异不明显。

表 4-22　二等地中各县市土壤养分含量平均值比较

养分项目	博湖县	和静县	和硕县	库尔勒市	轮台县	且末县	若羌县	尉犁县	焉耆回族自治县
有机质（g/kg）	16.00	16.49	12.91	16.56	18.07	18.51	16.19	15.75	18.98
全氮（g/kg）	0.73	0.83	0.67	0.69	0.64	0.42	0.41	0.43	0.85
碱解氮（mg/kg）	59.88	80.68	67.52	50.30	43.41	28.79	40.40	49.11	67.80
有效磷（mg/kg）	28.62	29.87	19.29	22.43	29.03	64.05	27.77	34.14	27.61
速效钾（mg/kg）	194.89	200.75	199.86	197.16	186.97	258.48	214.26	196.00	176.32
缓效钾（mg/kg）	1 081.70	1 113.06	1 061.55	1 117.73	1 180.10	1 190.92	1 095.84	1 014.11	974.66
有效铜（mg/kg）	1.92	2.10	2.02	2.03	2.07	2.06	2.01	1.97	1.82
有效铁（mg/kg）	8.81	10.64	9.95	10.25	11.15	9.54	9.03	9.30	9.40
有效锌（mg/kg）	1.31	1.43	1.36	1.31	1.22	1.59	1.46	1.21	1.19
有效硼（mg/kg）	7.56	8.79	7.05	8.73	8.10	11.91	8.61	6.96	6.60
有效锰（mg/kg）	1.94	4.66	2.21	3.64	2.98	3.79	3.97	3.49	2.62
有效硫（mg/kg）	111.78	349.80	225.31	222.97	414.60	491.23	368.60	311.44	247.43
有效钼（mg/kg）	0.08	0.21	0.11	0.14	0.08	0.18	0.20	0.15	0.08
有效硅（mg/kg）	160.43	175.61	168.80	174.45	147.73	220.80	184.13	156.75	134.57
pH 值	8.22	7.96	7.96	8.05	7.87	8.58	8.07	7.93	8.17
盐分（g/kg）	5.43	4.46	5.11	4.48	4.44	2.05	2.19	3.62	1.79

二等地有机质含量为一级（20.0~25.0g/kg）的面积为 2.47khm²，占比 6.02%；有机质含量为二级（20.0~25.0g/kg）的面积为 3.73khm²，占比 9.08%；有机质含量为三级（15.0~20.0g/kg）的面积为 23.17khm²，占比 56.44%；有机质含量为四级（10.0~15.0g/kg）的面积为 8.19khm²，占比 19.94%；有机质含量为五级（≤10.0g/kg）的面积为 3.50khm²，占比 8.52%。表明巴州二等地有机质含量以中等偏低为主，偏上的面积和比例较少。

二等地全氮含量为二级（1.00~1.50g/kg）的面积为 2.95khm²，占比 7.17%；全氮含量为三级（0.75~1.00g/kg）的面积为 12.31khm²，占比 29.99%；全氮含量为四级（0.50~0.75g/kg）的面积为 13.02khm²，占比 31.72%；全氮含量为五级（≤0.50g/kg）的面积为 12.78khm²，占比 31.12%。表明巴州二等地全氮含量以中等偏下为主，偏上的面积和比例较少。

二等地碱解氮含量为三级（90~120mg/kg）的面积为 1.44khm²，占比 3.51%；碱解氮含量为四级（60~90gmg/kg）的面积为 22.16khm²，占比 53.98%；碱解氮含量为五级

（≤60mg/kg）的面积为 17.46khm²，占比 42.52%。表明巴州二等地碱解氮含量以偏下为主，中等和偏上的面积和比例较少。

二等地有效磷含量为一级（>30.0mg/kg）的面积为 19.75khm²，占比 48.10%；有效磷含量为二级（20.0~30.0mg/kg）的面积为 11.80khm²，占比 28.74%；有效磷含量为三级（15.0~20.0mg/kg）的面积为 3.56khm²，占比 8.68%；有效磷含量为四级（8.0~15.0mg/kg）的面积为 5.70khm²，占比 13.87%；有效磷含量为五级（≤8.0mg/kg）的面积为 0.25khm²，占比 0.60%。表明巴州二等地有效磷含量以偏上为主，中等和偏下的面积和比例较少。

二等地速效钾含量为一级（>250mg/kg）的面积为 2.95khm²，占比 7.19%；速效钾含量为二级（200~250mg/kg）的面积为 14.59khm²，占比 35.53%；速效钾含量为三级（150~200mg/kg）的面积为 19.61khm²，占比 47.76%；速效钾含量为四级（100~150mg/kg）的面积为 3.81khm²，占比 9.27%；速效钾含量为五级（≤100mg/kg）的面积为 0.10khm²，占比 0.25%。表明巴州二等地速效钾含量以中等偏上为主，偏下的面积和比例较少。详见表4-23。

表4-23　二等地土壤养分各级别面积与比例　　　　　　　　　　　（khm²）

养分等级	一级		二级		三级		四级		五级	
	面积	占比（%）	面积	占比（%）	面积	占比（%）	面积	占比（%）	面积	占比（%）
有机质	2.47	6.02	3.73	9.08	23.17	56.44	8.19	19.94	3.50	8.52
全氮	—	—	2.95	7.17	12.31	29.99	13.02	31.72	12.78	31.12
碱解氮	—	—	—	—	1.44	3.51	22.16	53.98	17.46	42.52
有效磷	19.75	48.10	11.80	28.74	3.56	8.68	5.70	13.87	0.245	0.60
速效钾	2.95	7.19	14.59	35.53	19.61	47.76	3.81	9.27	0.104	0.25

第四节　三等地耕地质量等级特征

一、三等地分布特征

（一）区域分布

巴州三等地耕地面积 29.63khm²，占巴州耕地面积的 7.82%。其中，博湖县 0.82khm²，占博湖县耕地的 3.90%；和静县 2.94khm²，占和静县耕地的 5.67%；和硕县 7.42khm²，占和硕县耕地的 19.10%；库尔勒市 4.41khm²，占库尔勒市耕地的 5.47%；轮台县 3.04khm²，占轮台县耕地的 8.06%；且末县 0.34khm²，占且末县耕地的 1.90%；若羌县 0.80khm²，占若羌县耕地的 10.77%；尉犁县 2.86khm²，占尉犁县耕地的 3.45%；焉耆回族自治县 7.00khm²，占焉耆回族自治县耕地的 17.14%（表4-24）。

三等地在县域的分布上差异较大。三等地面积占全县耕地面积的比例在 20%~30% 间的有 2 个，分别是和硕县和焉耆回族自治县。

三等地面积占全县耕地面积的比例在 10%~20% 间的有 2 个，分别是库尔勒市、轮台县。

三等地面积占全县耕地面积的比例在 10% 以下的有 5 个，分别是博湖县、和静县、且末县、若羌县、尉犁县。

表 4-24   各县市三等地面积及占辖区耕地面积的比例

县市	面积（khm²）	比例（%）
博湖县	0.82	3.90
和静县	2.94	5.67
和硕县	7.42	19.10
库尔勒市	4.41	5.47
轮台县	3.04	8.06
且末县	0.34	1.90
若羌县	0.80	10.77
尉犁县	2.86	3.45
焉耆回族自治县	7.00	17.14

三等地在县域的分布上差异较大。三等地面积占全县耕地面积的比例在 10%~20% 间的有 3 个，分别是和硕县、若羌县、焉耆回族自治县。

三等地面积占全县耕地面积的比例在 10% 以下的有 6 个，分别是博湖县、和静县、库尔勒市、轮台县、且末县和尉犁县。

（二）土壤类型

从土壤类型来看，巴州三等地分布面积和比例最大的土壤类型分别是草甸土、潮土和棕漠土，分别占三等地总面积的 31.06%、23.48% 和 18.09%，其次是盐土、林灌草甸土、灌漠土、灌淤土、沼泽土等，其他土类分布面积较少。详见表 4-25。

表 4-25   三等地耕地主要土壤类型耕地面积与比例

土壤类型	面积（khm²）	比例（%）
草甸土	9.20	31.06
潮土	6.96	23.48
风沙土	0.26	0.88
灌漠土	1.37	4.62
灌淤土	1.10	3.71
冷钙土	—	—
栗钙土	0.001	0.004
林灌草甸土	1.90	6.40
漠境盐土	—	—
石质土	0.03	0.09

（续表）

土壤类型	面积（khm²）	比例（%）
盐土	2.78	9.37
沼泽土	0.65	2.21
棕钙土	0.02	0.08
棕漠土	5.36	18.09
总计	29.63	100

二、三等地属性特征

（一）地形部位

三等地的地形部位面积与比例如表 4-26 所示。三等地在平原中阶分布最多，面积为 17.88km²，占三等地总面积的 60.33%，占巴州耕地平原中阶总面积的 12.15%；三等地在平原低阶分布面积为 11.23km²，占三等地总面积的 37.91%，占巴州耕地平原低阶总面积的 7.69%；三等地在平原高阶分布面积为 0.51km²，占三等地总面积的 1.73%，占巴州耕地平原高阶总面积的 0.89%；三等地在山地坡下分布面积为 0.009km²，占三等地总面积的 0.03%。无沙漠边缘地形部位面积分布。

表 4-26 三等地的地形部位面积与比例

地形部位	面积（khm²）	比例（%）	占相同地形部位的比例（%）
平原低阶	11.23	37.91	7.69
平原高阶	0.51	1.73	0.89
平原中阶	17.88	60.33	12.15
沙漠边缘	—	—	—
山地坡下	0.009	0.03	0.11

（二）灌溉能力

三等地中，灌溉能力为充分满足的耕地面积为 12.74km²，占三等地面积的 43.01%，占巴州相同灌溉能力耕地总面积的 16.62%；灌溉能力为基本满足的耕地面积为 0.04km²，占三等地面积的 0.13%，占巴州相同灌溉能力耕地总面积的 0.03%；灌溉能力为满足的耕地面积为 16.85km²，占三等地面积的 56.86%，占巴州相同灌溉能力耕地总面积的 10.55%（表 4-27）。无灌溉能力为不满足的耕地面积。

表 4-27 不同灌溉能力下三等地的面积与比例

灌溉能力	面积（khm²）	比例（%）	占相同灌溉能力的比例（%）
充分满足	12.74	43.01	16.62

（续表）

灌溉能力	面积（khm²）	比例（%）	占相同灌溉能力的 比例（%）
满足	16.85	56.86	10.55
基本满足	0.04	0.13	0.03
不满足	—	—	—

（三）质地

耕层质地在巴州三等地中的面积及占比如表4-28所示。三等地中，耕层质地以中壤为主，面积达16.17khm²，占比为54.58%，占巴州相同质地耕地总面积的10.58%；其次是砂壤，面积为10.29khm²，占比为34.73%，占巴州相同质地耕地总面积的6.37%；另外重壤占三等地总面积的10.42%，占巴州相同质地耕地总面积的14.52%；黏土和砂土所占比例较低。

表4-28　三等地与耕层质地

质地	面积（khm²）	比例（%）	占相同质地耕地 面积（%）
黏土	0.07	0.23	2.10
砂壤	10.29	34.73	6.37
砂土	0.011	0.04	0.03
中壤	16.17	54.58	10.58
重壤	3.09	10.42	14.52
总计	29.63	100	7.82

（四）盐渍化程度

三等地的盐渍化程度见表4-29。无盐渍化的耕地面积为9.23khm²，占三等地总面积的31.14%，占相同盐渍化程度耕地面积的8.84%；轻度盐渍化的耕地面积为14.51khm²，占三等地总面积的48.97%，占相同盐渍化程度耕地面积的7.34%；中度盐渍化的耕地面积为5.27khm²，占三等地总面积的17.79%，占相同盐渍化程度耕地面积的8.02%；重度盐渍化的耕地面积为0.55khm²，占三等地总面积的1.87%，占相同盐渍化程度耕地面积的6.10%；盐土耕地面积为0.07khm²，占三等地总面积的0.23%，占相同盐渍化程度耕地面积的2.85%。

表4-29　三等地的盐渍化程度

盐渍化程度	面积（khm²）	比例（%）	占相同盐渍化程度 耕地面积（%）
无	9.23	31.14	8.84

盐渍化程度	面积（khm²）	比例（%）	占相同盐渍化程度耕地面积（%）
轻度	14.51	48.97	7.34
中度	5.27	17.79	8.02
重度	0.55	1.87	6.10
盐土	0.07	0.23	2.85
总计	29.63	100	33.15

（五）养分状况

对巴州三等地耕层养分进行统计如表4-30所示。三等地的养分含量平均值分别为：有机质14.35g/kg、全氮0.69g/kg、有效磷22.58mg/kg、速效钾194.92mg/kg、缓效钾1 059.73mg/kg、有效硼7.37mg/kg、有效钼0.11mg/kg、有效铜2.01mg/kg、有效铁9.70mg/kg、有效锰2.67mg/kg、有效锌1.34mg/kg、有效硅163.18mg/kg、有效硫248.09mg/kg、碱解氮62.37mg/kg、盐分4.35g/kg。

表4-30　三等地耕地土壤养分含量

项目	平均值	标准差
有机质（g/kg）	14.35	4.65
全氮（g/kg）	0.69	0.18
碱解氮（mg/kg）	62.37	13.51
有效磷（mg/kg）	22.58	9.11
速效钾（mg/kg）	194.92	59.07
缓效钾（mg/kg）	1 059.73	312.55
有效铜（mg/kg）	2.01	0.88
有效铁（mg/kg）	9.70	5.28
有效锌（mg/kg）	1.34	0.65
有效硼（mg/kg）	7.37	5.15
有效锰（mg/kg）	2.67	3.11
有效硫（mg/kg）	248.09	282.78
有效钼（mg/kg）	0.11	0.13
有效硅（mg/kg）	163.18	102.12
pH 值	8.04	0.18
盐分（g/kg）	4.35	2.62

对巴州三等地中各县市的土壤养分含量平均值比较见表4-31，可以发现有机质含量

且末县最高，为 24.13g/kg，和硕县最低，为 12.30g/kg；全氮含量焉耆回族自治县最高，为 0.85g/kg，若羌县和尉犁县最低，为 0.41g/kg；有效磷含量且末县最高，为 34.87mg/kg，轮台县最低，为 17.93mg/kg；速效钾含量和静县最高，为 216.92mg/kg，尉犁县最低，为 157.70mg/kg；缓效钾含量和静县最高，为 1 152.57mg/kg，焉耆回族自治县最低，为 1 008.06mg/kg；碱解氮含量和静县最高，为 80.16mg/kg，且末县最低，为 31.16mg/kg；盐分含量博湖县最高，为 5.41g/kg，焉耆回族自治县最低，为 1.82g/kg。微量元素硼、钼、铜、铁、锰、锌的有效含量各有高低，差异不明显。

表 4-31　三等地中各县市土壤养分含量平均值比较

养分项目	博湖县	和静县	和硕县	库尔勒市	轮台县	且末县	若羌县	尉犁县	焉耆回族自治县
有机质（g/kg）	15.27	17.04	12.30	17.34	12.88	24.13	16.11	15.00	16.42
全氮（g/kg）	0.68	0.81	0.66	0.75	0.73	0.47	0.41	0.41	0.85
碱解氮（mg/kg）	56.76	80.16	67.55	54.17	49.95	31.16	46.16	44.08	68.33
有效磷（mg/kg）	25.77	30.60	20.03	29.49	17.93	34.87	18.49	25.01	22.17
速效钾（mg/kg）	185.35	216.92	207.79	210.56	196.20	177.76	174.21	157.70	165.73
缓效钾（mg/kg）	1 110.84	1 152.57	1 041.92	1 110.08	1 103.71	1 103.50	1 031.18	1 058.92	1 008.06
有效铜（mg/kg）	2.00	2.00	2.05	2.01	1.99	1.84	1.95	2.07	1.91
有效铁（mg/kg）	9.26	10.80	9.92	9.64	10.60	10.93	9.24	9.22	9.02
有效锌（mg/kg）	1.33	1.30	1.36	1.37	1.41	1.34	1.34	1.31	1.26
有效硼（mg/kg）	7.41	7.99	6.88	8.21	7.85	8.70	8.24	8.43	7.20
有效锰（mg/kg）	2.13	4.22	2.09	3.65	3.03	3.49	4.02	4.15	2.64
有效硫（mg/kg）	123.16	332.90	228.37	261.48	370.83	431.35	348.87	316.94	260.18
有效钼（mg/kg）	0.07	0.18	0.10	0.15	0.09	0.17	0.20	0.13	0.08
有效硅（mg/kg）	164.09	175.40	165.51	168.38	171.21	151.36	197.29	171.62	138.19
pH 值	8.32	7.95	7.96	8.07	7.86	8.58	8.06	7.98	8.17
盐分（g/kg）	5.41	3.99	5.32	4.31	4.19	1.91	2.00	3.85	1.82

三等地有机质含量为一级（>25.0g/kg）的面积为 1.44khm²，占比 4.86%；有机质含量为二级（20.0～25.0g/kg）的面积为 2.47khm²，占比 8.33%；有机质含量为三级（15.0～20.0g/kg）的面积为 14.03khm²，占比 47.37%；有机质含量为四级（10.0～15.0g/kg）的面积为 4.90khm²，占比 16.53%；有机质含量为五级（≤10.0g/kg）的面积为 6.79khm²，占比 22.92%。表明巴州三等地有机质含量以中等偏低为主，偏上的面积和比例较少。

三等地全氮含量为二级（1.00～1.50g/kg）的面积为 1.94khm²，占比 6.55%；全氮含量为三级（0.75～1.00g/kg）的面积为 10.09khm²，占比 34.06%；全氮含量为四级（0.50～0.75g/kg）的面积为 9.95khm²，占比 33.57%；全氮含量为五级（≤0.50g/kg）的面积为

7.65khm²，占比 25.83%。表明巴州三等地全氮含量以中等偏下为主，偏上的面积和比例较少。

三等地碱解氮含量为三级（90~120mg/kg）的面积为 0.70khm²，占比 2.37%；碱解氮含量为四级（60~90gmg/kg）的面积为 15.79khm²，占比 53.29%；碱解氮含量为五级（≤60mg/kg）的面积为 13.14khm²，占比 44.34%。表明巴州三等地碱解氮含量以偏下为主，中等和偏上的面积和比例较少。

三等地有效磷含量为一级（>30.0mg/kg）的面积为 5.90khm²，占比 19.90%；有效磷含量为二级（20.0~30.0mg/kg）的面积为 12.72khm²，占比 42.93%；有效磷含量为三级（15.0~20.0mg/kg）的面积为 3.08khm²，占比 10.39%；有效磷含量为四级（8.0~15.0mg/kg）的面积为 6.81khm²，占比 23.00%；有效磷含量为五级（≤8.0mg/kg）的面积为 1.12khm²，占比 3.78%。表明巴州三等地有效磷含量以偏上为主，偏下的面积和比例较少。

三等地速效钾含量为一级（>250mg/kg）的面积为 1.69khm²，占比 5.71%；速效钾含量为二级（200~250mg/kg）的面积为 8.42khm²，占比 28.41%；速效钾含量为三级（150~200mg/kg）的面积为 15.25khm²，占比 51.45%；速效钾含量为四级（100~150mg/kg）的面积为 4.22khm²，占比 14.25%；速效钾含量为五级（≤100mg/kg）的面积为 0.05khm²，占比 0.18%。表明巴州三等地速效钾含量以中等偏上为主，偏下的面积和比例较少。详见表 4-32。

表 4-32　三等地土壤养分各级别面积与比例　　　　　　　　　　　　　　（khm²）

养分等级	一级		二级		三级		四级		五级	
	面积	占比（%）	面积	占比（%）	面积	占比（%）	面积	占比（%）	面积	占比（%）
有机质	1.44	4.86	2.47	8.33	14.03	47.37	4.90	16.53	6.79	22.92
全氮	—	—	1.94	6.55	10.09	34.06	9.95	33.57	7.65	25.83
碱解氮	—	—	—	—	0.70	2.37	15.79	53.29	13.14	44.34
有效磷	5.90	19.90	12.72	42.93	3.08	10.39	6.81	23.00	1.12	3.78
速效钾	1.69	5.71	8.42	28.41	15.25	51.45	4.22	14.25	0.054	0.184

第五节　四等地耕地质量等级特征

一、四等地分布特征

（一）区域分布

巴州四等地耕地面积 56.34khm²，占巴州耕地面积的 14.86%。其中，博湖县 2.63khm²，占博湖县耕地的 12.52%；和静县 4.38khm²，占和静县耕地的 8.45%；和硕县

7.99khm²，占和硕县耕地的 20.57%；库尔勒市 13.45khm²，占库尔勒市耕地的 16.69%；轮台县 7.59khm²，占轮台县耕地的 20.12%；且末县 3.50khm²，占且末县耕地的 19.59%；若羌县 1.92khm²，占若羌县耕地的 25.84%；尉犁县 3.67khm²，占尉犁县耕地的 4.42%；焉耆回族自治县 11.19khm²，占焉耆回族自治县耕地的 27.40%（表 4-33）。

表 4-33　各县市四等地面积及占辖区耕地面积的比例

县市	面积（khm²）	占比（%）
博湖县	2.63	12.52
和静县	4.38	8.45
和硕县	7.99	20.57
库尔勒市	13.45	16.69
轮台县	7.59	20.12
且末县	3.50	19.59
若羌县	1.92	25.84
尉犁县	3.67	4.42
焉耆回族自治县	27.40	27.40

四等地在县域的分布上有很大的差异。四等地面积占全县耕地面积的比例高于 20% 的有 4 个，为和硕县、轮台县、若羌县、焉耆回族自治县。

四等地面积占全县耕地面积的比例在 10%~20% 间的有 3 个，分别是和博湖县、库尔勒市、且末县。

四等地面积占全县耕地面积的比例在 10% 以下的有 2 个，分别是和静县、尉犁县。

（二）土壤类型

从土壤类型来看，巴州四等地分布面积和比例最大的土壤类型分别是草甸土、潮土和棕漠土，分别占四等地总面积的 37.92%、17.83% 和 16.38%，其次是灌淤土、盐土、林灌草甸土、沼泽土、风沙土等，其他土类分布面积较少。详见表 4-34。

表 4-34　四等地耕地主要土壤类型耕地面积与比例

土壤类型	面积（khm²）	比例（%）
草甸土	21.36	37.92
潮土	10.05	17.83
风沙土	0.93	1.66
灌漠土	0.55	0.97
灌淤土	4.93	8.75
冷钙土	0.08	0.13
栗钙土	0.03	0.06

土壤类型	面积（khm²）	比例（%）
林灌草甸土	3.34	5.93
漠境盐土	0.006	0.010
石质土	0.007	0.012
盐土	3.37	5.98
沼泽土	2.42	4.29
棕钙土	0.04	0.07
棕漠土	9.23	16.38
总计	56.34	100

二、四等地属性特征

（一）地形部位

四等地的地形部位面积与比例如表4-35所示。四等地在平原中阶分布最多，面积为35.62khm²，占四等地总面积的63.23%，占巴州耕地平原中阶总面积的24.21%；四等地在平原低阶分布面积为17.36khm²，占四等地总面积的30.81%，占巴州耕地平原低阶总面积的11.89%；四等地在平原高阶分布面积为3.34khm²，占四等地总面积的5.93%，占巴州耕地平原高阶总面积的5.81%；山地坡下分布面积为0.019khm²，占四等地总面积的0.03%，占巴州耕地山地坡下总面积的0.23%。无沙漠边缘地形部位面积分布。

表4-35　四等地的地形部位面积与比例

地形部位	面积（khm²）	比例（%）	占相同地形部位的比例（%）
平原低阶	17.36	30.81	11.89
平原高阶	3.34	5.93	5.81
平原中阶	35.62	63.23	24.21
沙漠边缘	—	—	—
山地坡下	0.019	0.03	0.23

（二）灌溉能力

四等地中，灌溉能力为充分满足的耕地面积为12.23khm²，占四等地面积的21.71%，占巴州相同灌溉能力耕地总面积的15.95%；灌溉能力为基本满足的耕地面积为1.61khm²，占四等地面积的2.86%，占巴州相同灌溉能力耕地总面积的1.40%；灌溉能力为满足的耕地面积为42.50khm²，占四等地面积的75.43%，占巴州相同灌溉能力耕地总面积的 26.60%。无灌溉能力为不满足的耕地面积。详见表 4-36。

表 4-36　不同灌溉能力下四等地的面积与比例

灌溉能力	面积（khm²）	比例（%）	占相同灌溉能力的比例（%）
充分满足	12.23	21.71	15.95
满足	42.50	75.43	26.60
基本满足	1.61	2.86	1.40
不满足	—	—	—

（三）质地

耕层质地在巴州四等地中的面积及占比如表 4-37 所示。四等地中，耕层质地以砂壤为主，面积达 29.95km²，占比为 53.17%，占巴州相同质地耕地总面积的 18.53%；其次是中壤，面积为 19.41km²，占比为 34.45%，占巴州相同质地耕地总面积的 12.70%；另外重壤占四等地总面积的 10.88%，占巴州相同质地耕地总面积的 28.82%；黏土和砂土所占比例较低。

表 4-37　四等地与耕层质地

质地	面积（khm²）	比例（%）	占相同质地耕地面积（%）
黏土	0.75	1.32	22.92
砂壤	29.95	53.17	18.53
砂土	0.10	0.18	0.25
中壤	19.41	34.45	12.70
重壤	6.13	10.88	28.82
总计	56.34	100	14.86

（四）盐渍化程度

四等地的盐渍化程度见表 4-38。无盐渍化的耕地面积为 16.98km²，占四等地总面积的 30.14%，占相同盐渍化程度耕地面积的 16.28%；轻度盐渍化的耕地面积为 29.15km²，占四等地总面积的 51.75%，占相同盐渍化程度耕地面积的 14.75%；中度盐渍化的耕地面积为 7.50km²，占四等地总面积的 13.31%，占相同盐渍化程度耕地面积的 11.41%；重度盐渍化的耕地面积为 1.53km²，占四等地总面积的 2.71%，占相同盐渍化程度耕地面积的 16.83%；盐土的耕地面积为 1.18km²，占四等地总面积的 2.09%，占相同盐渍化程度耕地面积的 49.86%。

表 4-38 四等地的盐渍化程度

盐渍化程度	面积（khm²）	比例（%）	占相同盐渍化程度 耕地面积（%）
无	16.98	30.14	16.28
轻度	29.15	51.75	14.75
中度	7.50	13.31	11.41
重度	1.53	2.71	16.83
盐土	1.18	2.09	49.86
总计	56.34	100	109.13

（五）养分状况

对巴州四等地耕层养分进行统计如表 4-39 所示。四等地的养分含量平均值分别为：有机质 14.69g/kg、全氮 0.69g/kg、有效磷 23.88mg/kg、速效钾 210.68mg/kg、缓效钾 1 058.44mg/kg、有效硼 7.52mg/kg、有效钼 0.11mg/kg、有效铜 2.00mg/kg、有效铁 9.94mg/kg、有效锰 2.97mg/kg、有效锌 1.33mg/kg、有效硅 161.87mg/kg、有效硫 253.45mg/kg、碱解氮 59.91mg/kg、盐分 4.85g/kg。

表 4-39 四等地耕地土壤养分含量

项目	平均值	标准差
有机质（g/kg）	14.69	4.38
全氮（g/kg）	0.69	0.20
碱解氮（mg/kg）	59.91	15.39
有效磷（mg/kg）	23.88	9.92
速效钾（mg/kg）	210.68	92.55
缓效钾（mg/kg）	1 058.44	307.46
有效铜（mg/kg）	2.00	0.89
有效铁（mg/kg）	9.94	5.16
有效锌（mg/kg）	1.33	0.66
有效硼（mg/kg）	7.52	5.12
有效锰（mg/kg）	2.97	3.24
有效硫（mg/kg）	253.45	278.94
有效钼（mg/kg）	0.11	0.13
有效硅（mg/kg）	161.87	101.39
pH 值	8.03	0.20
盐分（g/kg）	4.85	3.84

对巴州四等地中各县市的土壤养分含量平均值比较见表 4-40，可以发现有机质含量且末县最高，为 20.32g/kg，轮台县最低，为 12.41g/kg；全氮含量和静县最高，为 0.89g/kg，若羌县最低，为 0.40g/kg；有效磷含量博湖县最高，为 28.28mg/kg，若羌县最低，为 15.96mg/kg；速效钾含量库尔勒市最高，为 243.52mg/kg，焉耆回族自治县最低，为 175.38mg/kg；缓效钾含量和静县最高，为 1 127.08mg/kg，焉耆回族自治县最低，为 947.93mg/kg；碱解氮含量和静县最高，为 82.35mg/kg，且末县最低，为 30.26mg/kg；盐分含量和硕县最高，为 7.53g/kg，且末县最低，为 1.69g/kg。微量元素硼、钼、铜、铁、锰、锌的有效含量各有高低，差异不明显。

表 4-40　四等地中各县市土壤养分含量平均值比较

养分项目	博湖县	和静县	和硕县	库尔勒市	轮台县	且末县	若羌县	尉犁县	焉耆回族自治县
有机质（g/kg）	15.05	17.15	13.31	16.01	12.41	20.32	14.87	14.47	15.66
全氮（g/kg）	0.73	0.89	0.65	0.70	0.76	0.45	0.40	0.43	0.87
碱解氮（mg/kg）	58.86	82.35	66.82	52.03	50.66	30.26	40.55	49.99	69.13
有效磷（mg/kg）	28.28	25.31	24.04	28.23	21.10	21.32	15.96	26.93	16.96
速效钾（mg/kg）	207.12	201.07	218.90	243.52	214.63	181.23	178.07	199.12	175.38
缓效钾（mg/kg）	1 078.28	1 127.08	1 061.91	1 100.29	1 106.73	1 062.17	1 086.50	1 010.84	947.93
有效铜（mg/kg）	2.00	2.10	2.06	2.04	2.00	1.90	2.01	1.93	1.80
有效铁（mg/kg）	9.63	10.40	10.43	10.10	10.16	11.41	10.12	8.86	8.70
有效锌（mg/kg）	1.32	1.32	1.36	1.38	1.42	1.29	1.38	1.22	1.17
有效硼（mg/kg）	7.58	8.08	7.67	8.08	8.14	6.07	8.57	7.12	6.16
有效锰（mg/kg）	2.75	4.37	2.60	3.23	3.25	3.32	4.02	3.64	2.71
有效硫（mg/kg）	194.29	304.38	235.84	232.72	367.92	347.62	405.83	359.33	197.62
有效钼（mg/kg）	0.11	0.16	0.11	0.13	0.17	0.10	0.21	0.15	0.08
有效硅（mg/kg）	163.18	158.45	172.85	163.97	180.47	161.19	177.94	145.30	124.11
pH 值	8.12	8.00	7.92	8.05	7.88	8.70	8.03	7.92	8.17
盐分（g/kg）	3.18	4.23	7.53	4.86	4.38	1.69	1.87	4.90	1.89

四等地有机质含量为一级（>25.0g/kg）的面积为 1.05khm²，占比 1.86%；有机质含量为二级（20.0~25.0g/kg）的面积为 9.21khm²，占比 16.34%；有机质含量为三级（15.0~20.0g/kg）的面积为 19.97khm²，占比 35.44%；有机质含量为四级（10.0~15.0g/kg）的面积为 15.51khm²，占比 27.52%；有机质含量为五级（≤10.0g/kg）的面积为 10.61khm²，占比 18.84%。表明巴州四等地有机质含量以中等偏低为主，偏上的面积和比例较少。

四等地全氮含量为一级（>1.50g/kg）的面积为 0.004hm²，占比 0.01%；全氮含量为二级（1.00~1.50g/kg）的面积为 4.70khm²，占比 8.35%；全氮含量为三级

（0.75~1.00g/kg）的面积为 18.62khm²，占比 33.05%；全氮含量为四级（0.50~0.75g/kg）的面积为 14.66khm²，占比 26.02%；全氮含量为五级（≤0.50g/kg）的面积为 18.35khm²，占比 32.58%。表明巴州四等地全氮含量以中等偏下为主，偏上的面积和比例较少。

四等地碱解氮含量为三级（90~120mg/kg）的面积为 1.58khm²，占比 2.81%；碱解氮含量为四级（60~90gmg/kg）的面积为 24.00khm²，占比 42.61%；碱解氮含量为五级（≤60mg/kg）的面积为 30.75khm²，占比 54.58%。表明巴州四等地碱解氮含量以偏下为主，中等和偏上的面积和比例较少。

四等地有效磷含量为一级（>30.0mg/kg）的面积为 14.67khm²，占比 26.04%；有效磷含量为二级（20.0~30.0mg/kg）的面积为 20.98khm²，占比 37.24%；有效磷含量为三级（15.0~20.0mg/kg）的面积为 5.91khm²，占比 10.49%；有效磷含量为四级（8.0~15.0mg/kg）的面积为 12.94khm²，占比 22.98%；有效磷含量为五级（≤8.0mg/kg）的面积为 1.83khm²，占比 3.25%。表明巴州四等地有效磷含量以中等偏上为主，偏低的面积和比例较少。

四等地速效钾含量为一级（>250mg/kg）的面积为 5.00khm²，占比 8.88%；速效钾含量为二级（200~250mg/kg）的面积为 14.92khm²，占比 26.48%；速效钾含量为三级（150~200mg/kg）的面积为 31.72khm²，占比 56.31%；速效钾含量为四级（100~150mg/kg）的面积为 4.66khm²，占比 8.26%；速效钾含量为五级（≤100mg/kg）的面积为 0.04khm²，占比 0.07%。表明巴州四等地速效钾含量以中等偏上为主，偏高和偏低的面积和比例较少。详见表 4-41。

表 4-41　四等地土壤养分各级别面积与比例　　　　　　　　（khm²）

养分等级	一级		二级		三级		四级		五级	
	面积	占比（%）	面积	占比（%）	面积	占比（%）	面积	占比（%）	面积	占比（%）
有机质	1.05	1.86	9.21	16.34	19.97	35.44	15.51	27.52	10.61	18.84
全氮	0.004	0.01	4.70	8.35	18.62	33.05	14.66	26.02	18.35	32.58
碱解氮	—	—	—	—	1.58	2.81	24.00	42.61	30.75	54.58
有效磷	14.67	26.04	20.98	37.24	5.91	10.49	12.94	22.98	1.83	3.25
速效钾	5.00	8.88	14.92	26.48	31.72	56.31	4.66	8.26	0.04	0.07

第六节　五等地耕地质量等级特征

一、五等地分布特征

（一）区域分布

巴州五等地耕地面积 85.35khm²，占巴州耕地面积的 22.51%。其中，博湖县

4.47km²，占博湖县耕地的 21.28%；和静县 9.71km²，占和静县耕地的 18.73%；和硕县 6.88km²，占和硕县耕地的 17.71%；库尔勒市 13.42km²，占库尔勒市耕地的 16.66%；轮台县 6.96km²，占轮台县耕地的 18.45%；且末县 7.80km²，占且末县耕地的 43.65%；若羌县 2.97km²，占若羌县耕地的 39.97%；尉犁县 23.76km²，占尉犁县耕地的 28.63%；焉耆回族自治县 9.39km²，占焉耆回族自治县耕地的 22.99%（表4-42）。

表 4-42　各县市五等地面积及占辖区耕地面积的比例

县市	面积（khm²）	比例（%）
博湖县	4.47	21.28
和静县	9.71	18.73
和硕县	6.88	17.71
库尔勒市	13.42	16.66
轮台县	6.96	18.45
且末县	7.80	43.65
若羌县	2.97	39.97
尉犁县	23.76	28.63
焉耆回族自治县	9.39	22.99

五等地在县域的分布上有很大的差异。五等地面积占全县耕地面积的比例高于 20% 的仅有 5 个分别为博湖县、且末县、若羌县、尉犁县、焉耆回族自治县。

五等地面积占全县耕地面积的比例在 10%~20% 间的有 4 个，分别是和静县、和硕县、库尔勒市、轮台县。

（二）土壤类型

从土壤类型来看，巴州五等地分布面积和比例最大的土壤类型分别是草甸土、林灌草甸土、潮土和棕漠土，分别占五等地总面积的 29.67%、19.58%、17.94% 和 14.98%，其次是盐土、灌淤土、沼泽土和风沙土等，其他土类分布面积较少。详见表 4-43。

表 4-43　五等地耕地主要土壤类型耕地面积与比例

土壤类型	面积（khm²）	比例（%）
草甸土	25.32	29.67
潮土	15.32	17.94
风沙土	2.00	2.35
灌漠土	0.76	0.89
灌淤土	3.72	4.35
冷钙土	0.000 5	0.000 6

土壤类型	面积（khm²）	比例（%）
栗钙土	0.02	0.02
林灌草甸土	16.71	19.58
漠境盐土	0.04	0.04
石质土	0.44	0.51
盐土	5.18	6.07
沼泽土	2.73	3.19
棕钙土	0.33	0.39
棕漠土	12.78	14.98
总计	85.35	100

二、五等地属性特征

（一）地形部位

五等地的地形部位面积与比例如表4-44所示。五等地在平原低阶分布最多，面积为39.95khm²，占五等地总面积的46.81%，占巴州耕地平原低阶总面积的27.36%；五等地在平原中阶分布面积为33.84khm²，占五等地总面积的39.65%，占巴州耕地平原中阶总面积的23.00%；五等地在平原高阶分布面积为9.51khm²，占五等地总面积的11.14%，占巴州耕地平原高阶总面积的16.55%；五等地山地坡下分布面积为2.05khm²，占五等地总面积的2.40%，占巴州耕地山地坡下总面积的24.37%。无沙漠边缘面积分布。

表4-44 五等地的地形部位面积与比例

地形部位	面积（khm²）	比例（%）	占相同地形部位的比例（%）
平原低阶	39.95	46.81	27.36
平原高阶	9.51	11.14	16.55
平原中阶	33.84	39.65	23.00
沙漠边缘	—	—	—
山地坡下	2.05	2.40	24.37

（二）灌溉能力

五等地中，灌溉能力为充分满足的耕地面积为4.48khm²，占五等地面积的5.25%，占巴州相同灌溉能力耕地总面积的5.84%；灌溉能力为基本满足的耕地面积为26.81khm²，占五等地面积的31.40%，占巴州相同灌溉能力耕地总面积的23.30%；灌溉能力为满足的耕地面积为54.07khm²，占五等地面积的63.35%，占巴州相同灌溉能力耕地总面积的 33.85%。无灌溉能力为不满足的耕地面积分布。详见表 4-45。

表 4-45　不同灌溉能力下五等地的面积与比例

灌溉能力	面积（khm²）	比例（%）	占相同灌溉能力的比例（%）
充分满足	4.48	5.25	5.84
满足	54.07	63.35	33.85
基本满足	26.81	31.40	23.30
不满足	—	—	—

（三）质地

耕层质地在巴州五等地中的面积及占比如表 4-46 所示。五等地中，耕层质地以砂壤为主，面积达 39.48km²，占比为 46.25%，占巴州相同质地耕地总面积的 24.43%；其次是中壤，面积为 36.50km²，占比为 42.77%，占巴州相同质地耕地总面积的 23.89%；另外重壤、砂土和黏土面积较少，占五等地总面积的 6.51%、2.80% 和 1.67%，分别占巴州相同质地耕地总面积的 26.14%、5.94% 和 43.90%。

表 4-46　五等地与耕层质地

质地	面积（khm²）	比例（%）	占相同质地耕地面积（%）
黏土	1.43	1.67	43.90
砂壤	39.48	46.25	24.43
砂土	2.39	2.80	5.94
中壤	36.50	42.77	23.89
重壤	5.56	6.51	26.14
总计	85.35	100	22.51

（四）盐渍化程度

五等地的盐渍化程度见表 4-47。无盐渍化的耕地面积为 24.93km²，占五等地总面积的 29.21%，占相同盐渍化程度耕地面积的 23.89%；轻度盐渍化的耕地面积为 43.95km²，占五等地总面积的 51.49%，占相同盐渍化程度耕地面积的 22.24%；中度盐渍化的耕地面积为 12.49km²，占五等地总面积的 14.63%，占相同盐渍化程度耕地面积的 19.01%；重度盐渍化的耕地面积为 3.11km²，占五等地总面积的 3.65%，占相同盐渍化程度耕地面积的 34.37%；盐土耕地面积为 0.87km²，占五等地总面积的 1.02%，占相同盐渍化程度耕地面积的 36.75%。

表 4-47 五等地的盐渍化程度

盐渍化程度	面积（khm²）	比例（%）	占相同盐渍化程度耕地面积（%）
无	24.93	29.21	23.89
轻度	43.95	51.49	22.24
中度	12.49	14.63	19.01
重度	3.11	3.65	34.37
盐土	0.87	1.02	36.75
总计	85.35	100	136.26

（五）养分状况

对巴州五等地耕层养分进行统计如表 4-48 所示。五等地的养分含量平均值分别为：有机质 14.32g/kg、全氮 0.64g/kg、有效磷 24.37mg/kg、速效钾 220.09mg/kg、缓效钾 1 086.89mg/kg、有效硼 7.84mg/kg、有效钼 0.12mg/kg、有效铜 2.01mg/kg、有效铁 9.88mg/kg、有效锰 3.28mg/kg、有效锌 1.35mg/kg、有效硅 166.69mg/kg、有效硫 262.63mg/kg、碱解氮 55.65mg/kg、盐分 5.80g/kg。

表 4-48 五等地耕地土壤养分含量

项目	平均值	标准差
有机质（g/kg）	14.32	4.47
全氮（g/kg）	0.64	0.20
碱解氮（mg/kg）	55.65	16.97
有效磷（mg/kg）	24.37	9.35
速效钾（mg/kg）	220.09	95.24
缓效钾（mg/kg）	1 086.89	276.12
有效铜（mg/kg）	2.01	0.88
有效铁（mg/kg）	9.88	5.30
有效锌（mg/kg）	1.35	0.65
有效硼（mg/kg）	7.84	5.02
有效锰（mg/kg）	3.28	3.43
有效硫（mg/kg）	262.63	287.61
有效钼（mg/kg）	0.12	0.13
有效硅（mg/kg）	166.69	100.10
pH 值	8.06	0.25
盐分（g/kg）	5.80	5.98

对巴州五等地中各县市的土壤养分含量平均值比较见表4-49，可以发现有机质含量和静县最高，为15.83g/kg，焉耆回族自治县最低，为12.90g/kg；全氮含量焉耆回族自治县最高，为0.87g/kg，若羌县最低，为0.40g/kg；有效磷含量尉犁县最高，为29.70mg/kg，若羌县最低，为12.74mg/kg；速效钾含量轮台县最高，为270.56mg/kg，焉耆回族自治县最低，为162.01mg/kg；缓效钾含量博湖县最高，为1 127.40mg/kg，焉耆回族自治县最低，为1 000.17mg/kg；碱解氮含量和静县最高，为80.34mg/kg，且末县最低，为31.75mg/kg；盐分含量轮台县最高，为14.02g/kg，焉耆回族自治县最低，为1.78g/kg。微量元素硼、钼、铜、铁、锰、锌的有效含量各有高低，差异不明显。

表4-49　五等地中各县市土壤养分含量平均值比较

养分项目	博湖县	和静县	和硕县	库尔勒市	轮台县	且末县	若羌县	尉犁县	焉耆回族自治县
有机质（g/kg）	14.62	15.83	14.67	14.52	15.74	13.55	13.20	13.17	12.90
全氮（g/kg）	0.69	0.85	0.62	0.66	0.75	0.47	0.40	0.42	0.87
碱解氮（mg/kg）	55.74	80.34	65.67	49.72	52.07	31.75	41.82	42.88	69.72
有效磷（mg/kg）	22.29	24.73	28.23	26.19	25.81	18.20	12.74	29.70	18.29
速效钾（mg/kg）	213.21	226.74	264.93	242.39	270.56	169.12	179.90	180.22	162.01
缓效钾（mg/kg）	1 127.40	1 103.81	1 088.05	1 094.59	1 100.79	1 088.73	1 046.46	1 073.46	1 000.17
有效铜（mg/kg）	1.99	2.04	2.03	2.07	2.05	2.05	2.01	1.97	1.82
有效铁（mg/kg）	9.41	10.64	10.37	9.64	10.36	10.14	9.68	9.89	8.85
有效锌（mg/kg）	1.39	1.35	1.36	1.39	1.35	1.36	1.40	1.31	1.21
有效硼（mg/kg）	8.18	8.25	7.62	8.21	8.03	7.50	8.09	7.98	6.59
有效锰（mg/kg）	3.27	3.48	2.93	2.98	3.53	3.50	4.12	4.12	2.59
有效硫（mg/kg）	207.03	333.05	239.65	215.35	309.96	384.13	386.94	283.50	215.89
有效钼（mg/kg）	0.13	0.17	0.12	0.11	0.06	0.14	0.19	0.13	0.07
有效硅（mg/kg）	172.46	165.73	168.13	160.04	183.38	177.43	190.39	169.56	128.56
pH值	8.11	7.97	7.88	8.04	7.92	8.65	8.03	7.96	8.17
盐分（g/kg）	4.71	5.84	9.55	5.90	14.02	1.88	1.96	2.88	1.78

五等地有机质含量为一级（>25.0g/kg）的面积为1.94khm²，占比2.27%；有机质含量为二级（20.0~25.0g/kg）的面积为5.06khm²，占比5.93%；有机质含量为三级（15.0~20.0g/kg）的面积为38.82khm²，占比45.48%；有机质含量为四级（10.0~15.0g/kg）的面积为21.40khm²，占比25.07%；有机质含量为五级（≤10.0g/kg）的面积为18.14khm²，占比21.25%。表明巴州五等地有机质含量以中等偏低为主，偏上的面积和比例较少。

五等地全氮含量为一级（>1.50g/kg）的面积为0.11khm²，占比0.13%；全氮含量为二级（1.00~1.50g/kg）的面积为3.28khm²，占比3.84%；全氮含量为三级

（0.75~1.00g/kg）的面积为 20.17khm²，占比 23.63%；全氮含量为四级（0.50~0.75g/kg）的面积为 21.77khm²，占比 25.50%；全氮含量为五级（≤0.50g/kg）的面积为 40.03khm²，占比 46.90%。表明巴州五等地全氮含量以中等偏下为主，偏上的面积和比例较少。

五等地碱解氮含量为二级（120~150mg/kg）的面积为 0.02khm²，占比 0.02%；碱解氮含量为三级（90~120mg/kg）的面积为 4.06khm²，占比 4.76%；碱解氮含量为四级（60~90gmg/kg）的面积为 22.19khm²，占比 25.99%；碱解氮含量为五级（≤60mg/kg）的面积为 59.09khm²，占比 69.23%。表明巴州五等地碱解氮含量以偏下为主，中等偏上的面积和比例较少。

五等地有效磷含量为一级（>30.0mg/kg）的面积为 21.43khm²，占比 25.10%；有效磷含量为二级（20.0~30.0mg/kg）的面积为 36.02khm²，占比 42.21%；有效磷含量为三级（15.0~20.0mg/kg）的面积为 8.83khm²，占比 10.34%；有效磷含量为四级（8.0~15.0mg/kg）的面积为 14.94khm²，占比 17.50%；有效磷含量为五级（≤8.0mg/kg）的面积为 4.14khm²，占比 4.85%。表明巴州五等地有效磷含量以偏上为主，偏下的面积和比例较少。

五等地速效钾含量为一级（>250mg/kg）的面积为 14.68khm²，占比 17.20%；速效钾含量为二级（200~250mg/kg）的面积为 13.12khm²，占比 15.37%；速效钾含量为三级（150~200mg/kg）的面积为 43.41khm²，占比 50.86%；速效钾含量为四级（100~150mg/kg）的面积为 13.41khm²，占比 15.72%；速效钾含量为五级（≤100mg/kg）的面积为 0.73khm²，占比 0.85%。表明巴州五等地速效钾含量以中等偏上为主，偏下的面积和比例较少。详见表 4-50。

表 4-50　五等地土壤养分各级别面积与比例　　　　　　　　（khm²）

养分等级	一级		二级		三级		四级		五级	
	面积	占比（%）	面积	占比（%）	面积	占比（%）	面积	占比（%）	面积	占比（%）
有机质	1.94	2.27	5.06	5.93	38.82	45.48	21.40	25.07	18.14	21.25
全氮	0.11	0.13	3.28	3.84	20.17	23.63	21.77	25.50	40.03	46.90
碱解氮			0.02	0.02	4.06	4.76	22.19	25.99	59.09	69.23
有效磷	21.43	25.10	36.02	42.21	8.83	10.34	14.94	17.50	4.14	4.85
速效钾	14.68	17.20	13.12	15.37	43.41	50.86	13.41	15.72	0.73	0.85

第七节　六等地耕地质量等级特征

一、六等地分布特征

（一）区域分布

巴州六等地耕地面积 30.73khm²，占巴州耕地面积的 8.11%。其中，博湖县

1. 95khm², 占博湖县耕地的 9.28%；和静县 5.74khm²，占和静县耕地的 11.07%；和硕县 4.76khm²，占和硕县耕地的 12.25%；库尔勒市 6.01khm²，占库尔勒市耕地的 7.46%；轮台县 1.55khm²，占轮台县耕地的 4.11%；且末县 0.79khm²，占且末县耕地的 4.42%；若羌县 0.22khm²，占若羌县耕地的 2.96%；尉犁县 6.59khm²，占尉犁县耕地的 7.94%；焉耆回族自治县 3.12khm²，占焉耆回族自治县耕地的 7.64%（表 4-51）。

表 4-51　各县市六等地面积及占辖区耕地面积的比例

县市	面积（khm²）	比例（%）
博湖县	1.95	9.28
和静县	5.74	11.07
和硕县	4.76	12.25
库尔勒市	6.01	7.46
轮台县	1.55	4.11
且末县	0.79	4.42
若羌县	0.22	2.96
尉犁县	6.59	7.94
焉耆回族自治县	3.12	7.64

　　六等地在县域的分布上有较大的差异。六等地面积占全县耕地面积的比例在 10%～20% 间的有 2 个，分别是和静县、和硕县。

　　六等地面积占全县耕地面积的比例在 10% 以下的有 7 个，分别是博湖县、库尔勒市、轮台县、且末县、若羌县、尉犁县、焉耆回族自治县。

（二）土壤类型

　　从土壤类型来看，巴州六等地分布面积和比例最大的土壤类型分别是草甸土、棕漠土和潮土，分别占六等地总面积的 35.00%、22.95% 和 17.33%，其次是盐土、林灌草甸土、沼泽土、灌漠土、风沙土、灌淤土等，其他土类分布面积较少。详见表 4-52。

表 4-52　六等地耕地主要土壤类型耕地面积与比例

土壤类型	面积（khm²）	比例（%）
草甸土	10.76	35.00
潮土	5.33	17.33
风沙土	0.62	2.03
灌漠土	1.06	3.46
灌淤土	0.51	1.65
冷钙土	—	—

（续表）

土壤类型	面积（khm²）	比例（%）
栗钙土	—	—
林灌草甸土	1.79	5.82
漠境盐土	0.14	0.44
石质土	0.004	0.012
盐土	1.79	5.83
沼泽土	1.68	5.47
棕钙土	—	—
棕漠土	7.05	22.95
总计	30.73	100

二、六等地属性特征

（一）地形部位

六等地的地形部位面积与比例如表4-53所示。六等地在平原低阶和平原中阶分布最多，面积为13.36khm²和13.26khm²，占六等地总面积的43.47%和43.15%，占巴州耕地平原低阶和平原中阶总面积的9.15%和9.01%；六等地在平原高阶分布面积为3.12khm²，占六等地总面积的10.15%，占巴州耕地平原高阶总面积的5.44%；六等地在山地坡下分布面积为0.99khm²，占六等地总面积的3.23%，占巴州耕地山地坡下总面积的11.78%。无沙漠边缘地形部位面积分布。

表4-53　六等地的地形部位面积与比例

地形部位	面积（khm²）	比例（%）	占相同地形部位的比例（%）
平原低阶	13.36	43.47	9.15
平原高阶	3.12	10.15	5.44
平原中阶	13.26	43.15	9.01
沙漠边缘	—	—	—
山地坡下	0.99	3.23	11.78

（二）灌溉能力

六等地中，灌溉能力为充分满足的耕地面积为0.25khm²，占六等地面积的0.81%，占巴州相同灌溉能力耕地总面积的0.32%；灌溉能力为基本满足的耕地面积为24.41khm²，占六等地面积的79.43%，占巴州相同灌溉能力耕地总面积的21.22%；灌溉能力为满足的耕地面积为6.07khm²，占六等地面积的19.76%，占巴州相同灌溉能力耕地总面积的3.80%。无灌溉能力为不满足的耕地面积。详见表4-54。

表 4-54　不同灌溉能力下六等地的面积与比例

灌溉能力	面积（khm²）	比例（%）	占相同灌溉能力的比例（%）
充分满足	0.25	0.81	0.32
满足	6.07	19.76	3.80
基本满足	24.41	79.43	21.22
不满足	—	—	—

（三）质地

耕层质地在巴州六等地中的面积及占比如表 4-55 所示。六等地中，耕层质地以中壤为主，面积达 16.08khm²，占比为 52.34%，占巴州相同质地耕地总面积的 10.53%；其次是砂壤，面积为 9.36khm²，占比为 30.47%，占巴州相同质地耕地总面积的 5.79%；另外重壤和砂土分别占六等地总面积的 9.44% 和 7.46%，占巴州相同质地耕地总面积的 13.65% 和 5.70%；黏土所占比例较低。

表 4-55　六等地与耕层质地

质地	面积（khm²）	比例（%）	占相同质地耕地面积（%）
黏土	0.09	0.29	2.70
砂壤	9.36	30.47	5.79
砂土	2.29	7.46	5.70
中壤	16.08	52.34	10.53
重壤	2.90	9.44	13.65
总计	30.73	100	8.11

（四）盐渍化程度

六等地的盐渍化程度见表 4-56。无盐渍化的耕地面积为 7.35khm²，占六等地总面积的 23.91%，占相同盐渍化程度耕地面积的 7.04%；轻度盐渍化的耕地面积为 16.75khm²，占六等地总面积的 54.52%，占相同盐渍化程度耕地面积的 8.48%；中度盐渍化的耕地面积为 5.55khm²，占六等地总面积的 18.07%，占相同盐渍化程度耕地面积的 8.45%；重度盐渍化的耕地面积为 0.93khm²，占六等地总面积的 3.02%，占相同盐渍化程度耕地面积的 10.24%；盐土耕地面积为 0.15khm²，占六等地总面积的 0.48%，占相同盐渍化程度耕地面积的 6.21%。

表 4-56　六等地的盐渍化程度

盐渍化程度	面积（khm²）	比例（%）	占相同盐渍化程度耕地面积（%）
无	7.35	23.91	7.04
轻度	16.75	54.52	8.48

（续表）

盐渍化程度	面积（khm²）	比例（%）	占相同盐渍化程度耕地面积（%）
中度	5.55	18.07	8.45
重度	0.93	3.02	10.24
盐土	0.15	0.48	6.21
总计	30.73	100	40.42

（五）养分状况

对巴州六等地耕层养分进行统计如表4-57所示。六等地的养分含量平均值分别为：有机质13.05g/kg、全氮0.64g/kg、有效磷23.55mg/kg、速效钾249.22mg/kg、缓效钾1 096.00mg/kg、有效硼8.01mg/kg、有效钼0.13mg/kg、有效铜2.03mg/kg、有效铁9.78mg/kg、有效锰3.14mg/kg、有效锌1.32mg/kg、有效硅168.51mg/kg、有效硫243.64mg/kg、碱解氮56.77mg/kg、盐分8.00g/kg。

表4-57 六等地耕地土壤养分含量

项目	平均值	标准差
有机质（g/kg）	13.05	4.07
全氮（g/kg）	0.64	0.19
碱解氮（mg/kg）	56.77	16.05
有效磷（mg/kg）	23.55	8.94
速效钾（mg/kg）	249.22	116.61
缓效钾（mg/kg）	1 096.00	272.62
有效铜（mg/kg）	2.03	0.89
有效铁（mg/kg）	9.78	5.10
有效锌（mg/kg）	1.32	0.65
有效硼（mg/kg）	8.01	5.04
有效锰（mg/kg）	3.14	3.42
有效硫（mg/kg）	243.64	289.40
有效钼（mg/kg）	0.13	0.14
有效硅（mg/kg）	168.51	100.35
pH值	8.00	0.20
盐分（g/kg）	8.00	10.50

对巴州六等地中各县市的土壤养分含量平均值比较见表4-58，可以发现有机质含量轮台县最高，为14.98g/kg，焉耆回族自治县最低，为9.25g/kg；全氮含量焉耆回族自治县最

高，为 0.86g/kg，若羌县最低，为 0.40g/kg；有效磷含量和硕县最高，为 27.43mg/kg，若羌县最低，为 15.93mg/kg；速效钾含量和硕县最高，为 331.86mg/kg，若羌县最低，为 131.87mg/kg；缓效钾含量若羌县最高，为 1 155.41mg/kg，尉犁县最低，为 1 032.89mg/kg；碱解氮含量和静县最高，为 80.38mg/kg，若羌县最低，为 32.21mg/kg；盐分含量和硕县最高，为 16.29g/kg，焉耆回族自治县最低，为 1.20g/kg。微量元素硼、钼、铜、铁、锰、锌的有效含量各有高低，差异不明显。

表 4-58 六等地中各县市土壤养分含量平均值比较

养分项目	博湖县	和静县	和硕县	库尔勒市	轮台县	且末县	若羌县	尉犁县	焉耆回族自治县
有机质（g/kg）	12.11	14.82	14.54	12.21	14.98	12.73	12.12	12.22	9.25
全氮（g/kg）	0.67	0.82	0.63	0.63	0.73	0.48	0.40	0.44	0.86
碱解氮（mg/kg）	52.04	80.38	65.03	48.90	48.80	33.31	32.21	42.71	70.36
有效磷（mg/kg）	19.06	26.40	27.43	23.57	23.81	22.00	15.93	23.16	16.52
速效钾（mg/kg）	209.26	274.74	331.86	266.67	228.36	222.06	131.87	162.96	141.29
缓效钾（mg/kg）	1 119.44	1 098.11	1 111.59	1 100.85	1 140.96	1 061.34	1 155.41	1 032.89	1 060.91
有效铜（mg/kg）	2.05	2.03	2.06	2.04	2.03	2.04	1.96	1.95	1.98
有效铁（mg/kg）	10.06	9.94	10.17	9.24	10.21	10.85	10.62	9.63	8.01
有效锌（mg/kg）	1.35	1.30	1.34	1.35	1.35	1.27	1.37	1.26	1.32
有效硼（mg/kg）	8.43	8.13	7.78	8.07	8.89	7.44	9.87	7.91	7.13
有效锰（mg/kg）	4.10	3.67	3.03	2.61	2.86	3.68	5.60	3.14	1.65
有效硫（mg/kg）	254.28	340.81	209.09	186.01	310.33	386.92	462.08	217.37	245.34
有效钼（mg/kg）	0.16	0.15	0.15	0.10	0.05	0.16	0.21	0.11	0.06
有效硅（mg/kg）	178.79	171.18	170.54	165.06	179.42	176.87	188.92	167.81	128.02
pH 值	8.04	7.96	7.88	8.03	7.89	8.61	7.94	7.98	8.16
盐分（g/kg）	4.14	9.73	16.29	6.34	6.93	1.78	1.68	2.55	1.20

六等地有机质含量为一级（>25.0g/kg）的面积为 0.25khm²，占比 0.81%；有机质含量为二级（20.0～25.0g/kg）的面积为 1.77khm²，占比 5.75%；有机质含量为三级（15.0～20.0g/kg）的面积为 7.64khm²，占比 24.87%；有机质含量为四级（10.0～15.0g/kg）的面积为 9.46khm²，占比 30.78%；有机质含量为五级（≤10.0g/kg）的面积为 11.62khm²，占比 37.80%。表明巴州六等地有机质含量以偏低为主，中等偏上的面积和比例较少。

六等地全氮含量为一级（>1.50g/kg）的面积为 0.01khm²，占比 0.02%；全氮含量为二级（1.00～1.50g/kg）的面积为 2.32khm²，占比 7.56%；全氮含量为三级（0.75～1.00g/kg）的面积为 7.87khm²，占比 25.62%；全氮含量为四级（0.50～0.75g/kg）的面积为 9.91khm²，占比 32.25%；全氮含量为五级（≤0.50g/kg）的面

积为 10.62km²，占比 34.54%。表明巴州六等地全氮含量以中等偏下为主，偏上的面积和比例较少。

六等地碱解氮含量为三级（90~120mg/kg）的面积为 0.84km²，占比 2.72%；碱解氮含量为四级（60~90gmg/kg）的面积为 13.08km²，占比 42.57%；碱解氮含量为五级（≤60mg/kg）的面积为 16.81km²，占比 54.71%。表明巴州六等地碱解氮含量以偏下为主，中等偏上的面积和比例较少。

六等地有效磷含量为一级（>30.0mg/kg）的面积为 5.75km²，占比 18.72%；有效磷含量为二级（20.0~30.0mg/kg）的面积为 12.18km²，占比 39.64%；有效磷含量为三级（15.0~20.0mg/kg）的面积为 6.21km²，占比 20.21%；有效磷含量为四级（8.0~15.0mg/kg）的面积为 5.92km²，占比 19.27%；有效磷含量为五级（≤8.0mg/kg）的面积为 0.67km²，占比 2.16%。表明巴州六等地有效磷含量以中等偏上为主，偏低的面积和比例较少。

六等地速效钾含量为一级（>250mg/kg）的面积为 8.10km²，占比 26.36%；速效钾含量为二级（200~250mg/kg）的面积为 4.82km²，占比 15.69%；速效钾含量为三级（150~200mg/kg）的面积为 10.82km²，占比 35.20%；速效钾含量为四级（100~150mg/kg）的面积为 6.22km²，占比 20.25%；速效钾含量为五级（≤100mg/kg）的面积为 0.77km²，占比 2.50%。表明巴州六等地速效钾含量以中等偏上为主，偏低的面积和比例较少。详见表 4-59。

表 4-59 六等地土壤养分各级别面积与比例 （khm²）

养分等级	一级		二级		三级		四级		五级	
	面积	占比（%）	面积	占比（%）	面积	占比（%）	面积	占比（%）	面积	占比（%）
有机质	0.25	0.81	1.77	5.75	7.64	24.87	9.46	30.78	11.62	37.80
全氮	0.01	0.02	2.32	7.56	7.87	25.62	9.91	32.25	10.62	34.54
碱解氮	—	—	—	—	0.84	2.72	13.08	42.57	16.81	54.71
有效磷	5.75	18.72	12.18	39.64	6.21	20.21	5.92	19.27	0.67	2.16
速效钾	8.10	26.36	4.82	15.69	10.82	35.20	6.22	20.25	0.77	2.50

第八节 七等地耕地质量等级特征

一、七等地分布特征

（一）区域分布

巴州七等地耕地面积 31.91km²，占巴州耕地面积的 8.42%。其中，博湖县 2.22km²，占博湖县耕地的 10.57%；和静县 2.22km²，占和静县耕地的 4.28%；和硕县 1.50km²，占和硕县耕地的 3.86%；库尔勒市 8.52km²，占库尔勒市耕地的 10.57%；轮台县 2.65khm²，占轮台县耕地的 7.03%；且末县 0.94khm²，占且末县耕地的 5.26%；若羌县 0.03khm²，占若羌县耕地的 0.40%；尉犁县 11.99khm²，占尉犁县耕地的 14.45%；焉耆回族自治县 1.83khm²，占焉耆回族自治县耕地的 4.48%（表 4-60）。

表 4-60　各县市七等地面积及占辖区耕地面积的比例

县市	面积（khm²）	比例（%）
博湖县	2.22	10.57
和静县	2.22	4.28
和硕县	1.50	3.86
库尔勒市	8.52	10.57
轮台县	2.65	7.03
且末县	0.94	5.26
若羌县	0.03	0.40
尉犁县	11.99	14.45
焉耆回族自治县	1.83	4.48

　　七等地在县域的分布上有较大的差异。七等地面积占全县耕地面积的比例在 10%~20% 间的有 3 个，分别是博湖县、库尔勒市、尉犁县。

　　七等地面积占全县耕地面积的比例在 10% 以下的有 6 个，分别是和静县、和硕县、轮台县、且末县、若羌县、焉耆回族自治县。

（二）土壤类型

　　从土壤类型来看，巴州七等地分布面积和比例最大的土壤类型为草甸土，占七等地总面积的 46.38%，其次是盐土、潮土和棕漠土，分别占七等地总面积的 13.94%、12.83% 和 12.29%，其他土类分布面积较少。详见表 4-61。

表 4-61　七等地耕地主要土壤类型耕地面积与比例

土壤类型	面积（khm²）	比例（%）
草甸土	14.80	46.38
潮土	4.09	12.83
风沙土	0.21	0.67
灌漠土	0.17	0.53
灌淤土	0.83	2.59
冷钙土	—	—
栗钙土	—	—
林灌草甸土	2.09	6.55
漠境盐土	0.46	1.44

（续表）

土壤类型	面积（khm²）	比例（%）
石质土	—	—
盐土	4.45	13.94
沼泽土	0.89	2.79
棕钙土	—	—
棕漠土	3.92	12.29
总计	31.91	100

二、七等地属性特征

（一）地形部位

七等地的地形部位面积与比例如表4-62所示。七等地在平原中阶分布面积最多，面积为12.77km²，占七等地总面积的40.02%，占巴州耕地平原中阶总面积的8.68%；七等地在平原高阶分布面积为11.28km²，占七等地总面积的35.35%，占巴州耕地平原高阶总面积的19.64%；七等地在平原低阶分布面积为6.11km²，占七等地总面积的19.15%，占巴州耕地平原低阶总面积的4.19%；七等地在山地坡下分布面积为1.67km²，占七等地总面积的5.24%，占巴州耕地山地坡下总面积的19.86%；七等地在沙漠边缘分布面积为0.08km²，占七等地总面积的0.24%。

表4-62　七等地的地形部位面积与比例

地形部位	面积（khm²）	比例（%）	占相同地形部位的比例（%）
平原低阶	6.11	19.15	4.19
平原高阶	11.28	35.35	19.64
平原中阶	12.77	40.02	8.68
沙漠边缘	0.08	0.24	0.38
山地坡下	1.67	5.24	19.86

（二）灌溉能力

七等地中，灌溉能力为不满足的耕地面积为0.10km²，占七等地面积的0.31%，占巴州相同灌溉能力耕地总面积的0.35%；灌溉能力为充分满足的耕地面积为0.04km²，占七等地面积的0.13%，占巴州相同灌溉能力耕地总面积的0.06%；灌溉能力为基本满足的耕地面积为19.42km²，占七等地面积的60.86%，占巴州相同灌溉能力耕地总面积的16.88%；灌溉能力为满足的耕地面积为12.35km²，占七等地面积的38.70%，占巴州相同灌溉能力耕地总面积的7.73%（表4-63）。

表 4-63　不同灌溉能力下七等地的面积与比例

灌溉能力	面积（khm²）	比例（%）	占相同灌溉能力的比例（%）
充分满足	0.04	0.13	0.06
满足	12.35	38.70	7.73
基本满足	19.42	60.86	16.88
不满足	0.10	0.31	0.35

（三）质地

耕层质地在巴州七等地中的面积及占比如表 4-64 所示。七等地中，耕层质地以砂壤为主，面积达 11.16km²，占比为 34.98%，占巴州相同质地耕地总面积的 6.91%；其次是砂土，面积为 10.58km²，占比为 33.14%，占巴州相同质地耕地总面积的 26.30%；另外中壤和重壤面积为 8.83km² 和 1.13km²，占七等地总面积的 27.67% 和 3.55%，占巴州相同质地耕地总面积的 5.78% 和 5.33%；黏土所占比例较低。

表 4-64　七等地与耕层质地

质地	面积（khm²）	比例（%）	占相同质地耕地面积（%）
黏土	0.21	0.66	6.49
砂壤	11.16	34.98	6.91
砂土	10.58	33.14	26.30
中壤	8.83	27.67	5.78
重壤	1.13	3.55	5.33
总计	31.91	100	8.42

（四）盐渍化程度

七等地的盐渍化程度见表 4-65。无盐渍化的耕地面积为 4.51km²，占七等地总面积的 14.14%，占相同盐渍化程度耕地面积的 4.32%；轻度盐渍化的耕地面积为 20.09km²，占七等地总面积的 62.96%，占相同盐渍化程度耕地面积的 10.17%；中度盐渍化的耕地面积为 6.25km²，占七等地总面积的 19.59%，占相同盐渍化程度耕地面积的 9.50%；重度盐渍化的耕地面积为 1.05km²，占七等地总面积的 3.29%，占相同盐渍化程度耕地面积的 11.60%；盐土耕地面积为 0.01km²，占七等地总面积的 0.02%，占相同盐渍化程度耕地面积的 0.24%。

表 4-65　七等地的盐渍化程度

盐渍化程度	面积（khm²）	比例（%）	占相同盐渍化程度耕地面积（%）
无	4.51	14.14	4.32

（续表）

盐渍化程度	面积（khm²）	比例（%）	占相同盐渍化程度 耕地面积（%）
轻度	20.09	62.96	10.17
中度	6.25	19.59	9.50
重度	1.05	3.29	11.60
盐土	0.01	0.02	0.24
总计	31.91	100	35.83

（五）养分状况

对巴州七等地耕层养分进行统计如表4-66所示。七等地的养分含量平均值分别为：有机质12.96g/kg、全氮0.63g/kg、有效磷21.76mg/kg、速效钾216.78mg/kg、缓效钾1 093.57mg/kg、有效硼7.88mg/kg、有效钼0.11mg/kg、有效铜2.01mg/kg、有效铁9.89mg/kg、有效锰2.94mg/kg、有效锌1.36mg/kg、有效硅165.41mg/kg、有效硫218.17mg/kg、碱解氮53.05mg/kg、盐分6.30g/kg。

表4-66 七等地耕地土壤养分含量

项目	平均值	标准差
有机质（g/kg）	12.96	4.67
全氮（g/kg）	0.63	0.19
碱解氮（mg/kg）	53.05	13.93
有效磷（mg/kg）	21.76	9.71
速效钾（mg/kg）	216.78	110.17
缓效钾（mg/kg）	1 093.57	271.71
有效铜（mg/kg）	2.01	0.87
有效铁（mg/kg）	9.89	5.19
有效锌（mg/kg）	1.36	0.66
有效硼（mg/kg）	7.88	4.97
有效锰（mg/kg）	2.94	3.33
有效硫（mg/kg）	218.17	274.52
有效钼（mg/kg）	0.11	0.13
有效硅（mg/kg）	165.41	101.50
pH值	8.04	0.20
盐分（g/kg）	6.30	6.33

对巴州七等地中各县市的土壤养分含量平均值比较见表4-67，可以发现有机质含量尉犁县最高，为14.84g/kg，焉耆回族自治县最低，为9.74g/kg；全氮含量焉耆回族自治县最高，为0.85g/kg，若羌县最低，为0.39g/kg；有效磷含量且末县最高，为24.33mg/kg，若羌县最低，为8.43mg/kg；速效钾含量尉犁县最高，为250.21mg/kg，且末县最低，为128.15mg/kg；缓效钾含量若羌县最高，为1296.73mg/kg，尉犁县最低，为1045.39mg/kg；碱解氮含量和静县最高，为79.20mg/kg，且末县最低，为34.30mg/kg；盐分含量和静县最高，为10.91g/kg，焉耆回族自治县最低，为1.15g/kg。微量元素硼、钼、铜、铁、锰、锌的有效含量各有高低，差异不明显。

表4-67　七等地中各县市土壤养分含量平均值比较

养分项目	博湖县	和静县	和硕县	库尔勒市	轮台县	且末县	若羌县	尉犁县	焉耆回族自治县
有机质（g/kg）	12.06	14.36	12.12	12.33	14.26	11.94	13.06	14.84	9.74
全氮（g/kg）	0.73	0.79	0.64	0.63	0.73	0.49	0.39	0.44	0.85
碱解氮（mg/kg）	59.07	79.20	67.61	49.59	48.71	34.30	41.89	43.65	69.70
有效磷（mg/kg）	18.72	22.46	19.00	23.73	23.02	24.33	8.43	23.23	15.11
速效钾（mg/kg）	199.50	185.17	222.72	235.90	212.04	128.15	128.92	250.21	135.35
缓效钾（mg/kg）	1143.32	1113.61	1068.90	1085.90	1123.61	1107.98	1296.73	1045.39	1081.49
有效铜（mg/kg）	2.04	2.05	1.99	2.04	2.14	2.05	2.14	1.90	1.87
有效铁（mg/kg）	9.96	10.24	10.37	9.75	10.68	9.88	13.40	9.70	8.08
有效锌（mg/kg）	1.39	1.41	1.35	1.39	1.37	1.44	1.32	1.26	1.38
有效硼（mg/kg）	8.18	8.41	6.89	7.87	8.85	7.80	10.47	7.49	7.67
有效锰（mg/kg）	2.89	3.16	2.49	2.73	3.53	3.62	6.58	3.28	1.11
有效硫（mg/kg）	178.72	361.83	216.01	198.48	303.01	437.61	529.03	166.17	187.36
有效钼（mg/kg）	0.14	0.16	0.11	0.11	0.06	0.19	0.21	0.10	0.04
有效硅（mg/kg）	176.30	170.17	155.05	157.81	180.87	177.22	198.76	162.96	137.78
pH值	8.16	7.95	7.90	8.02	7.85	8.59	7.89	7.99	8.15
盐分（g/kg）	4.98	10.91	10.75	7.57	7.95	1.62	1.88	4.39	1.15

七等地有机质含量为一级（>25.0g/kg）的面积为0.44khm²，占比1.39%；有机质含量为二级（20.0～25.0g/kg）的面积为2.44khm²，占比7.66%；有机质含量为三级（15.0～20.0g/kg）的面积为10.93khm²，占比34.27%；有机质含量为四级（10.0～15.0g/kg）的面积为8.48khm²，占比26.58%；有机质含量为五级（≤10.0g/kg）的面积为9.60khm²，占比30.10%。表明巴州七等地有机质含量以中等偏低为主，偏上的面积和比例较少。

七等地全氮含量为一级（>1.50g/kg）的面积为0.16khm²，占比0.49%；全氮含量为二级（1.00～1.50g/kg）的面积为0.77khm²，占比2.42%；全氮含量为三级（0.75～

1.00g/kg）的面积为 5.37khm²，占比 16.82%；全氮含量为四级（0.50~0.75g/kg）的面积为 6.45khm²，占比 20.22%；全氮含量为五级（≤0.50g/kg）的面积为 19.16khm²，占比 60.06%。表明巴州七等地全氮含量以偏下为主，偏上的面积和比例较少。

七等地碱解氮含量为三级（90~120mg/kg）的面积为 0.80khm²，占比 2.51%；碱解氮含量为四级（60~90gmg/kg）的面积为 7.08khm²，占比 22.20%；碱解氮含量为五级（≤60mg/kg）的面积为 24.02khm²，占比 75.29%。表明巴州七等地碱解氮含量以偏下为主，中等偏上的面积和比例较少。

七等地有效磷含量为一级（>30.0mg/kg）的面积为 6.06khm²，占比 19.00；有效磷含量为二级（20.0~30.0mg/kg）的面积为 10.59khm²，占比 33.19%；有效磷含量为三级（15.0~20.0mg/kg）的面积为 6.77khm²，占比 21.22%；有效磷含量为四级（8.0~15.0mg/kg）的面积为 6.14khm²，占比 19.23%；有效磷含量为五级（≤8.0mg/kg）的面积为 2.35khm²，占比 7.36%。表明巴州七等地有效磷含量以中等偏上为主，偏低的面积和比例较少。

七等地速效钾含量为一级（>250mg/kg）的面积为 9.99khm²，占比 31.29%；速效钾含量为二级（200~250mg/kg）的面积为 3.56khm²，占比 11.15%；速效钾含量为三级（150~200mg/kg）的面积为 9.61khm²，占比 30.12%；速效钾含量为四级（100~150mg/kg）的面积为 8.13khm²，占比 25.49%；速效钾含量为五级（≤100mg/kg）的面积为 0.62khm²，占比 1.94%。表明巴州七等地速效钾含量以中等偏上为主，偏下的面积和比例较少。详见表 4-68。

表 4-68　七等地土壤养分各级别面积与比例　　　　　　　　　　（khm²）

养分等级	一级		二级		三级		四级		五级	
	面积	占比（%）	面积	占比（%）	面积	占比（%）	面积	占比（%）	面积	占比（%）
有机质	0.44	1.39	2.44	7.66	10.93	34.27	8.48	26.58	9.60	30.10
全氮	0.16	0.49	0.77	2.42	5.37	16.82	6.45	20.22	19.16	60.06
碱解氮	—	—	—	—	0.80	2.51	7.08	22.20	24.02	75.29
有效磷	6.06	19.00	10.59	33.19	6.77	21.22	6.14	19.23	2.35	7.36
速效钾	9.99	31.29	3.56	11.15	9.61	30.12	8.13	25.49	0.62	1.95

第九节　八等地耕地质量等级特征

一、八等地分布特征

（一）区域分布

巴州八等地耕地面积 24.85khm²，占巴州耕地面积的 6.56%。其中，博湖县 1.17khm²，占博湖县耕地的 5.57%；和静县 0.37khm²，占和静县耕地的 0.71%；和硕县

0.51khm^2，占和硕县耕地的 1.31%；库尔勒市 7.67khm^2，占库尔勒市耕地的 9.52%；轮台县 6.19khm^2，占轮台县耕地的 16.41%；且末县 2.87khm^2，占且末县耕地的 16.06%；尉犁县 6.05khm^2，占尉犁县耕地的 7.29%；焉耆回族自治县 0.03khm^2，占焉耆回族自治县耕地的 0.07%（表 4-69）。

表 4-69　各县市八等地面积及占辖区耕地面积的比例

县市	面积（khm^2）	比例（%）
博湖县	1.17	5.57
和静县	0.37	0.71
和硕县	0.51	1.31
库尔勒市	7.67	9.52
轮台县	6.19	16.41
且末县	2.87	16.06
若羌县	—	—
尉犁县	6.05	7.29
焉耆回族自治县	0.03	0.07

八等地在县域的分布上的差异较大。八等地面积占全县耕地面积的比例大于 10% 的有 2 个，分别是轮台县、且末县。

八等地面积占全县耕地面积的比例在 10% 以下的有 6 个，分别是博湖县、和静县、和硕县、库尔勒市、尉犁县、焉耆回族自治县。若羌县无八等地。

（二）土壤类型

从土壤类型来看，巴州八等地分布面积和比例最大的土壤类型是草甸土，占八等地总面积的 47.81%，其次是盐土、灌淤土、潮土、林灌草甸土，分别占八等地总面积的 11.10%、10.42%、9.70%、8.70%，其他土类分布面积较少。详见表 4-70。

表 4-70　八等地耕地主要土壤类型耕地面积与比例

土壤类型	面积（khm^2）	比例（%）
草甸土	11.88	47.81
潮土	2.41	9.70
风沙土	0.54	2.16
灌漠土	0.08	0.32
灌淤土	2.59	10.42
冷钙土	—	—
栗钙土	—	—
林灌草甸土	2.16	8.70

土壤类型	面积（khm²）	比例（%）
漠境盐土	—	—
石质土	—	—
盐土	2.76	11.10
沼泽土	1.16	4.65
棕钙土	—	—
棕漠土	1.27	5.13
总计	24.85	100

二、八等地属性特征

（一）地形部位

八等地的地形部位面积与比例如表 4-71 所示。八等地在平原高阶分布最多，面积为 12.32km²，占八等地总面积的 49.56%，占巴州耕地平原高阶总面积的 21.45%；八等地在平原中阶分布面积为 6.12km²，占八等地总面积的 24.64%，占巴州耕地平原中阶总面积的 4.16%；八等地在平原低阶分布面积为 4.87km²，占八等地总面积的 19.60%，占巴州耕地平原低阶总面积的 3.34%；八等地在山地坡下分布面积为 1.34km²，占八等地总面积的 5.39%，占巴州耕地山地坡下总面积的 15.91%；八等地在沙漠边缘分布面积为 0.20km²，占八等地总面积的 0.81%。

表 4-71 八等地的地形部位面积与比例

地形部位	面积（khm²）	比例（%）	占相同地形部位的比例（%）
平原低阶	4.87	19.60	3.34
平原高阶	12.32	49.56	21.45
平原中阶	6.12	24.64	4.16
沙漠边缘	0.20	0.81	1.00
山地坡下	1.34	5.39	15.91

（二）灌溉能力

八等地中，灌溉能力为不满足的耕地面积为 2.80km²，占八等地面积的 11.27%，占巴州相同灌溉能力耕地总面积的 10.12%；灌溉能力为充分满足的耕地面积为 3.98hm²，占八等地面积的 0.01%，占巴州相同灌溉能力耕地总面积的 0.01%；灌溉能力为基本满足的耕地面积为 15.75km², 占八等地面积的 63.37%, 占巴州相同灌溉能力耕地总面积的 13.69%; 灌溉能力为满足的耕地面积为 6.30km², 占八等地面积的 25.35%, 占巴州相同灌溉能力耕地总面积的 3.94%（表 4-72）。

表 4-72 不同灌溉能力下八等地的面积与比例

灌溉能力	面积（khm²）	比例（%）	占相同灌溉能力的比例（%）
充分满足	0.00398	0.01	0.01
满足	6.30	25.35	3.94
基本满足	15.75	63.37	13.69
不满足	2.80	11.27	10.12

（三）质地

耕层质地在巴州八等地中的面积及占比如表 4-73 所示。八等地中, 耕层质地以砂壤为主, 面积达 17.12km², 占比为 68.90%, 占巴州相同质地耕地总面积的 10.60%; 其次是砂土, 面积为 5.15km², 占比为 20.73%, 占巴州相同质地耕地总面积的 12.81%; 另外中壤面积为 2.20km², 占八等地总面积的 8.86%, 占巴州相同质地耕地总面积的 1.44%; 黏土和重壤所占比例较低。

表 4-73 八等地与耕层质地

质地	面积（khm²）	比例（%）	占相同质地耕地面积（%）
黏土	0.28	1.11	8.47
砂壤	17.12	68.90	10.60
砂土	5.15	20.73	12.81
中壤	2.20	8.86	1.44
重壤	0.10	0.40	0.47
总计	24.85	100	6.56

（四）盐渍化程度

八等地的盐渍化程度见表 4-74。无盐渍化的耕地面积为 4.82km², 占八等地总面积的 19.39%, 占相同盐渍化程度耕地面积的 4.62%, 轻度盐渍化的耕地面积为 13.45km², 占八等地总面积的 54.14%, 占相同盐渍化程度耕地面积的 6.81%; 中度盐渍化的耕地面积为 6.07km², 占八等地总面积的 24.41%, 占相同盐渍化程度耕地面积的 9.23%; 重度盐渍化的耕地面积为 0.47km², 占八等地总面积的 1.90%, 占相同盐渍化程度耕地面积的 5.20%; 盐土耕地面积为 0.04km², 占八等地总面积的 0.16%, 占相同盐渍化程度耕地面积的 1.65%。

表 4-74 八等地的盐渍化程度

盐渍化程度	面积（khm²）	比例（%）	占相同盐渍化程度 耕地面积（%）
无	4.82	19.39	4.62
轻度	13.45	54.14	6.81
中度	6.07	24.41	9.23
重度	0.47	1.90	5.20
盐土	0.04	0.16	1.65
总计	24.85	100	27.51

（五）养分状况

对巴州八等地耕层养分进行统计如表 4-75 所示。八等地的养分含量平均值分别为：有机质 13.29g/kg、全氮 0.65g/kg、有效磷 18.01mg/kg、速效钾 206.68mg/kg、缓效钾 1 087.95mg/kg、有效硼 7.83mg/kg、有效钼 0.10mg/kg、有效铜 2.02mg/kg、有效铁 9.89mg/kg、有效锰 3.12mg/kg、有效锌 1.36mg/kg、有效硅 168.00mg/kg、有效硫 242.52mg/kg、碱解氮 50.00mg/kg、盐分 6.07g/kg。

表 4-75 八等地耕地土壤养分含量

项目	平均值	标准差
有机质（g/kg）	13.29	4.14
全氮（g/kg）	0.65	0.24
碱解氮（mg/kg）	50.00	15.68
有效磷（mg/kg）	18.01	6.32
速效钾（mg/kg）	206.68	77.58
缓效钾（mg/kg）	1 087.95	272.82
有效铜（mg/kg）	2.02	0.88
有效铁（mg/kg）	9.89	5.11
有效锌（mg/kg）	1.36	0.65
有效硼（mg/kg）	7.83	5.00
有效锰（mg/kg）	3.12	3.47
有效硫（mg/kg）	242.52	275.52
有效钼（mg/kg）	0.10	0.13
有效硅（mg/kg）	168.00	100.53
pH 值	8.02	0.24
盐分（g/kg）	6.07	4.26

对巴州八等地中各县市的土壤养分含量平均值比较见表4-76，可以发现有机质含量尉犁县最高，为15.07g/kg，和硕县最低，为11.55g/kg；全氮含量和静县最高，为0.88g/kg，尉犁县最低，为0.45g/kg；有效磷含量库尔勒市最高，为20.10mg/kg，焉耆回族自治县最低，为12.34mg/kg；速效钾含量轮台县最高，为233.56mg/kg，和静县最低，为135.55mg/kg；缓效钾含量轮台县最高，为1 139.23mg/kg，焉耆回族自治县最低，为355.16mg/kg；碱解氮含量和静县最高，为81.90mg/kg，且末县最低，为32.96mg/kg；盐分含量和静县最高，为8.85g/kg，且末县最低，为1.38g/kg。微量元素硼、钼、铜、铁、锰、锌的有效含量各有高低，差异不明显。

表4-76 八等地中各县市土壤养分含量平均值比较

养分项目	博湖县	和静县	和硕县	库尔勒市	轮台县	且末县	尉犁县	焉耆回族自治县
有机质（g/kg）	12.67	11.65	11.55	12.78	13.96	11.81	15.07	11.80
全氮（g/kg）	0.73	0.88	0.63	0.61	0.78	0.48	0.45	0.84
碱解氮（mg/kg）	65.97	81.90	60.86	47.44	50.62	32.96	43.14	65.16
有效磷（mg/kg）	17.47	15.68	15.29	20.10	17.13	18.63	17.25	12.34
速效钾（mg/kg）	181.02	135.55	165.55	220.24	233.56	146.66	205.03	148.93
缓效钾（mg/kg）	1 126.96	1 087.09	1 061.96	1 074.12	1 139.23	1 042.22	1 003.86	355.16
有效铜（mg/kg）	1.92	2.07	2.04	1.98	2.12	2.04	1.96	1.12
有效铁（mg/kg）	9.31	9.93	9.85	9.29	10.36	10.57	9.89	7.27
有效锌（mg/kg）	1.45	1.44	1.43	1.39	1.40	1.35	1.12	2.09
有效硼（mg/kg）	8.35	7.96	7.29	7.92	8.36	6.76	6.91	1.26
有效锰（mg/kg）	2.73	3.65	1.78	2.56	3.47	3.64	3.60	2.55
有效硫（mg/kg）	134.49	359.77	312.87	193.34	292.64	374.86	161.78	28.83
有效钼（mg/kg）	0.12	0.18	0.10	0.10	0.07	0.15	0.10	0.05
有效硅（mg/kg）	170.08	168.12	166.46	160.65	180.23	176.29	146.28	82.41
pH值	8.15	7.97	7.88	8.01	7.85	8.58	7.98	8.19
盐分（g/kg）	6.12	8.85	8.76	7.66	6.41	1.38	3.95	1.96

八等地有机质含量为一级（>25.0g/kg）的面积为0.75khm²，占比3.02%；有机质含量为二级（20.0～25.0g/kg）的面积为1.18khm²，占比4.75%；有机质含量为三级（15.0～20.0g/kg）的面积为8.91khm²，占比35.84%；有机质含量为四级（10.0～15.0g/kg）的面积为8.14khm²，占比32.74%；有机质含量为五级（≤10.0g/kg）的面积为5.88khm²，占比23.66%。表明巴州八等地有机质含量以中等偏低为主，偏上的面积和比例较少。

八等地全氮含量为一级（>1.50g/kg）的面积为0.16khm²，占比0.66%；全氮含量为二级（1.00～1.50g/kg）的面积为1.23khm²，占比4.94%；全氮含量为三级（0.75～

1.00g/kg）的面积为 2.91km²，占比 11.70%；全氮含量为四级（0.50~0.75g/kg）的面积为 5.61km²，占比 22.59%；全氮含量为五级（≤0.50g/kg）的面积为 14.94km²，占比 60.12%。表明巴州八等地全氮含量以偏下为主，偏上的面积和比例较少。

八等地碱解氮含量为三级（90~120mg/kg）的面积为 0.26km²，占比 1.05%；碱解氮含量为四级（60~90gmg/kg）的面积为 3.22km²，占比 12.94%；碱解氮含量为五级（≤60mg/kg）的面积为 21.38km²，占比 86.02%。表明巴州八等地碱解氮含量以偏下为主，中等偏上的面积和比例较少。

八等地有效磷含量为一级（>30.0mg/kg）的面积为 0.73km²，占比 2.95%；有效磷含量为二级（20.0~30.0mg/kg）的面积为 7.23km²，占比 29.08%；有效磷含量为三级（15.0~20.0mg/kg）的面积为 8.16km²，占比 32.85%；有效磷含量为四级（8.0~15.0mg/kg）的面积为 6.83km²，占比 27.47%；有效磷含量为五级（≤8.0mg/kg）的面积为 1.91km²，占比 7.67%。表明巴州八等地有效磷含量以中等偏下为主。

八等地速效钾含量为一级（>250mg/kg）的面积为 6.04km²，占比 24.30%；速效钾含量为二级（200~250mg/kg）的面积为 6.58km²，占比 26.48%；速效钾含量为三级（150~200mg/kg）的面积为 5.45km²，占比 21.93%；速效钾含量为四级（100~150mg/kg）的面积为 6.61km²，占比 26.58%；速效钾含量为五级（≤100mg/kg）的面积为 0.18km²，占比 0.71%。表明巴州八等地速效钾含量以中等偏上为主，偏下的面积和比例较少。详见表4-77。

表4-77　八等地土壤养分各级别面积与比例　　　　　　　　（khm²）

养分等级	一级		二级		三级		四级		五级	
	面积	占比（%）	面积	占比（%）	面积	占比（%）	面积	占比（%）	面积	占比（%）
有机质	0.75	3.02	1.18	4.75	8.91	35.84	8.14	32.74	5.88	23.66
全氮	0.16	0.66	1.23	4.94	2.91	11.70	5.61	22.59	14.94	60.12
碱解氮	—	—	—	—	0.26	1.05	3.22	12.94	21.38	86.02
有效磷	0.73	2.95	7.23	29.08	8.16	32.85	6.83	27.47	1.91	7.67
速效钾	6.04	24.30	6.58	26.48	5.45	21.93	6.61	26.58	0.18	0.71

第十节　九等地耕地质量等级特征

一、九等地分布特征

（一）区域分布

巴州九等地耕地面积 16.40km²，占巴州耕地面积的 4.33%。其中，博湖县 0.96km²，占博湖县耕地的 4.57%；和硕县 0.98km²，占和硕县耕地的 2.52%；库尔勒市 6.47km²，占库尔勒市耕地的 8.03%；轮台县 2.94km²，占轮台县耕地的 7.79%；且末县 0.18khm²，占且末县耕地的 1.01%；尉犁县 4.87khm²，占尉犁县耕地的 5.87%（表 4-78）。

表 4-78　各县市九等地面积及占辖区耕地面积的比例

县市	面积（khm²）	比例（%）
博湖县	0.96	4.57
和静县	—	—
和硕县	0.98	2.52
库尔勒市	6.47	8.03
轮台县	2.94	7.79
且末县	0.18	1.01
若羌县	—	—
尉犁县	4.87	5.87
焉耆回族自治县	—	—

九等地在县域分布上的差异较大。九等地面积占全县耕地面积的比例在 10% 以下的有 6 个，分别是博湖县、和硕县、库尔勒市、轮台县、且末县、尉犁县。和静县、若羌县、焉耆回族自治县无九等地。

（二）土壤类型

从土壤类型来看，巴州九等地分布面积和比例最大的土壤类型是草甸土，占九等地总面积的 53.56%，其次是盐土和林灌草甸土，分别占九等地总面积的 12.96% 和 11.48%，潮土、棕漠土、灌淤土次之，分别占九等地总面积的 6.05%、5.57% 和 5.39%，其他土类分布面积较少。详见表 4-79。

表 4-79　九等地耕地主要土壤类型面积与比例

土壤类型	面积（khm²）	比例（%）
草甸土	8.78	53.56
潮土	0.99	6.05
风沙土	0.10	0.58
灌漠土	0.17	1.06
灌淤土	0.88	5.39
冷钙土	—	—
栗钙土	—	—
林灌草甸土	1.88	11.48
漠境盐土	—	—

土壤类型	面积（khm²）	比例（%）
石质土	—	—
盐土	2.13	12.96
沼泽土	0.55	3.34
棕钙土	—	—
棕漠土	0.91	5.57
总计	16.40	100

二、九等地属性特征

（一）地形部位

九等地的地形部位面积与比例如表4-80所示。九等地在平原高阶和平原中阶分布最多，面积为5.23khm²和5.11khm²，占九等地总面积的31.90%和31.18%，占巴州耕地平原高阶和平原中阶总面积的9.11%和3.47%；九等地在沙漠边缘分布面积为2.53khm²，占九等地总面积的15.40%，占巴州沙漠边缘总面积的12.56%；九等地在平原低阶分布面积为1.87khm²，占九等地总面积的11.39%，占巴州耕地平原低阶总面积的1.28%；九等地在山地坡下分布面积为1.66khm²，占九等地总面积的10.13%。

表4-80　九等地的地形部位面积与比例

地形部位	面积（khm²）	比例（%）	占相同地形部位的比例（%）
平原低阶	1.87	11.39	1.28
平原高阶	5.23	31.90	9.11
平原中阶	5.11	31.18	3.47
沙漠边缘	2.53	15.40	12.56
山地坡下	1.66	10.13	19.74

（二）灌溉能力

九等地中，灌溉能力为不满足的耕地面积为3.50khm²，占九等地面积的21.34%，占巴州相同灌溉能力耕地总面积的12.65%；灌溉能力为基本满足的耕地面积为12.31khm²，占九等地面积的75.08%，占巴州相同灌溉能力耕地总面积的10.70%；灌溉能力为满足的耕地面积为0.59khm²，占九等地面积的3.58%，占巴州相同灌溉能力耕地总面积的0.37%。无灌溉能力为充分满足的耕地面积分布。详见表4-81。

表4-81　不同灌溉能力下九等地的面积与比例

灌溉能力	面积（khm²）	比例（%）	占相同灌溉能力的比例（%）
充分满足	—	—	—
满足	0.59	3.58	0.37
基本满足	12.31	75.08	10.70
不满足	3.50	21.34	12.65

（三）质地

耕层质地在巴州九等地中的面积及占比如表4-82所示。九等地中，耕层质地以砂壤为主，面积达7.35khm²，占比为44.82%，占巴州相同质地耕地总面积的4.55%；其次是砂土和中壤，面积为4.75khm²和3.80khm²，占比为28.97%和23.15%，占巴州相同质地耕地总面积的11.82%和2.49%；另外黏土和重壤所占比例较低，占九等地总面积的1.75%和1.31%。

表4-82　九等地与耕层质地

质地	面积（khm²）	比例（%）	占相同质地耕地面积（%）
黏土	0.29	1.75	8.83
砂壤	7.35	44.82	4.55
砂土	4.75	28.97	11.82
中壤	3.80	23.15	2.49
重壤	0.22	1.31	1.01
总计	16.40	100	4.33

（四）盐渍化程度

九等地的盐渍化程度见表4-83。无盐渍化的耕地面积为3.03khm²，占九等地总面积的18.47%，占相同盐渍化程度耕地面积的2.90%；轻度盐渍化的耕地面积为10.11khm²，占九等地总面积的61.95%，占相同盐渍化程度耕地面积的5.12%；中度盐渍化的耕地面积为3.04khm²，占九等地总面积的18.54%，占相同盐渍化程度耕地面积的4.63%；重度盐渍化的耕地面积为0.21khm²，占九等地总面积的1.28%，占相同盐渍化程度耕地面积的2.27%；盐土耕地面积为0.01khm²，占九等地总面积的0.06%，占相同盐渍化程度耕地面积的0.39%。

表4-83　九等地的盐渍化程度

盐渍化程度	面积（khm²）	比例（%）	占相同盐渍化程度耕地面积（%）
无	3.03	18.47	2.90

（续表）

盐渍化程度	面积（khm²）	比例（%）	占相同盐渍化程度耕地面积（%）
轻度	10.11	61.65	5.12
中度	3.04	18.54	4.63
重度	0.21	1.28	2.27
盐土	0.01	0.06	0.39
总计	16.40	100	4.33

（五）养分状况

对巴州九等地耕层养分进行统计如表 4-84 所示。九等地的养分含量平均值分别为：有机质 12.02g/kg、全氮 0.64g/kg、有效磷 17.57mg/kg、速效钾 194.28mg/kg、缓效钾 1 093.71mg/kg、有效硼 7.76mg/kg、有效钼 0.11mg/kg、有效铜 2.05mg/kg、有效铁 9.97mg/kg、有效锰 3.13mg/kg、有效锌 1.32mg/kg、有效硅 167.12mg/kg、有效硫 220.10mg/kg、碱解氮 52.16mg/kg、盐分 6.22g/kg。

表 4-84　九等地耕地土壤养分含量

项目	平均值	标准差
有机质（g/kg）	12.02	4.09
全氮（g/kg）	0.64	0.20
碱解氮（mg/kg）	52.16	14.19
有效磷（mg/kg）	17.57	6.54
速效钾（mg/kg）	194.28	83.13
缓效钾（mg/kg）	1 093.71	276.01
有效铜（mg/kg）	2.05	0.87
有效铁（mg/kg）	9.97	5.23
有效锌（mg/kg）	1.32	0.65
有效硼（mg/kg）	7.76	5.08
有效锰（mg/kg）	3.13	3.42
有效硫（mg/kg）	220.10	263.96
有效钼（mg/kg）	0.11	0.13
有效硅（mg/kg）	167.12	99.45
pH 值	8.00	0.16
盐分（g/kg）	6.22	5.00

对巴州九等地中各县市的土壤养分含量平均值比较见表 4-85，可以发现有机质含量

尉犁县最高，为 14.63g/kg，库尔勒市最低，为 11.05g/kg；全氮含量博湖县最高，为 0.77g/kg，尉犁县最低，为 0.45g/kg；有效磷含量博湖县最高，为 21.81mg/kg，和硕县最低，为 13.92mg/kg；速效钾含量轮台县最高，为 240.99mg/kg，且末县最低，为 118.31mg/kg；缓效钾含量且末县最高，为 1 150.59 mg/kg，博湖县最低，为 1 001.88mg/kg；碱解氮含量和硕县最高，为 69.33mg/kg，且末县最低，为 35.60mg/kg；盐分含量尉犁县最高，为 7.78g/kg，且末县最低，为 1.45g/kg。微量元素硼、钼、铜、铁、锰、锌的有效含量各有高低，差异不明显。

表 4-85　九等地中各县市土壤养分含量平均值比较

养分项目	博湖县	和硕县	库尔勒市	轮台县	且末县	尉犁县
有机质（g/kg）	11.63	12.59	11.05	12.10	12.16	14.63
全氮（g/kg）	0.77	0.64	0.61	0.75	0.51	0.45
碱解氮（mg/kg）	69.08	69.33	47.71	48.82	35.60	43.17
有效磷（mg/kg）	21.81	13.92	16.80	16.21	18.63	19.93
速效钾（mg/kg）	177.46	175.58	176.45	240.99	118.31	222.26
缓效钾（mg/kg）	1 001.88	1 095.27	1 109.55	1 145.40	1 150.59	1 058.84
有效铜（mg/kg）	1.95	2.11	2.06	2.09	2.18	2.04
有效铁（mg/kg）	10.60	10.41	9.39	10.67	11.29	9.61
有效锌（mg/kg）	1.17	1.35	1.34	1.37	1.38	1.28
有效硼（mg/kg）	5.89	6.60	8.30	8.38	8.52	7.92
有效锰（mg/kg）	3.07	1.68	2.89	4.19	3.77	3.43
有效硫（mg/kg）	116.35	122.46	196.39	417.87	462.57	158.68
有效钼（mg/kg）	0.11	0.14	0.11	0.12	0.20	0.10
有效硅（mg/kg）	138.54	180.85	163.40	183.71	170.93	172.98
pH 值	8.14	7.92	8.01	7.89	8.54	7.98
盐分（g/kg）	4.51	4.68	6.73	6.48	1.45	7.78

九等地有机质含量为一级（>25.0g/kg）的面积为 0.34khm²，占比 2.05%；有机质含量为二级（20.0~25.0g/kg）的面积为 0.50khm²，占比 3.06%；有机质含量为三级（15.0~20.0g/kg）的面积为 2.71khm²，占比 16.52%；有机质含量为四级（10.0~15.0g/kg）的面积为 7.98khm²，占比 48.64%；有机质含量为五级（≤10.0g/kg）的面积为 4.88khm²，占比 29.74%。表明巴州九等地有机质含量以偏低为主，中等偏上的面积和比例较少。

九等地全氮含量为一级（>1.50g/kg）的面积为 0.01khm²，占比 0.08%；全氮含量为二级（1.00~1.50g/kg）的面积为 0.20khm²，占比 1.23%；全氮含量为三级（0.75~1.00g/kg）的面积为 3.93khm²，占比 23.99%；全氮含量为四级（0.50~0.75g/kg）的面积为 5.77khm²，占比 35.18%；全氮含量为五级（≤0.50g/kg）的面积为 6.48khm²，占

比 39.52%。表明巴州九等地全氮含量以中等偏下为主，偏上的面积和比例较少。

九等地碱解氮含量为三级（90～120mg/kg）的面积为 0.20khm²，占比 1.24%；碱解氮含量为四级（60～90mg/kg）的面积为 14.64khm²，占比 13.80%；碱解氮含量为五级（≤60mg/kg）的面积为 13.80khm²，占比 84.12%。表明巴州九等地碱解氮含量以偏下为主，中等偏上的面积和比例较少。

九等地有效磷含量为一级（＞30.0mg/kg）的面积为 0.54khm²，占比 3.28%；有效磷含量为二级（20.0～30.0mg/kg）的面积为 5.64khm²，占比 34.42%；有效磷含量为三级（15.0～20.0mg/kg）的面积为 4.90khm²，占比 29.88%；有效磷含量为四级（8.0～15.0mg/kg）的面积为 4.52khm²，占比 27.59%；有效磷含量为五级（≤8.0mg/kg）的面积为 0.79khm²，占比 4.83%。表明巴州九等地有效磷含量以中等偏上为主，偏低面积分布较少。

九等地速效钾含量为一级（＞250mg/kg）的面积为 3.09khm²，占比 18.84%；速效钾含量为二级（200～250mg/kg）的面积为 3.81khm²，占比 23.25%；速效钾含量为三级（150～200mg/kg）的面积为 5.23khm²，占比 31.90%；速效钾含量为四级（100～150mg/kg）的面积为 4.17khm²，占比 25.41%；速效钾含量为五级（≤100mg/kg）的面积为 0.10khm²，占比 0.60%。表明巴州九等地速效钾含量以中等偏上为主，低等的面积和比例较少。详见表 4-86。

表 4-86　九等地土壤养分各级别面积与比例　　　　　　　　　（khm²）

养分等级	一级		二级		三级		四级		五级	
	面积	占比（%）	面积	占比（%）	面积	占比（%）	面积	占比（%）	面积	占比（%）
有机质	0.34	2.05	0.50	3.06	2.71	16.52	7.98	48.64	4.88	29.74
全氮	0.01	0.08	0.20	1.23	3.93	23.99	5.77	35.18	6.48	39.52
碱解氮	—	—	—	—	0.204	1.24	2.40	14.64	13.80	84.12
有效磷	0.54	3.28	5.64	34.42	4.90	29.88	4.52	27.59	0.79	4.83
速效钾	3.09	18.84	3.81	23.25	5.23	31.90	4.17	25.41	0.10	0.60

第十一节　十等地耕地质量等级特征

一、十等地分布特征

（一）区域分布

巴州十等地耕地面积 36.10khm²，占巴州耕地面积的 9.52%。其中，博湖县 2.49khm²，占博湖县耕地的 11.85%；和硕县 0.28khm²，占和硕县耕地的 0.72%；库尔勒市 8.68khm²，占库尔勒市耕地的 10.77%；轮台县 6.48khm²，占轮台县耕地的 17.18%；

且末县 1.37khm², 占且末县耕地的 7.67%; 尉犁县 16.81khm², 占尉犁县耕地的 20.26%（表 4-87）。

表 4-87 十等地面积及占辖区耕地面积的比例

县市	面积（khm²）	比例（%）
博湖县	2.49	11.85
和静县	—	—
和硕县	0.28	0.72
库尔勒市	8.68	10.77
轮台县	6.48	17.18
且末县	1.37	7.67
若羌县	—	—
尉犁县	16.81	20.26
焉耆回族自治县	—	—

十等地在县域分布上的差异较大，十等地面积占全县耕地面积的比例大于 20% 的有 1 个为尉犁县；十等地面积占全县耕地面积的比例在 10%~20% 的仅有 3 个，分别为博湖县、库尔勒市、轮台县；十等地面积占全县耕地面积的比例在 10% 以下的有 2 个，分别是和硕县、且末县。和静县、若羌县和焉耆回族自治县无十等地。

（二）土壤类型

从土壤类型来看，巴州十等地分布面积和比例最大的土壤类型分别是草甸土和盐土，分别占十等地总面积的 48.82% 和 20.91%，其次是潮土、沼泽土、林灌草甸土、灌淤土、棕漠土和风沙土，其他土类分布面积较少。详见表 4-88。

表 4-88 十等地耕地主要土壤类型面积与比例

土壤类型	面积（khm²）	比例（%）
草甸土	17.63	48.82
潮土	3.25	9.01
风沙土	0.77	2.14
灌漠土	0.13	0.35
灌淤土	1.48	4.11
冷钙土	—	—
栗钙土	—	—
林灌草甸土	1.55	4.30
漠境盐土	—	—
石质土	—	—
盐土	7.55	20.91

（续表）

土壤类型	面积（khm²）	比例（%）
沼泽土	2.49	6.89
棕钙土	—	—
棕漠土	1.25	3.47
总计	36.10	100

二、十等地属性特征

（一）地形部位

十等地的地形部位面积与比例如表4-89所示。十等地在沙漠边缘分布最多，面积为17.30khm²，占十等地总面积的47.92%，占巴州耕地沙漠边缘总面积的86.06%；十等地在平原高阶分布面积为11.13khm²，占十等地总面积的30.82%，占巴州平原高阶总面积的19.38%；十等地在平原中阶分布面积为5.66khm²，占十等地总面积的15.69%，占巴州耕地平原中阶总面积的3.85%；平原低阶和山地坡下十等地分布面积为2.01khm²，占十等地总面积的5.57%。

表4-89 十等地的地形部位面积与比例

地形部位	面积（khm²）	比例（%）	占相同地形部位的比例（%）
平原低阶	1.34	3.71	0.92
平原高阶	11.13	30.82	19.38
平原中阶	5.66	15.69	3.85
沙漠边缘	17.30	47.92	86.06
山地坡下	0.67	1.86	7.97

（二）灌溉能力

十等地中，灌溉能力为不满足的耕地面积为21.27khm²，占十等地面积的58.92%，占巴州相同灌溉能力耕地总面积的76.88%；灌溉能力为基本满足的耕地面积为14.68khm²，占十等地面积的40.67%，占巴州相同灌溉能力耕地总面积的12.77%；灌溉能力为满足的耕地面积为0.15khm²，占十等地面积的0.41%，占巴州相同灌溉能力耕地总面积的0.09%（表4-90）。

表4-90 不同灌溉能力下十等地的面积与比例

灌溉能力	面积（khm²）	比例（%）	占相同灌溉能力的比例（%）
充分满足	—	—	—
满足	0.15	0.41	0.09

灌溉能力	面积（khm²）	比例（%）	占相同灌溉能力的比例（%）
基本满足	14.68	40.67	12.77
不满足	21.27	58.92	76.88

（三）质地

耕层质地在巴州十等地中的面积及占比如表4-91所示。十等地中，耕层质地以砂土为主，面积达14.93khm²，占比为41.36%，占巴州相同质地耕地总面积的37.14%；其次是中壤和砂壤，面积为10.99khm²和9.62khm²，占比为30.44%和26.55%，占巴州相同质地耕地总面积的7.19%和5.95%；另外重壤占十等地总面积的1.44%，黏土所占比例较低。

表4-91　十等地与耕层质地

质地	面积（khm²）	比例（%）	占相同质地耕地面积（%）
黏土	0.04	0.11	1.21
砂壤	9.62	26.65	5.95
砂土	14.93	41.36	37.14
中壤	10.99	30.44	7.19
重壤	0.52	1.44	2.45
总计	36.10	100	9.52

（四）盐渍化程度

十等地的盐渍化程度见表4-92。无盐渍化的耕地面积为3.44khm²，占十等地总面积的9.53%，占相同盐渍化程度耕地面积的3.30%；轻度盐渍化的耕地面积为23.07khm²，占十等地总面积的63.91%，占相同盐渍化程度耕地面积的11.67%；中度盐渍化的耕地面积为9.25khm²，占十等地总面积的25.62%，占相同盐渍化程度耕地面积的14.07%；重度盐渍化的耕地面积为0.34khm²，占十等地总面积的0.94%，占相同盐渍化程度耕地面积的3.81%。

表4-92　十等地的盐渍化程度

盐渍化程度	面积（khm²）	比例（%）	占相同盐渍化程度耕地面积（%）
无	3.44	9.53	3.30
轻度	23.07	63.91	11.67
中度	9.25	25.62	14.07

（续表）

盐渍化程度	面积（khm²）	比例（%）	占相同盐渍化程度 耕地面积（%）
重度	0.34	0.94	3.81
总计	36.10	100	32.85

（五）养分状况

对巴州十等地耕层养分进行统计如表 4-93 所示。十等地的养分含量平均值分别为：有机质 10.45g/kg、全氮 0.62g/kg、有效磷 17.78mg/kg、速效钾 185.26mg/kg、缓效钾 1 086.60mg/kg、有效硼 7.58mg/kg、有效钼 0.10mg/kg、有效铜 2.00mg/kg、有效铁 10.20mg/kg、有效锰 2.84mg/kg、有效锌 1.33mg/kg、有效硅 164.65mg/kg、有效硫 219.71mg/kg、碱解氮 48.85mg/kg、盐分 5.44g/kg。

表 4-93　十等地耕地土壤养分含量

项目	平均值	标准差
有机质（g/kg）	10.45	2.99
全氮（g/kg）	0.62	0.19
碱解氮（mg/kg）	48.85	12.02
有效磷（mg/kg）	17.78	7.90
速效钾（mg/kg）	185.26	61.86
缓效钾（mg/kg）	1 086.60	272.42
有效铜（mg/kg）	2.00	0.88
有效铁（mg/kg）	10.20	5.28
有效锌（mg/kg）	1.33	0.65
有效硼（mg/kg）	7.58	5.06
有效锰（mg/kg）	2.84	3.28
有效硫（mg/kg）	219.71	268.02
有效钼（mg/kg）	0.10	0.13
有效硅（mg/kg）	164.65	99.78
pH 值	8.04	0.23
盐分（g/kg）	5.44	3.90

对巴州十等地中各县市的土壤养分含量平均值比较见表 4-94，可以发现有机质含量尉犁县最高，为 11.33g/kg，且末县最低，为 7.33g/kg；全氮含量博湖县最高，为 0.72g/kg，尉犁县最低，为 0.46g/kg；有效磷含量且末县最高，为 31.50mg/kg，和硕县最低，为 13.57mg/kg；速效钾含量尉犁县最高，为 208.87mg/kg，且末县最低，为 117.18mg/kg；缓

效钾含量轮台县最高，为 1 134.77mg/kg，尉犁县最低，为 1 052.72mg/kg；碱解氮含量和硕县最高，为 65.96mg/kg，且末县最低，为 32.22mg/kg；盐分含量库尔勒市最高，为 7.34g/kg，且末县最低，为 1.44g/kg。微量元素硼、钼、铜、铁、锰、锌的有效含量各有高低，差异不明显。

表 4-94　十等地中土壤养分含量平均值比较

养分项目	博湖县	和静县	和硕县	库尔勒市	轮台县	且末县	若羌县	尉犁县	焉耆回族自治县
有机质（g/kg）	10.52	—	9.76	10.46	10.27	7.33	—	11.33	—
全氮（g/kg）	0.72	—	0.70	0.66	0.71	0.48	—	0.46	
碱解氮（mg/kg）	61.07	—	65.96	47.53	48.05	32.22	—	43.51	
有效磷（mg/kg）	18.24	—	13.57	16.83	15.84	31.50	—	16.73	
速效钾（mg/kg）	194.90	—	151.09	169.95	184.22	117.18	—	208.87	
缓效钾（mg/kg）	1 081.58	—	1 099.07	1 083.27	1 134.77	1 091.31	—	1 052.72	
有效铜（mg/kg）	1.97	—	2.17	1.96	2.04	2.05	—	1.98	
有效铁（mg/kg）	10.27	—	10.79	10.14	10.47	10.10	—	9.98	
有效锌（mg/kg）	1.30	—	1.43	1.33	1.41	1.40	—	1.28	
有效硼（mg/kg）	7.02	—	5.30	7.98	8.31	7.40	—	7.30	
有效锰（mg/kg）	2.42	—	0.83	3.42	2.37	4.24	—	2.88	
有效硫（mg/kg）	124.69	—	108.19	231.03	305.97	405.03	—	181.43	
有效钼（mg/kg）	0.11	—	0.07	0.12	0.04	0.17	—	0.09	
有效硅（mg/kg）	150.44	—	190.51	160.97	181.29	178.40	—	160.92	
pH 值	8.21	—	8.00	8.02	7.86	8.57	—	7.96	
盐分（g/kg）	4.27	—	5.69	7.34	5.92	1.44	—	5.41	

十等地有机质含量为一级（>25.0g/kg）的面积为 0.16khm²，占比 0.44%；有机质含量为二级（20.0~25.0g/kg）的面积为 0.08khm²，占比 0.23%；有机质含量为三级（15.0~20.0g/kg）的面积为 1.46khm²，占比 4.03%；有机质含量为四级（10.0~15.0g/kg）的面积为 17.62khm²，占比 48.81%；有机质含量为五级（≤10.0g/kg）的面积为 16.79khm²，占比 46.50%。表明巴州十等地有机质含量以偏低为主，中等偏上的面积和比例较少。

十等地全氮含量为二级（1.00~1.50g/kg）的面积为 0.86khm²，占比 2.38%；全氮含量为三级（0.75~1.00g/kg）的面积为 5.08khm²，占比 14.07%；全氮含量为四级（0.50~0.75g/kg）的面积为 11.74khm²，占比 32.52%；全氮含量为五级（≤0.50g/kg）的面积为 18.42khm²，占比 51.03%。表明巴州十等地全氮含量以偏下为主，中等偏高的面积和比例较少。

十等地碱解氮含量为三级（90~120mg/kg）的面积为 0.02khm²，占比 0.06%；碱解氮含量为四级（60~90mg/kg）的面积为 3.70khm²，占比 10.26%；碱解氮含量为五级（<60mg/kg）的面积为 32.38khm²，占比 89.69%。表明巴州十等地碱解氮含量以偏下为

主，中等偏上的面积和比例较少。

十等地有效磷含量为一级（>30.0mg/kg）的面积为 1.16khm²，占比 3.21%；有效磷含量为二级（20.0~30.0mg/kg）的面积为 6.63khm²，占比 18.37%；有效磷含量为三级（15.0~20.0mg/kg）的面积为 18.05khm²，占比 49.99%；有效磷含量为四级（8.0~15.0mg/kg）的面积为 8.89khm²，占比 24.63%；有效磷含量为五级（≤8.0mg/kg）的面积为 1.37khm²，占比 3.80%。表明巴州十等地有效磷含量以中等偏下为主。

十等地速效钾含量为一级（>250mg/kg）的面积为 4.84khm²，占比 13.40%；速效钾含量为二级（200~250mg/kg）的面积为 7.11khm²，占比 19.70%；速效钾含量为三级（150~200mg/kg）的面积为 14.50khm²，占比 40.15%；速效钾含量为四级（100~150mg/kg）的面积为 8.70khm²，占比 24.09%；速效钾含量为五级（≤100mg/kg）的面积为 0.96khm²，占比 2.65%。表明巴州十等地速效钾含量以中等为主，在各个等级较分散。详见表 4-95。

表 4-95　十等地土壤养分各级别面积与比例　　　　　　　　（khm²）

养分等级	一级		二级		三级		四级		五级	
	面积	占比（%）	面积	占比（%）	面积	占比（%）	面积	占比（%）	面积	占比（%）
有机质	0.16	0.44	0.08	0.23	1.46	4.03	17.62	48.81	16.79	46.50
全氮	—	—	0.86	2.38	5.08	14.07	11.74	32.52	18.42	51.03
碱解氮	—	—	—	—	0.02	0.06	3.70	10.26	32.38	89.69
有效磷	1.16	3.21	6.63	18.37	18.05	49.99	8.89	24.63	1.37	3.80
速效钾	4.84	13.40	7.11	19.70	14.50	40.15	8.70	24.09	0.96	2.65

第十二节　耕地质量提升与改良利用

耕地质量评价的目的是依据评价的结果对巴州的耕地质量进行提升，以逐步提高巴州农作物产量，改良中低产田。巴州气候条件差、地形地貌较为复杂，因此对于本次评价出的不同等级的耕地在耕地质量提升与改良措施上应分别对待，依据各等级及其主要障碍因素，分别采取不同的地力提升与改良措施。本次评价出的一至三等地限制因素相对较少，归为高等地；四至六等地限制因素中等，归为中等地；七至十级耕地肥力退化严重，具有较高的限制因素，因此归为低等地。针对巴州高、中、低不同质量等级的耕地，要因地制宜地确定改良利用方案，科学规划，合理配置，并制定相应的政策法规，以地力培肥、土壤改良、养分平衡、质量修复为主要出发点，做到因土用地，在保证耕地质量不下降的基础上，实现经济、社会、生态环境的同步发展，着力提升耕地内在质量，为农业生产夯实长远基础。

一、高等地的地力保持途径

巴州高等地主要分布在具有灌溉条件的平原上，质地壤土，障碍因素较少，熟化程度高，有机质及养分含量高，机械化耕作与收割方便，适种范围广，是巴州重要的农作物产地。但由于巴州地力基础较低，因此地力保持途径关键在于以下几点。

一是增施有机肥，以不断培肥地力。通过政府引导、部门示范等途径，逐渐改变农户重化学肥料轻有机肥料的习惯，提高农户秸秆还田和农家肥的施用量，以保持和提高地力。

二是完善灌溉配套设施。充分利用巴州现有的河流、水库等水利条件，改造陈旧灌溉沟渠，推进高效、节水灌溉方式的推广。

三是用地养地相结合。尽管巴州的高等地目前而言具有一定程度的优势，但毕竟大部分处于干旱、半干旱地区，易受到多重因素的威胁，因此在利用上除尽可能让高等地发挥作用之外，还应注重耕地的养护。可采取轮作、套种、复种绿肥等形式，以达到培肥地力、维持土壤养分平衡的目的。

二、中等地的地力提升措施

巴州中等地主要分布在具有一定灌溉条件的平原，这些耕地分布范围广、面积较大，质地中等，土壤质量差别较大，有机质及养分含量中等，灌溉能力多在满足或基本满足，生产潜力巨大。应从以下4个方面提升地力。

第一，大力促进秸秆还田及有机肥的施用，以培肥地力。土壤有机质和养分含量较低是巴州中等地质量低下的重要原因之一，一方面可以通过发展巴州具有优势的畜牧业，多积农家肥，另一方面农将作物秸秆制肥施入农地，同时也要保证化学肥料的合理投入。

第二，加大农、林、路、渠的配套建设。巴州中等地所处区域一般较为干旱，生态环境脆弱，易受干旱、大风等危害影响，因此需要尽快建立健全农、林、路、渠相配套的农田防护林体系，同时充分利用现有的河流、水库等水资源，提高中等地的灌溉水平和能力，努力改善农田环境，增强农业抵抗和防御自然灾害的能力。

第三，可以实行耕地休耕制度。巴州中等地尽管具有较高的潜力，但也不能过度地利用，可以在一些地方试点耕地轮休制度，通过深翻之后让耕地休息 1~2 年后，实现用地养地相结合，保护和提升地力，增强农业发展后劲。

第四，积极推广应用农业新技术，大力推广测土配方施肥技术，在增施农肥的基础上，精细整地，隔年轮翻加深耕等活化土壤。

三、低等地的培肥改良途径

巴州低等地部分是由于养分贫瘠造成的，其他因素，如盐渍化、荒漠化、水资源短缺等均可能是限制耕地质量的因素，因此可以将巴州低等地按照限制因素的不同划分成不同的类型，并针对不同的类型提出相应的改良措施。

（一）肥力贫瘠型

此类耕地主要分布在土壤发育微弱，植被覆盖度较低，养分积累困难，有机质及养分含量低地带，因此在改良上应以增施有机肥和补充农作物所需氮磷钾肥为主，同时注重秸秆还田，使地力逐渐提高。

（二）水、热限制型

此类耕地主要指由于耕地所处海拔较高，水热成为农作物生长的限制因素，从土壤本身的肥力来看，其有机质及各种养分含量并不算低，但由于全年仅有夏季才会有较高的热量，受到积温的限制，不利于农作物的生长。对于此类耕地，应通过抢抓农时，充分利用热量最为丰富的夏季，合理规划农作物种植时间，其次也可以通过引进适宜于热量限制区域的农作物品种进行种植。

（三）盐碱障碍型

此类耕地在巴州分布面积较广，除部分由于土壤本身盐碱含量较高引起的，还有一部分是由于不合理的灌溉引起的次生盐渍化。对于此类耕地的改良，首先可以通过建立完善的排灌系统，做到灌、排分开，加强用水管理，严格控制地下水水位，通过灌水冲洗、引洪放淤等，不断淋洗和排出土壤中的盐分。其次通过深耕、平整土地、加填客土、盖草、翻淤、盖沙、增施有机肥等改善土壤成分和结构，增强土壤渗透性能，加速盐分淋洗。最后可以种植和翻压绿肥牧草、秸秆还田、施用菌肥、种植耐盐植物、植树造林等，提高土壤肥力，改良土壤结构，并改善农田小气候，减少地表水分蒸发，抑制返盐。

（四）沙化威胁型

此类耕地主要分布在距离沙漠较近的绿洲、农牧交错区域，由于人为过度放牧或翻耕，因此受到沙化威胁，土壤表现出过分疏松，漏水漏肥，有机质缺乏，蒸发量大，保温性能低，肥劲短，后期易脱肥等特点。对于这类耕地，一是大量施用有机肥料。这是改良砂质土壤的最有效方法，即把各种厩肥、堆肥在春耕或秋耕时翻入土中，由于有机质的缓冲作用，可以适当多施可溶性化学肥料，尤其是铵态氮肥和磷肥能够保存在缝中不至流失。二是施用河泥、塘泥。施用河泥不但可以增加土壤养分的补给，亦可以使过度疏松、漏水、漏肥的现象大有改善。三是在两季作物间隔的空余季节，种植豆科蔬菜间作、轮作，以增加土壤中的腐殖质和氮素肥料。同时为了阻止土壤的进一步沙化，在受到沙化威胁的耕地周围建立必要的防护林体系。

（五）水源短缺型

此类耕地主要是由于距离水源地较远，常年缺水，作物收成很低。对于这类耕地，短期内改变灌溉短缺状况也不现实，主要通过改变耕作方式，加强田间水肥管理，通过覆盖地膜等提高水分利用效率，并通过秸秆覆盖减少地面蒸发，这些途径在一定程度上可以提高农作物产量。

第五章　耕地土壤有机质及主要营养元素

　　土壤有机质及主要营养元素是作物生长发育所必需的物质基础，其含量的高低直接影响作物的生长发育及产量与品质。土壤有机质及主要营养元素状况是土壤肥力的核心内容，是土壤生产力的物质基础，农业生产上通常以土壤耕层养分含量作为衡量土壤肥力高低的主要依据。通过对巴州耕地土壤有机质及主要营养元素状况的测定评价，以期为该区域作物科学施肥制度的建立、高产高效及环境安全的可持续发展提供理论依据与技术支撑。

　　根据巴州土壤有机质及养分含量状况，将土壤有机质、全氮、碱解氮、有效磷、速效钾、缓效钾、有效铁、有效锰、有效铜、有效锌、有效硫、有效硅、有效钼、有效硼等土壤主要营养元素指标分为 5 个级别，见表 5-1。

表 5-1　巴州土壤有机质及主要营养元素分级标准

项目	单位	分级标准				
		一级（高）	二级（较高）	三级（中）	四级（较低）	五级（低）
有机质	g/kg	>25.0	20.0~25.0	15.0~20.0	10.0~15.0	≤10.0
全氮	g/kg	>1.50	1.00~1.50	0.75~1.00	0.50~0.75	≤0.50
碱解氮	mg/kg	>150	120~150	90~120	60~90	≤60
有效磷	mg/kg	>30.0	20.0~30.0	15.0~20.0	8.0~15.0	≤8.0
速效钾	mg/kg	>250	200~250	150~200	100~150	≤100
缓效钾	mg/kg	>1 200	1 000~1 200	800~1 000	600~800	≤600
有效硼	mg/kg	>2.00	1.50~2.00	1.00~1.50	0.50~1.00	≤0.50
有效钼	mg/kg	>0.20	0.15~0.20	0.10~0.15	0.05~0.10	≤0.05
有效铜	mg/kg	>2.00	1.50~2.00	1.00~1.50	0.50~1.00	≤0.50
有效铁	mg/kg	>20.0	15.0~20.0	10.0~15.0	5.0~10.0	≤5.0
有效锰	mg/kg	>15.0	10.0~15.0	5.0~10.0	3.0~5.0	≤3.0
有效锌	mg/kg	>2.00	1.50~2.00	1.00~1.50	0.50~1.00	≤0.50
有效硅	mg/kg	>250	150~250	100~150	50~100	≤50
有效硫	mg/kg	>50.0	30.0~50.0	15.0~30.0	10.0~15.0	≤10.0

第一节　土壤有机质

土壤有机质是指存在于土壤中的所有含碳的有机化合物，它主要包括土壤中各种动物、植物残体，微生物体及其分解和合成的各种有机化合物，其中经过微生物作用形成的腐殖质，主要为腐殖酸及其盐类物质，是土壤有机质的主体。土壤有机质基本成分是纤维素、木质素、淀粉、糖类、油脂、蛋白质等，土壤有机质的主要元素组成是碳、氧、氢、氮，分别占52%~58%、9%~34%、3.3%~4.8%和3.7%~4.1%，其次还有硫、磷、铁、镁等。

土壤有机质是衡量土壤肥力的重要指标之一，它是土壤的重要组成部分，它不仅是植物营养的重要来源，也是微生物生活和活动的能源。土壤有机质与土壤的发生演变、肥力水平和诸多属性密切相关，而且对于土壤结构的形成、熟化，改善土壤物理性质，调节水肥气热状况也起着重要作用。土壤有机质不仅含有作物生长所需的各种养分，可以直接或间接地为作物生长提供氮、磷、钾、钙、镁、硫和各种微量元素；还影响和制约土壤结构的形成及通气性、渗透性、缓冲性、交换性能和保水保肥性能，是评价耕地质量的重要指标。

一、土壤有机质含量及其空间差异

通过对巴州535个耕层土壤样品有机质含量测定结果分析，巴州耕层土壤有机质平均值为13.77g/kg，平均含量以和静县含量最高，为18.47g/kg，其次分别为焉耆回族自治县18.18g/kg、轮台县17.61g/kg、博湖县15.99g/kg、和硕县14.18g/kg、库尔勒市12.74g/kg、尉犁县9.31g/kg、若羌县8.92g/kg，且末县含量最低，为8.09g/kg。

巴州土壤有机质平均变异系数为51.63%，最大值出现在库尔勒市，为58.54%；最小值出现在若羌县，为23.89%。详见表5-2。

表5-2　巴州土壤有机质含量及其空间差异

名称	点位数（个）	平均值（g/kg）	标准差（g/kg）	变异系数（%）
博湖县	35	15.99	6.52	40.74
和静县	66	18.47	7.53	40.80
和硕县	54	14.18	6.24	43.97
库尔勒市	106	12.74	7.46	58.54
轮台县	52	17.61	7.21	40.91
且末县	25	8.09	2.13	26.27
若羌县	13	8.92	2.13	23.89
尉犁县	125	9.31	3.95	42.47
焉耆回族自治县	59	18.18	5.77	31.72
巴州	535	13.77	7.11	51.63

二、不同土壤类型土壤有机质含量差异

通过对巴州主要土类土壤有机质测定值平均分析，耕层土壤有机质含量平均最高值出现在棕钙土，为20.43g/kg，最低值出现在林灌草甸土，为8.90g/kg。

不同土类土壤有机质变异系数以沼泽土和石质土较高，分别为61.70%和53.71%，以灌漠土和棕钙土变异系数较低，分别为26.57%和29.76%，详见表5-3。

表5-3 巴州主要土类土壤有机质含量差异

序号	土类	点位数（个）	平均值（g/kg）	标准差（g/kg）	变异系数（%）
1	草甸土	192	13.76	6.93	50.37
2	潮土	101	14.56	6.99	47.98
3	风沙土	6	12.86	4.01	31.16
4	灌漠土	8	19.76	5.25	26.57
5	灌淤土	23	17.25	7.37	42.74
6	林灌草甸土	51	8.90	4.28	48.08
7	漠境盐土	1	2.26	—	—
8	石质土	2	10.29	5.53	53.71
9	盐土	48	12.00	5.97	49.76
10	沼泽土	20	12.79	7.89	61.70
11	棕钙土	5	20.43	6.08	29.76
12	棕漠土	78	15.52	7.96	51.28

三、不同地形、地貌类型土壤有机质含量差异

巴州不同地形、地貌类型土壤有机质含量平均值由高到低顺序为：沙漠边缘>山前平原低阶>平原高阶>山地坡下>平原中阶>平原低阶。沙漠边缘和平原低阶有机质含量较高，分别为21.07g/kg和17.42g/kg，平原中阶和平原低阶有机质含量较低，分别为15.19g/kg和11.66g/kg。

不同地形、地貌类型土壤有机质变异系数平均值为43.74%，最大值出现在平原低阶，为56.83%，最小值出现在沙漠边缘，为28.67%。详见表5-4。

表5-4 巴州不同地形、地貌类型土壤有机质含量差异

地貌/平均	地形	点位数（个）	平均值（g/kg）	标准差（g/kg）	变异系数（%）
山地	坡下	35	15.99	6.52	40.74
	低阶	256	11.66	6.62	56.83
平原	高阶	29	17.38	6.70	38.53
	中阶	199	15.19	6.97	45.86

（续表）

地貌/平均	地形	点位数（个）	平均值（g/kg）	标准差（g/kg）	变异系数（%）
沙漠	边缘	4	21.07	6.04	28.67
山前平原	低阶	12	17.42	9.03	51.82

四、不同土壤质地土壤有机质含量差异

通过对巴州不同质地样品土壤有机质含量测试结果分析，土壤有机质平均含量从高到低的顺序，表现为重壤>黏土>中壤>砂土>轻壤>砂壤，其中重壤土较高，为16.10g/kg，砂壤土较低，为11.31g/kg。

不同质地土壤有机质含量的变异系数平均为50.17%，最高值为黏土55.95%，最低值为重壤40.30%，详见表5-5。

表5-5　巴州不同质地土壤有机质含量差异

质地	点位数（个）	平均值（g/kg）	标准差（g/kg）	变异系数（%）
黏土	21	13.59	7.60	55.95
轻壤	53	11.38	5.81	51.06
砂壤	140	11.31	5.46	48.25
砂土	47	14.78	7.44	50.32
中壤	163	14.79	8.16	55.14
重壤	111	16.10	6.49	40.30
总计	535	13.66	6.83	51.63

五、土壤有机质的分级与分布

从巴州耕层土壤有机质分级面积统计数据看，巴州耕地土壤有机质多数在三级、四级、五级之间，一级、二级占比为10.32%。按等级分，三级占39.41%，四级占27.05%，五级占23.22%。提升空间较大。详见表5-6，图5-1。

表5-6　土壤有机质不同等级在巴州的分布

等级/含量	一级（高）		二级（较高）		三级（中）		四级（较低）		五级（低）		合计	
	>25.0g/kg		20.0~25.0g/kg		15.0~20.0g/kg		10.0~15.0g/kg		≤10.0g/kg			
县市	面积(khm²)	占比(%)	面积(khm²)	占比(%)	面积(khm²)	占比(%)	面积(khm²)	占比(%)	面积(khm²)	占比(%)	面积(khm²)	占比(%)
博湖县	0.27	2.98	0.91	3.05	8.39	5.62	5.07	4.94	6.39	7.26	21.03	5.55
和静县	1.35	14.62	2.45	8.20	40.85	27.34	6.77	6.60	0.41	0.47	51.83	13.67
和硕县	0.25	2.73	1.42	4.75	11.43	7.65	17.53	17.09	8.21	9.33	38.84	10.25

（续表）

等级/含量	一级（高）>25.0g/kg		二级（较高）20.0~25.0g/kg		三级（中）15.0~20.0g/kg		四级（较低）10.0~15.0g/kg		五级（低）≤10.0g/kg		合计	
县市	面积（khm²）	占比（%）	面积（khm²）	占比（%）	面积（khm²）	占比（%）	面积（khm²）	占比（%）	面积（khm²）	占比（%）	面积（khm²）	占比（%）
库尔勒市	1.86	20.12	11.25	37.63	24.11	16.14	22.52	21.96	20.81	23.64	80.55	21.25
轮台县	0.52	5.68	2.07	6.94	9.72	6.50	12.98	12.65	12.43	14.13	37.72	9.95
且末县	1.12	12.15	1.74	5.83	5.91	3.95	4.52	4.41	4.57	5.20	17.87	4.71
若羌县	0.11	1.15	0.92	3.09	2.48	1.66	3.50	3.41	0.43	0.49	7.44	1.96
尉犁县	0.74	7.96	3.32	11.11	35.62	23.84	20.02	19.52	23.32	26.49	83.01	21.90
焉耆回族自治县	3.01	32.61	5.80	19.42	10.90	7.30	9.66	9.42	11.45	13.00	40.82	10.77
总计	9.24	2.44	29.89	7.89	149.40	39.41	102.56	27.05	88.02	23.22	379.12	100.00

图5-1　耕层有机质含量在各县市的分布

（一）一级

巴州有机质一级地面积9.24khm²，占巴州总耕地面积的2.44%。焉耆回族自治县一级地面积最大，为3.01khm²，占一级地面积的32.61%；其次为库尔勒市和和静县，分别占一级地面积20.12%和14.62%；若羌县和和硕县较低，分别占一级地面积的1.15%和2.73%。

（二）二级

巴州有机质二级地面积 29.89khm²，占巴州总耕地面积的 7.89%。库尔勒市二级地面积最大，为 11.25khm²，占二级地面积的 37.63%；其次为焉耆回族自治县和尉犁县，分别占二级地面积的 19.42% 和 11.11%；若羌县和博湖县较低，分别占二级地面积的 3.09% 和 3.05%。

（三）三级

巴州有机质三级地面积 149.40khm²，占巴州总耕地面积的 39.41%。和静县三级地面积最大，为 40.85khm²，占三级地面积的 27.34%；其次为尉犁县和库尔勒市，分别占三级地面积的 23.84% 和 16.14%；若羌县和且末县面积较小，分别占三级地面积的 1.66% 和 3.95%。

（四）四级

巴州有机质四级地面积 102.56khm²，占巴州总耕地面积的 27.05%。库尔勒市四级地面积最大，为 22.52khm²，占巴州四级地面积的 21.96%；其次为尉犁县和和硕县，分别占四级地面积的 19.52% 和 17.09%；若羌县和且末县面积较小，分别占四级地面积的 3.41% 和 4.41%。

（五）五级

巴州有机质五级地面积 88.02khm²，占巴州总耕地面积的 23.22%。尉犁县五级地面积最大，为 23.32khm²，占巴州五级地面积的 26.49%；其次为库尔勒市和轮台县，分别占五级地面积的 23.64% 和 14.13%；若羌县和和静县面积较小，分别占五级地面积的 0.49% 和 0.47%。

六、土壤有机质调控

土壤有机质在微生物的作用下，不断进行着矿质化过程和腐殖化过程，在增加有机质的前提下，使土壤的腐殖化过程大于矿化过程，土壤有机质含量出现增长，满足作物在连续生产中对土壤肥力的要求，实现了农业可持续发展。秸秆还田、种植绿肥、增施有机肥与合理的养分配比是巴州土壤有机质提升的有效途径。

（一）大力推广秸秆直接还田

秸秆中含有大量的有机质、氮磷钾和微量元素，将其归还于土壤中，不但可以提高土壤有机质，还可改善土壤的孔隙度和团聚体含量，改善土壤物理性质，达到蓄水保墒、培肥地力、改善农业生态环境、提高农业综合生产能力的目的。由于秸秆的 C/N 较大 [多在（60~100）:1]，碳多氮少，因此在实施秸秆还田时，应配施适量的氮、磷肥料。还田量一般 200~400kg/亩为宜。还田时配合施用秸秆腐熟剂，使秸秆快速腐熟分解，不仅可以增加土壤有机质和养分，还可改善土壤结构，使孔隙度增加，土壤疏松，容重减轻，提高微生物活力和促进作物根系的发育。提倡机械化粉碎深翻秸秆还田，玉米每亩地秸秆还田量控制在 600kg 以内，同时配合施用秸秆腐熟剂 3~5kg+尿素 5~10kg，改善土壤结构，抑制土壤盐碱化。

（二）种植绿肥

绿肥含有丰富的有机质及氮素，种植绿肥可显著改善土壤理化性状。特别是豆科绿肥（如草木樨、苜蓿等）可以固定空气中的氮素，增加土壤氮素的有效供给。非豆科绿肥（如玉米、油菜等）由于生物产量高，柔嫩多汁，翻压到土壤中，能快速腐解，也能快速增加土壤有机质含量。目前绿肥的种植模式主要有果园套种绿肥、复播绿肥等形式。

（三）增施农家肥及商品有机肥

农家肥与商品有机肥有机质含量高，制造原理基本相同，只不过商品有机肥是在工厂发酵，条件可控，发酵彻底。要充分利用各种废弃物制造有机肥料，提升土壤有机质含量，促进农业资源的循环利用。结合饲养业和沼气业的发展，拓宽有机肥来源。改进有机肥制造方法和技术，提高工效，减少损失，增进肥效。充分利用各种渣肥（糖渣、酒渣、菇渣、酱渣）、饼肥（棉饼、豆饼、麻饼）制造有机肥。使有机肥含量高浓度化，形状颗粒化。同时重视商品有机肥和无机复混肥的施用。让农民在施用有机肥时像施用化肥一样省工、省力，当年见效，以提高农民施用有机肥的积极性。

（四）开展测土配方施肥

化肥的大量投入增加了作物产量，但与此同时，大量的养分流失与蒸发，破坏了环境，特别是不合理的养分配比破坏了土壤肥力。测土配方施肥是一种科学施肥方法。它是在施用有机肥的基础上，通过土壤测试、植株营养诊断、田间试验提出合理的养分配比，满足作物均衡吸收各种养分，达到有机与无机养分平衡。有机、无机肥料相结合，一直是科学施肥所倡导的施肥原则，可以对种植的作物生长起到缓急相济、互补长短、缓解氮磷钾比例失调，提高肥料利用率，培肥地力。

第二节　土壤全氮

氮是作物生长发育所必需的营养元素之一，也是农业生产中影响作物产量最主要的养分限制因子。土壤中的全氮含量代表着土壤氮素的总贮量和供氮潜力。因此，土壤全氮是土壤肥力的主要指标之一。

土壤中的氮元素可分为有机氮和无机氮，两者之和称为全氮。土壤中的氮素绝大部分以有机态的氮存在，无机氮主要是铵态氮、硝态氮和亚硝态氮，它们容易被作物吸收利用。我国耕地土壤含量一般都在 0.2~2.0g/kg，高于 2.0g/kg 的很少，大部分低于 1.0g/kg。

耕作土壤氮素的来源主要为生物固氮、降水、灌水和地下水、施入土壤中的含氮肥料。全氮的含量与有机质含量呈正相关，是影响土壤有机质的因素，包括水热条件、土壤质地、微生物种类与数量等，都会对土壤氮素含量产生显著影响。另外，土壤中氮素的含量还受耕作、施肥、灌溉及利用方式的影响，变异性很大。

一、土壤全氮含量及其空间差异

通过对巴州 535 个耕层土壤样品全氮含量测定结果分析，巴州耕层土壤全氮平均值为

0.65g/kg。平均含量以焉耆回族自治县含量较高，为 0.88g/kg，其次分别为和静县
0.85g/kg、轮台县 0.77g/kg、博湖县 0.74g/kg、和硕县 0.64g/kg、库尔勒市 0.62g/kg、
且末县 0.46g/kg、尉犁县 0.45g/kg、若羌县含量较低，为 0.41g/kg。

巴州土壤全氮平均变异系数为 47.07%，最小值出现在若羌县，为 20.39%；最大值
出现在库尔勒市，为 52.02%。详见表 5-7。

表 5-7　巴州土壤全氮含量及其空间差异

名称	点位数	平均值（g/kg）	标准差（g/kg）	变异系数（%）
博湖县	35	0.74	0.26	34.87
和静县	66	0.85	0.35	41.13
和硕县	54	0.64	0.24	38.18
库尔勒市	106	0.62	0.32	52.02
轮台县	52	0.77	0.29	37.46
且末县	25	0.46	0.13	27.83
若羌县	13	0.41	0.08	20.39
尉犁县	125	0.45	0.18	39.02
焉耆回族自治县	59	0.88	0.25	28.17
巴州	535	0.65	0.31	47.07

二、不同土壤类型土壤全氮含量差异

通过对巴州主要土类土壤全氮测定值平均值分析，耕层土壤全氮含量平均最高值出现
在棕钙土，为 1.02g/kg，最低值出现在漠境盐土，为 0.11g/kg。

不同土类土壤全氮变异系数以石质土和沼泽土较高，分别为 65.30% 和 53.39%，以
棕钙土和灌漠土变异系数较低，分别为 14.32% 和 31.84%，详见表 5-8。

表 5-8　巴州主要土类土壤全氮含量差异

序号	土类	点位数（个）	平均值（g/kg）	标准差（g/kg）	变异系数（%）
1	草甸土	192	0.65	0.30	45.30
2	潮土	101	0.71	0.30	42.11
3	风沙土	6	0.58	0.19	32.70
4	灌漠土	8	0.84	0.27	31.84
5	灌淤土	23	0.77	0.36	46.09
6	林灌草甸土	51	0.43	0.18	42.55

（续表）

序号	土类	点位数（个）	平均值（g/kg）	标准差（g/kg）	变异系数（%）
7	漠境盐土	1	0.11	—	—
8	石质土	2	0.50	0.33	65.30
9	盐土	48	0.56	0.25	44.21
10	沼泽土	20	0.60	0.32	53.39
11	棕钙土	5	1.02	0.15	14.32
12	棕漠土	78	0.71	0.34	48.07

三、不同地形、地貌类型土壤全氮含量差异

巴州不同地形、地貌类型土壤全氮含量平均值由高到低顺序为：沙漠边缘>山前平原低阶>平原高阶>山地坡下>平原中阶>平原低阶。沙漠边缘和山前平原低阶全氮含量较高，分别为 0.92g/kg 和 0.79g/kg，平原低阶和平原中阶全氮含量较低，分别为 0.55g/kg 和 0.73g/kg。

不同地形、地貌类型土壤全氮变异系数最大值出现在山前平原低阶，为 56.31%，最小值出现在沙漠边缘，为 22.73%。详见表 5-9。

表 5-9　巴州不同地形、地貌类型土壤全氮含量差异

地貌	地形	点位数（个）	平均值（g/kg）	标准差（g/kg）	变异系数（%）
盆地	山地坡下	35	0.74	0.26	34.87
	低阶	256	0.55	0.29	52.14
平原	高阶	29	0.76	0.25	32.96
	中阶	199	0.73	0.30	40.98
沙漠	边缘	4	0.92	0.21	22.73
山前平原	低阶	12	0.79	0.44	56.31

四、不同土壤质地土壤全氮含量差异

通过对巴州不同质地样品土壤全氮含量测试结果分析，土壤全氮平均含量从高到低的顺序表现为，重壤>砂土>中壤>黏土>轻壤>砂壤，其中重壤土最高，为 0.738g/kg，砂壤土最低，为 0.534g/kg。

不同质地土壤全氮含量的变异系数最高值为中壤 51.59%，最低值为重壤 34.55%，详见表 5-10。

表 5-10　巴州不同质地土壤全氮含量差异

质地	点位数（个）	平均值（g/kg）	标准差（g/kg）	变异系数（%）
黏土	21	0.619	0.29	46.65
轻壤	53	0.544	0.23	42.64
砂壤	140	0.534	0.23	42.69
砂土	47	0.711	0.34	48.38
中壤	163	0.704	0.36	51.59
重壤	111	0.738	0.25	34.55
总计	535	0.642	0.28	44.42

五、土壤全氮的分级与分布

从巴州耕层土壤全氮分级面积统计数据看，巴州耕地土壤全氮多数在三级、四级、五级之间。按等级分，一级占 0.12%，二级占 6.23%，三级占 25.46%，四级占 28.58%，五级占 39.61%。提升空间较大。详见表 5-11，图 5-2。

表 5-11　土壤全氮不同等级在巴州的分布

含量	>1.50g/kg		1.00~1.50g/kg		0.75~1.00g/kg		0.50~0.75g/kg		≤0.50g/kg		合计	
县市	面积（khm²）	占比（%）	面积（khm²）	占比（%）	面积（khm²）	占比（%）	面积（khm²）	占比（%）	面积（khm²）	占比（%）	面积（khm²）	占比（%）
博湖县	—	—	—	—	8.24	8.54	10.93	10.09	1.86	1.24	21.03	5.55
和静县	0.25	53.60	11.11	47.03	22.26	23.07	15.77	14.56	2.43	1.62	51.83	13.67
和硕县	—	—	0.85	3.61	7.18	7.44	20.22	18.67	10.59	7.05	38.84	10.25
库尔勒市	0.003	0.72	5.52	23.38	9.67	10.02	32.38	29.89	32.97	21.95	80.55	21.25
轮台县	0.22	45.68	4.09	17.31	13.82	14.32	16.19	14.94	3.41	2.27	37.72	9.95
且末县	—	—	—	—	—	—	2.97	2.74	14.90	9.92	17.87	4.71
若羌县	—	—	—	—	—	—	—	—	7.44	4.95	7.44	1.96
尉犁县	—	—	—	—	—	—	—	—	6.44	5.95	76.57	50.99	83.01	21.90
焉耆回族自治县	—	—	2.05	8.69	35.34	36.62	3.43	3.17	0.001	0.001	40.82	10.77
总计	0.47	0.12	23.62	6.23	96.52	25.46	108.33	28.58	150.17	39.61	379.12	100.00

（一）一级

巴州一级地面积 0.47khm²，占巴州总耕地面积的 0.12%。和静县一级地面积最大，为 0.25khm²，占一级地面积的 53.60%；其次为轮台县和库尔勒市，分别占一级地面积的 45.68% 和 0.72%。博湖县、和硕县、且末县、若羌县、尉犁县和焉耆回族自治县无一级地面积分布。

图 5-2　耕层全氮含量在各县市的分布

（二）二级

巴州二级地面积 23.62khm²，占巴州总耕地面积的 6.23%。和静县二级地面积最大，为 11.11khm²，占二级地面积的 47.03%；其次为库尔勒市和轮台县，分别占二级地面积的 23.38% 和 17.31%；和硕县和焉耆回族自治县面积最小，分别占二级地面积的 3.61% 和 8.69%。博湖县、且末县、若羌县和尉犁县无二级地面积分布。

（三）三级

巴州三级地面积 96.52khm²，占巴州总耕地面积的 25.46%。焉耆回族自治县三级地面积最大，为 35.34khm²，占三级地面积的 36.62%；其次为和静县和轮台县，分别占三级地面积的 23.07% 和 14.32%；和硕县和博湖县面积最小，分别占三级地面积的 7.44% 和 8.54%。且末县、若羌县和尉犁县无三级地面积分布。

（四）四级

巴州四级地面积 108.33khm²，占巴州总耕地面积的 28.58%。库尔勒市四级地面积最大，为 32.38khm²，占巴州四级地面积的 29.89%；其次为和硕县和轮台县，分别占巴州四级地面积的 18.67% 和 14.94%；且末县和焉耆回族自治县面积最小，分别占巴州四级地面积的 2.74% 和 3.17%。若羌县无四级地面积分布。

（五）五级

巴州五级地面积 150.17khm²，占巴州总耕地面积的 39.61%。尉犁县五级地面积最大，为 76.57khm²，占巴州五级地面积的 50.99%；其次为库尔勒市，面积为 32.97khm²，占巴州五级地面积的 21.95%；焉耆回族自治县和博湖县面积最小，分别占五级地面积的 0.001% 和 1.24%。

六、土壤全氮调控

土壤全氮反映土壤氮素的总贮量和供氮潜力，土壤速效氮反映近期土壤的氮素供应能力。土壤氮的有效化过程（包括氨化作用和硝化作用）和无效化过程（包括反硝化作用、化学脱氮作用和矿物晶格固定）是土壤氮素的调控关键。合理施肥、耕作、灌溉等，控制土壤氮素的有机矿化速率，以尽量减少氮素损失的数量，又能达到提高土壤氮素利用率的效果。

（一）调节土壤 C/N

土壤全氮含量与施入的氮肥呈正相关，施入的氮肥越高，土壤全氮的含量也会随之增加。利用有机物质 C/N 比值与土壤有效氮的相互关系，来调节土壤氮素状况。在有机物质开始分解时，其 C/N >30，矿化作用所释放的有效氮量远少于微生物吸收同化的数量，此时微生物要从土壤中吸收一部分原有的氮，转为微生物体中的有机氮。随着有机物的不断分解，其中碳被用作微生物活动的能源所消耗，剩余的物质 C/N 迅速下降。当 C/N 达到 30~15 时，矿化释放的氮量和同化的固氮量基本相等，此时土壤中的氮素无亏损。全氮进一步分解，微生物种类更迭，全氮的 C/N 继续不断下降，当下降到 C/N<15 时，氮的矿化量超过了同化量，土壤的有效氮有了盈余，作物的氮营养条件也开始得到改善。

（二）合理施用氮肥

合理施用氮肥的目的在于减少氮素的损失，提高氮肥利用率，充分发挥氮肥增产效益。要做到合理施用，必须根据下列因素来考虑氮肥的分配和施用。

1. 土壤条件

一般石灰性土或碱性土，可以施酸性或生理酸性的氮肥，如硫铵、氯化铵等，这些肥料除了它们能中和土壤碱性外，在碱性条件下铵态氮比较容易被作物吸收；在盐碱土中不宜施用含氯的氯化铵，以免增加盐分，影响作物生长。肥沃的土壤，施氮量宜少，保肥能力强的土壤施肥次数可少些；反之，则施氮量适当增加，分次施用。

2. 作物营养特性

不同作物、不同时期对氮的需求也是不一样的，如水稻、玉米、小麦等作物需要较多氮肥，而豆科作物有根瘤固定空气中的氮素，因而对氮肥需要较少。不同作物对氮肥品种的反应也不同，忌氯作物如烟草、淀粉类作物、葡萄等应少施或不施氯化铵。多数蔬菜施用硝态氮肥效果好，如萝卜施用铵态氮肥会抑制其生长。甜菜用硝酸钠效果好。作物不同生育期施氮肥的效果也不一样。在作物施肥的关键时期如营养临界期或最高效率期进行施肥，增产作用显著。如玉米在抽穗开花前后需要养分最多，重施穗肥都能获得显著增产。所以考虑作物不同生育期对养分的要求，掌握适宜的施肥时期和施肥量，是经济有效施用氮肥的关键。

3. 氮肥本身的性质

凡是铵态肥（特别是碳酸氢铵、氨水）都要深施盖土，防止挥发，由于它们都是速效肥料，在土壤中又不易流失，故可作基肥和追肥，适宜水田、旱地施用；硝态氮肥在土中移动性大，肥效快，适宜作旱地追肥；酰胺态氮肥（如尿素）作为底肥、基肥、追肥都可以。总之，要根据氮肥的特性来考虑它的施用方法。

4. 氮肥与其他肥料配施

在缺乏有效磷和有效钾的土壤上，单施氮肥效果很差，增施氮肥还有可能减产。因为在缺磷、钾的情况下，蛋白质和许多重要含氮化合物很难形成，严重地影响了作物的生长。各地试验已经证明，氮肥与适量磷钾肥配合，增产效果显著。

（三）其他措施

1. 采用氮肥抑制剂

工厂生产肥料时，在肥料表面包一层薄膜，以减缓氮素释放速度，起到缓效之作用，提高氮肥的利用率，如缓释肥料。

2. 控制氮肥的施用量

采取配方施肥技术，确定氮肥用量，以达到发挥氮肥最佳经济效益的效果。

3. 合理施肥与灌水

在石灰性土壤上，施用铵态肥时，应采取深施复土、随施随灌水或分次施肥方法。对水稻田来说，将 NH_4^+ 施在还原层，把 NO_3^- 施入氧化层，防止反硝化作用产生所引起氮的损失。总之，应用耕作、灌溉措施，采取合理的施肥方法做到尽量减少氮的损失，达到提高氮肥利用率的目的。

第三节 土壤碱解氮

碱解氮包括无机态氮和结构简单能为作物直接吸收利用的有机态氮，它可供作物近期吸收利用，故又称速效氮。碱解氮含量的高低，取决于有机质含量的高低和质量的好坏以及放入氮素化肥数量的多少。碱解氮在土壤中的含量不够稳定，易受土壤水热条件和生物活动的影响而发生变化，但它能反映近期土壤的氮素供应能力。

一、土壤碱解氮含量及其空间差异

通过对巴州 535 个耕层土壤样品碱解氮含量测定结果分析，巴州耕层土壤碱解氮平均值为 61.26mg/kg。平均含量以和静县含量较高，为 90.91mg/kg，其次分别为和硕县77.64mg/kg、焉耆回族自治县 71.95 mg/kg、博湖县 63.10mg/kg、轮台县 58.09 mg/kg、库尔勒市 55.13 mg/kg、若羌县 47.78mg/kg、尉犁县 45.99 mg/kg，且末县含量较低，为 35.70mg/kg。

巴州土壤碱解氮平均变异系数为 55.60%，最小值出现在焉耆回族自治县，为34.44%；最大值出现在若羌县，为 83.17%。详见表 5-12。

表 5-12 巴州土壤碱解氮含量及其空间差异

名称	点位数（个）	平均值（mg/kg）	标准差（mg/kg）	变异系数（%）
博湖县	35	63.10	29.55	46.83
和静县	66	90.91	46.62	51.28
和硕县	54	77.64	42.46	54.69

名称	点位数（个）	平均值（mg/kg）	标准差（mg/kg）	变异系数（%）
库尔勒市	106	55.13	26.31	47.72
轮台县	52	58.09	30.11	51.83
且末县	25	35.70	17.28	48.40
若羌县	13	47.78	39.74	83.17
尉犁县	125	45.99	18.09	39.33
焉耆回族自治县	59	71.95	24.78	34.44
巴州	535	61.26	34.06	55.60

二、不同土壤类型土壤碱解氮含量差异

通过对巴州主要土类土壤碱解氮测定值平均分析，耕层土壤碱解氮含量平均最高值出现在灌漠土，为100.35mg/kg，最低值出现在漠境盐土，为40.90mg/kg。

不同土类土壤碱解氮变异系数以石质土和风沙土较高，分别为95.80%和78.05%，以棕钙土和灌漠土变异系数较低，分别为25.95%和34.39%，详见表5-13。

表5-13　巴州主要土类土壤碱解氮含量差异

序号	土类	点位数（个）	平均值（mg/kg）	标准差（mg/kg）	变异系数（%）
1	草甸土	192	57.75	29.10	50.39
2	潮土	101	62.76	34.93	55.65
3	风沙土	6	68.48	53.45	78.05
4	灌漠土	8	100.35	34.51	34.39
5	灌淤土	23	60.72	35.23	58.02
6	林灌草甸土	51	46.63	19.76	42.38
7	漠境盐土	1	40.90	—	—
8	石质土	2	73.15	70.07	95.80
9	盐土	48	56.73	32.64	57.53
10	沼泽土	20	54.73	31.25	57.10
11	棕钙土	5	95.96	24.90	25.95
12	棕漠土	78	75.32	42.67	56.65

三、不同地形、地貌类型土壤碱解氮含量差异

巴州不同地形、地貌类型土壤碱解氮含量平均值由高到低顺序为：山前平原低阶>平

原中阶>沙漠边缘>山地坡下>平原高阶>平原低阶。山前平原低阶和平原中阶碱解氮含量较高，分别为81.98mg/kg和67.14mg/kg，平原低阶和平原高阶碱解氮含量较低，分别为55.75mg/kg和58.38mg/kg。

不同地形、地貌类型土壤碱解氮变异系数最大值出现在山前平原低阶，为66.15%，最小值出现在沙漠边缘，为25.51%。详见表5-14。

表5-14　巴州不同地形、地貌类型土壤碱解氮含量差异

地貌	地形	点位数（个）	平均值（mg/kg）	标准差（mg/kg）	变异系数（%）
盆地	山地坡下	35	63.10	29.55	46.83
	低阶	256	55.75	32.30	57.95
平原	高阶	29	58.38	29.82	51.09
	中阶	199	67.14	35.20	52.44
沙漠	边缘	4	64.43	16.43	25.51
山前平原	低阶	12	81.98	54.23	66.15

四、不同土壤质地土壤碱解氮含量差异

通过对巴州不同质地样品土壤碱解氮含量测试结果分析，土壤碱解氮平均含量从高到低的顺序，表现为砂土>重壤>中壤>砂壤>黏土>轻壤，其中砂土较高，为75.25mg/kg，轻壤较低，为52.08mg/kg。

不同质地土壤碱解氮含量的变异系数最高值轻壤为72.12%，最低值为黏土43.50%，详见表5-15。

表5-15　巴州不同质地土壤碱解氮含量差异

质地	点位数（个）	平均值（mg/kg）	标准差（mg/kg）	变异系数（%）
黏土	21	54.40	23.66	43.50
轻壤	53	52.08	37.56	72.12
砂壤	140	56.94	32.17	56.50
砂土	47	75.25	49.02	65.14
中壤	163	62.80	32.03	51.00
重壤	111	64.21	29.49	45.93
总计	535	60.95	33.99	55.70

五、土壤碱解氮的分级与分布

从巴州耕层土壤碱解氮分级面积统计数据看，巴州耕地土壤碱解氮多数在四级和五级。按等级分，二级占0.004%，三级占3.37%，四级占33.85%，五级占62.78%。无一

级地面积分布，提升空间较大。详见表 5-16，图 5-3。

表 5-16 土壤碱解氮不同等级在巴州的分布

含量	>150mg/kg		120~150mg/kg		90~120mg/kg		60~90mg/kg		≤60mg/kg		合计	
县市	面积(khm²)	占比(%)	面积(khm²)	占比(%)	面积(khm²)	占比(%)	面积(khm²)	占比(%)	面积(khm²)	占比(%)	面积(khm²)	占比(%)
博湖县	—	—	—	—	0.68	5.29	7.97	6.21	12.39	5.20	21.03	5.55
和静县	—	—	—	—	9.98	78.07	38.59	30.07	3.27	1.37	51.83	13.67
和硕县	—	—	0.02	100.00	0.57	4.47	28.48	22.20	9.77	4.11	38.84	10.25
库尔勒市	—	—	—	—	0.01	0.09	10.04	7.83	70.49	29.62	80.55	21.25
轮台县	—	—	—	—	—	—	6.06	4.72	31.66	13.30	37.72	9.95
且末县	—	—	—	—	—	—	—	—	17.87	7.51	17.87	4.71
若羌县	—	—	—	—	0.16	1.27	0.75	0.58	6.53	2.74	7.44	1.96
尉犁县	—	—	—	—	—	—	2.11	1.65	80.90	33.99	83.01	21.90
焉耆回族自治县	—	—	—	—	1.38	10.81	34.32	26.74	5.13	2.15	40.82	10.77
总计	—	—	0.02	0.004	12.78	3.37	128.33	33.85	238.00	62.78	379.12	100.00

图 5-3 耕层碱解氮含量在各县市的分布

（一）二级

巴州二级地面积 0.02km²，占巴州总耕地面积的 0.004%，均分布在和硕县，其他县市无二级地面积分布。

（二）三级

巴州三级地面积 12.78khm²，占巴州总耕地面积的 3.37%。和静县三级地面积最大，为 9.98khm²，占三级地面积的 78.07%；其次为焉耆回族自治县和博湖县，分别占三级地面积的 10.81% 和 5.29%；库尔勒市三级地面积最小，占三级地面积的 0.09%。轮台县、且末县和尉犁县无三级地面积分布。

（三）四级

巴州四级地面积 128.33khm²，占巴州总耕地面积的 33.85%。和静县四级地面积最大，为 38.59khm²，占巴州四级地面积的 30.07%；其次为焉耆回族自治县和和硕县，分别占四级地面积的 26.74% 和 22.20%；若羌县和尉犁县四级地面积分布最小，分别占四级地面积的 0.58% 和 1.65%。且末县无四级地面积分布。

（四）五级

巴州五级地面积 238.00khm²，占巴州总耕地面积的 62.78%。尉犁县五级地面积最大，为 80.90khm²，占巴州五级地面积的 33.99%；其次为库尔勒市和轮台县，分别占五级地面积的 29.62% 和 13.30%；和静县和焉耆回族自治县五级地面积最小，分别占五级地面积的 1.37% 和 2.15%。

六、土壤碱解氮调控

（一）合理控制氮肥用量

氮肥是用量最高的肥料品种之一，氮肥的使用在一定程度上提高了作物产量。但与此同时，大面积过量施用氮肥也造成了局部地区的环境污染。因此控制氮肥用量一直是环境保护的重大问题，控制氮肥用量一方面要与磷肥、钾肥等配合使用，另一方面要少量多次施用，避免一炮轰，造成浪费，同时还可与其他的控氮措施一起使用，如硝化抑制剂、尿素增效剂等。

（二）选择适宜的氮肥品种

尿素、硫酸铵、硝酸铵、碳酸氢铵都是较好的速效氮肥，不同的氮肥肥效差异很大，其用法与用量也需掌握恰当。基本上所有的氮肥水溶性都较好，要注意氮素的挥发与淋失。在作物出现缺氮症状时，叶面喷施含氮肥料能迅速缓解症状。

（三）确定合理的施肥时期

氮肥的施用时间也直接影响着肥效的发挥。在干旱少雨地区，施完氮肥一般要先覆土，避免挥发，其次要及时浇水，以提高肥效，俗语肥随水来，肥随水去。氮肥一般可以用作基肥，于播种或移栽前耕地时施入，通过耕耙使之与土壤混合。此外氮肥还可作为追肥使用，也可作为叶面肥喷施使用。

第四节　土壤有效磷

土壤有效磷是土壤中可被植物吸收的磷组分，包括全部水溶性磷、部分吸附态磷及有机态磷，有的土壤中还包括某些沉淀态磷。土壤有效磷是土壤磷素养分供应水平高低的指标，土壤磷素含量高低在一定程度反映了土壤中磷素的贮量和供应能力。土壤中有效磷含量低于 3.0mg/kg 时，作物往往表现出缺磷症状。土壤中的磷主要来源于含磷矿物质，在长期的风化和成土过程中，经过生物的积累而逐渐聚积到土壤的上层。开垦后，则主要来源于施用磷肥。

一、土壤有效磷含量及其空间差异

通过对巴州 535 个耕层土壤样品有效磷含量测定结果分析，巴州耕层土壤有效磷平均值为 24.11mg/kg。平均含量以和硕县含量最高，为 34.07mg/kg，其次分别为博湖县 30.35mg/kg、若羌县 28.70mg/kg、且末县 27.71mg/kg、焉耆回族自治县 27.17mg/kg、尉犁县 23.74mg/kg、库尔勒市 22.83mg/kg、轮台县 19.30mg/kg，和静县含量最低，为 14.18mg/kg。

巴州土壤有效磷平均变异系数为 82.74%，最小值出现在若羌县，为 40.63%；最大值出现在和硕县，为 113.22%。详见表 5-17。

表 5-17　巴州土壤有效磷含量及其空间差异

名称	点位数（个）	平均值（mg/kg）	标准差（mg/kg）	变异系数（%）
博湖县	35	30.35	18.21	60.01
和静县	66	14.18	15.40	108.59
和硕县	54	34.07	38.57	113.22
库尔勒市	106	22.83	17.97	78.70
轮台县	52	19.30	10.72	55.54
且末县	25	27.71	16.64	60.04
若羌县	13	28.70	11.66	40.63
尉犁县	125	23.74	14.35	60.43
焉耆回族自治县	59	27.17	17.43	64.17
巴州	535	24.11	19.95	82.74

二、不同土壤类型土壤有效磷含量差异

通过对巴州主要土类土壤有效磷测定值平均分析，耕层土壤有效磷含量平均最高值出现在漠境盐土，为 42.90mg/kg，最低值出现在石质土，为 4.35mg/kg。

不同土类土壤有效磷变异系数以棕漠土和沼泽土最高，分别为 84.84% 和 70.15%，以石质土和棕钙土变异系数较低，分别为 24.38% 和 41.74%，详见表 5-18。

表 5-18　巴州主要土类土壤有效磷含量差异

序号	土类（个）	点位数	平均值（mg/kg）	标准差（mg/kg）	变异系数（%）
1	草甸土	192	23.1	14.25	61.68
2	潮土	101	23.38	15.04	64.33
3	风沙土	6	19.95	11.44	57.37
4	灌漠土	8	28.06	15.25	54.35
5	灌淤土	23	20.97	9.59	45.70
6	林灌草甸土	51	20.18	13.15	65.15
7	漠境盐土	1	42.90	—	—
8	石质土	2	4.35	1.06	24.38
9	盐土	48	28.10	14.61	51.99
10	沼泽土	20	31.74	22.27	70.15
11	棕钙土	5	14.10	5.89	41.74
12	棕漠土	78	17.48	14.83	84.84

三、不同地形、地貌类型土壤有效磷含量差异

巴州不同地形、地貌类型土壤有效磷含量平均值由高到低顺序为：山地坡下>平原中阶>平原低阶>平原高阶>沙漠边缘>山前平原低阶。山地坡下和平原中阶有效磷含量较高，分别为 27.17mg/kg 和 24.03mg/kg，山前平原低阶和沙漠边缘有效磷含量较低，分别为 8.21mg/kg 和 13.30mg/kg。

不同地形、地貌类型土壤有效磷变异系数最大值出现在平原中阶，为 69.20%，最小值出现在沙漠边缘，为 34.67%。详见表 5-19。

表 5-19　巴州不同地形、地貌类型土壤有效磷含量差异

地貌	地形	点位数（个）	平均值（mg/kg）	标准差（mg/kg）	变异系数（%）
盆地	山地坡下	35	27.17	14.56	53.58
	低阶	256	21.95	15.02	68.43
平原	高阶	29	21.21	11.52	54.31
	中阶	199	24.03	16.63	69.20
沙漠	边缘	4	13.30	4.61	34.67
山前平原	低阶	12	8.21	5.41	65.89

四、不同土壤质地土壤有效磷含量差异

通过对巴州不同质地样品土壤有效磷含量测试结果分析，土壤有效磷平均含量从高到低的顺序，表现为重壤>砂壤>砂土>中壤>轻壤>黏土，其中重壤最高，为24.78mg/kg，黏土最低，为17.50mg/kg。

不同质地土壤有效磷含量的变异系数最高值为砂土95.11%，最低值为轻壤56.13%，详见表5-20。

表5-20 巴州不同质地土壤有效磷含量差异

质地	点位数（个）	平均值（mg/kg）	标准差（mg/kg）	变异系数（%）
黏土	21	17.50	12.79	73.09
轻壤	53	21.79	12.23	56.13
砂壤	139	22.87	13.16	57.54
砂土	47	22.68	21.57	95.11
中壤	164	21.97	15.70	71.46
重壤	111	24.78	14.04	56.65
总计	535	22.65	15.02	66.31

五、土壤有效磷的分级与分布

从巴州区耕层土壤有效磷分级面积统计数据看，巴州耕地土壤有效磷多数在一级、二级之间。按等级分，一级占25.27%，二级占34.20%，三级占17.41%，四级占19.25%，五级占3.87%。提升空间较大。详见表5-21，图5-4。

表5-21 土壤有效磷不同等级在巴州的分布

含量	>30.0mg/kg		20.0~30.0mg/kg		15.0~20.0mg/kg		8.0~15.0mg/kg		≤8.0mg/kg		合计	
县市	面积（khm²）	占比（%）	面积（khm²）	占比（%）	面积（khm²）	占比（%）	面积（khm²）	占比（%）	面积（khm²）	占比（%）	面积（khm²）	占比（%）
博湖县	3.14	3.28	10.75	8.29	5.08	7.69	1.92	2.64	0.14	0.97	21.03	5.55
和静县	30.05	31.37	14.66	11.31	2.76	4.19	3.00	4.12	1.35	9.22	51.83	13.67
和硕县	9.24	9.64	12.93	9.97	5.52	8.37	9.06	12.42	2.09	14.24	38.84	10.25
库尔勒市	18.42	19.23	31.43	24.24	16.14	24.45	11.84	16.23	2.71	18.48	80.55	21.25
轮台县	4.67	4.87	12.52	9.65	9.70	14.69	10.23	14.02	0.61	4.15	37.72	9.95
且末县	3.14	3.27	4.38	3.38	3.19	4.83	6.24	8.55	0.93	6.32	17.87	4.71
若羌县	0.82	0.86	1.01	0.78	1.09	1.64	3.21	4.40	1.31	8.93	7.44	1.96

（续表）

含量	>30.0mg/kg		20.0~30.0mg/kg		15.0~20.0mg/kg		8.0~15.0mg/kg		≤8.0mg/kg		合计	
县市	面积(khm²)	占比(%)	面积(khm²)	占比(%)	面积(khm²)	占比(%)	面积(khm²)	占比(%)	面积(khm²)	占比(%)	面积(khm²)	占比(%)
尉犁县	20.80	21.71	33.45	25.80	14.92	22.60	10.02	13.74	3.82	26.01	83.01	21.90
焉耆回族自治县	5.53	5.77	8.53	6.58	7.62	11.54	17.44	23.90	1.71	11.68	40.82	10.77
总计	95.80	25.27	129.66	34.20	66.01	17.41	72.97	19.25	14.68	3.87	379.12	100.00

图 5-4　耕层有效磷含量在各县市的分布

（一）一级

巴州一级地面积 95.80khm²，占巴州总耕地面积的 25.27%。和静县一级地面积最大，为 30.05khm²，占一级地面积的 31.37%；其次为尉犁县和库尔勒市，分别占一级地面积的 21.71% 和 19.23%；且末县和若羌县一级地面积较小，分别占一地级面积的 3.27% 和 0.86%。

（二）二级

巴州二级地面积 129.66khm²，占巴州总耕地面积的 34.20%。尉犁县二级地面积最大，为 33.45khm²，占二级地面积的 25.80%；其次为库尔勒市和和静县，分别占二级地面积的 24.24% 和 11.31%；若羌县和且末县二级地面积较小，分别占二级地面积的

0.78%和3.38%。

（三）三级

巴州三级地面积66.01khm²，占巴州总耕地面积的17.41%。库尔勒市三级地面积最大，为16.14khm²，占三级地面积的24.45%；其次为尉犁县和轮台县，分别占三级地面积的22.60%和14.69%；若羌县和和静县三级地面积较小，分别占三级地面积的1.64%和4.19%。

（四）四级

巴州四级地面积72.97khm²，占巴州总耕地面积的19.25%。焉耆回族自治县四级地面积最大，为17.44khm²，占巴州四级地面积的23.90%；其次为库尔勒市和轮台县，分别占四级地面积的16.23%和14.02%；博湖县和和静县四级地面积较小，分别占四级地面积的2.64%和4.12%。

（五）五级

巴州五级地面积14.68khm²，占巴州总耕地面积的3.87%。尉犁县五级地面积最大，为3.82khm²，占巴州五级地面积的26.01%；其次为库尔勒市和和硕县，分别占五级地面积的18.48%和14.24%；博湖县和轮台县五级地面积较小，分别占五级地面积的0.97%和4.15%。

六、土壤有效磷调控

一般磷肥都有后效，提高土壤中磷的有效性，一般要从以下三方面调控。一是采取增施速效态磷肥来增加土壤中有效磷的含量，以保证供给当季作物对磷的吸收利用。二是调节土壤环境条件，如在酸性土壤上施石灰，在碱性土壤上施石膏，尽量减弱土壤中的固磷机制。三是要促使土壤中难溶态磷的溶解，提高磷的活性，使难溶性磷逐渐转化为有效态磷。

根据土壤条件和固磷机制的不同，一般可采取以下农业措施。

（一）调节土壤pH值

在施肥中应多施用酸性肥料，以中和土壤中的碱性，如有机肥、过磷酸钙等。由于土壤酸度适中，有利于微生物的活动，从而增强了磷的活化过程。

（二）因土、因作物施磷肥

在施用磷肥时要考虑不同的土壤条件和作物不同种类选择适宜的磷肥品种。如在碱性土壤上施用过磷酸钙，有利于提高磷肥的有效性。磷矿粉适合在豆科作物和油菜作物上施用，因为这种作物吸收利用磷的能力比一般作物强得多。

（三）磷肥与有机肥混施

磷肥与有机肥混合堆、沤后一起施用，效果较好。因为有机肥在分解过程中所产生的中间产物（有机酸类），对铁、铝、钙能够起一定的络合作用，因而降低了Fe^{3+}、Al^{3+}、Ca^{2+}的离子浓度，可减弱磷的化学固定作用。另外，形成的腐殖质还可在土壤固体表面形成胶膜，可减弱磷的表面固定作用。在石灰性土壤上结合施用大量的有机肥（道理同上）也可降低磷的固定作用，从而提高磷的有效性。

（四）集中施磷肥

采取集中施用磷肥的方法，尽量减少或避免与土壤的接触面，把磷肥施在根系附近效果较好。因为磷的活动性很小，穴施、条施或把磷肥制成颗粒肥，或采取叶面喷肥等，均可提高磷肥的有效性。在碱性土壤上施用酸性磷肥，如磷矿粉、钙镁磷肥、过磷酸钙等，应采用撒施效果较好。磷肥剂型以粉状为好，其细度越细，效果越好，尽量多与土壤接触才能提高其有效性。

第五节　土壤速效钾

钾是作物生长发育过程中所必需的营养元素之一，与作物的生理代谢、抗逆及品质的改善密切相关，被认为是品质元素。钾还可以提高肥料的利用率，改善环境质量。钾是土壤中含量最高的矿质营养元素。土壤中的钾素基本呈无机形态存在，根据钾的存在形态和作物吸收能力，可把土壤中的钾素分为四个部分：土壤矿物态钾（难溶性钾）、非交换态钾（缓效钾）、吸附性钾（交换性钾）、水溶性钾。后两种合称为速效性钾（速效钾），一般占全钾的1%~2%，可以被当季作物吸收利用，是反映土壤肥力高低的标志之一。

一、土壤速效钾含量及其空间差异

通过对巴州535个耕层土壤样品速效钾含量测定结果分析，巴州耕层土壤速效钾平均值为192.21mg/kg。平均含量以和硕县含量较高，为281.11mg/kg，其次分别为尉犁县206.50mg/kg、库尔勒市193.11mg/kg、轮台县191.71mg/kg、和静县177.48mg/kg、焉耆回族自治县166.85mg/kg、博湖县140.71mg/kg、若羌县130.08mg/kg，且末县含量较低，为129.08mg/kg。

巴州土壤速效钾平均变异系数为75.99%，最小值出现在且末县，为31.60%；最大值出现在轮台县，为108.09%。详见表5-22。

表5-22　巴州土壤速效钾含量及其空间差异

名称	点位数（个）	平均值（mg/kg）	标准差（mg/kg）	变异系数（%）
博湖县	35	140.71	75.88	53.92
和静县	66	177.48	126.96	71.53
和硕县	54	281.11	278.98	99.24
库尔勒市	106	193.11	73.25	37.93
轮台县	52	191.71	207.22	108.09
且末县	25	129.08	40.79	31.60
若羌县	13	130.08	79.65	61.24
尉犁县	125	206.50	110.99	53.75
焉耆回族自治县	59	166.85	123.21	73.85

（续表）

名称	点位数（个）	平均值（mg/kg）	标准差（mg/kg）	变异系数（%）
巴州	535	192.21	146.07	75.99

二、不同土壤类型土壤速效钾含量差异

通过对巴州主要土类土壤速效钾测定值平均分析，耕层土壤速效钾含量平均最高值出现在灌漠土，为295.25mg/kg，最低值出现在石质土，为88.00mg/kg。

不同土类土壤速效钾变异系数以灌漠土和棕漠土较高，分别为127.87%和89.34%，以石质土和灌淤土变异系数较低，分别为4.82%和29.86%，详见表5-23。

表5-23　巴州主要土类土壤速效钾含量差异

序号	土类	点位数（个）	平均值（mg/kg）	标准差（mg/kg）	变异系数（%）
1	草甸土	192	190.34	134.56	70.70
2	潮土	101	178.41	146.90	82.34
3	风沙土	6	222.83	105.95	47.55
4	灌漠土	8	295.25	377.55	127.87
5	灌淤土	23	147.52	44.05	29.86
6	林灌草甸土	51	192.47	108.76	56.51
7	漠境盐土	1	232.00	——	——
8	石质土	2	88.00	4.24	4.82
9	盐土	48	234.38	168.19	71.76
10	沼泽土	20	175.55	70.57	40.20
11	棕钙土	5	181.40	90.26	49.76
12	棕漠土	78	195.95	175.07	89.34

三、不同地形、地貌类型土壤速效钾含量差异

巴州不同地形、地貌类型土壤速效钾含量平均值由高到低顺序为：平原低阶>平原中阶>山前平原低阶>平原高阶>沙漠边缘>山地坡下。平原低阶和平原中阶速效钾含量较高，分别为198.30mg/kg和195.93mg/kg，山地坡下和沙漠边缘速效钾含量较低，分别为140.71mg/kg和163.00mg/kg。

不同地形、地貌类型土壤速效钾变异系数最大值出现在平原中阶，为87.62%，最小值出现在沙漠边缘，为20.76%。详见表5-24。

表5-24　巴州不同地形、地貌类型土壤速效钾含量差异

地貌	地形	点位数（个）	平均值（mg/kg）	标准差（mg/kg）	变异系数（%）
盆地	山地坡下	35	140.71	75.88	53.92

（续表）

地貌	地形	点位数（个）	平均值（mg/kg）	标准差（mg/kg）	变异系数（%）
	低阶	256	198.30	140.01	70.61
平原	高阶	29	181.45	74.38	40.99
	中阶	199	195.93	171.68	87.62
沙漠	边缘	4	163.00	33.84	20.76
山前平原	低阶	12	186.50	91.47	49.04

四、不同土壤质地土壤速效钾含量差异

通过对巴州不同质地样品土壤速效钾含量测试结果分析，土壤速效钾平均含量从高到低的顺序，表现为中壤>黏土>轻壤>砂壤>重壤>砂土，其中中壤最高，为207.36mg/kg，砂土最低，为159.91mg/kg。

不同质地土壤速效钾含量的变异系数最高值为砂壤91.45%，最低值为黏土44.39%，详见表5-25。

表5-25　巴州不同质地土壤速效钾含量差异

质地	点位数（个）	平均值（mg/kg）	标准差（mg/kg）	变异系数（%）
黏土	21	198.48	88.10	44.39
轻壤	53	198.00	160.55	81.08
砂壤	140	193.38	176.84	91.45
砂土	47	159.91	89.40	55.91
中壤	163	207.36	149.38	72.04
重壤	111	178.22	115.11	64.59
总计	535	189.22	129.90	68.24

五、土壤速效钾的分级与分布

从巴州耕层土壤速效钾分级面积统计数据看，巴州耕地土壤速效钾多数在二级、三级。按等级分，一级占14.88%，二级占23.14%，三级占44.96%，四级占15.95%，五级占1.07%。提升空间较大。详见表5-26，图5-5。

表5-26　土壤速效钾不同等级在巴州的分布

含量	>250mg/kg		200~250mg/kg		150~200mg/kg		100~150mg/kg		≤100mg/kg		合计	
县市	面积（khm²）	占比（%）	面积（khm²）	占比（%）	面积（khm²）	占比（%）	面积（khm²）	占比（%）	面积（khm²）	占比（%）	面积（khm²）	占比（%）
博湖县	2.94	5.22	5.66	6.45	9.52	5.58	2.66	4.40	0.25	6.30	21.03	5.55

（续表）

含量 县市	>250mg/kg		200~250mg/kg		150~200mg/kg		100~150mg/kg		≤100mg/kg		合计	
	面积 （khm²）	占比 （%）	面积 （khm²）	占比 （%）	面积 （khm²）	占比 （%）	面积 （khm²）	占比 （%）	面积 （khm²）	占比 （%）	面积 （khm²）	占比 （%）
和静县	4.45	7.89	20.30	23.14	25.15	14.76	1.84	3.05	0.09	2.16	51.83	13.67
和硕县	11.18	19.81	6.74	7.68	17.58	10.31	3.35	5.53	—	—	38.84	10.25
库尔勒市	9.99	17.71	24.50	27.92	33.26	19.51	12.35	20.42	0.46	11.30	80.55	21.25
轮台县	8.50	15.07	10.54	12.02	15.49	9.09	3.05	5.04	0.14	3.54	37.72	9.95
且末县	1.09	1.94	2.48	2.82	8.64	5.07	4.94	8.17	0.72	17.77	17.87	4.71
若羌县	0.30	0.54	0.95	1.09	3.08	1.81	2.59	4.28	0.51	12.66	7.44	1.96
尉犁县	15.87	28.13	12.94	14.75	34.60	20.30	17.89	29.58	1.71	42.30	83.01	21.90
焉耆回族 自治县	2.08	3.69	3.63	4.13	23.14	13.58	11.81	19.54	0.16	3.98	40.82	10.77
总计	56.43	14.88	87.74	23.14	170.44	44.96	60.47	15.95	4.05	1.07	379.12	100.00

图 5-5　耕层速效钾含量在各县市的分布

（一）一级

巴州一级地面积 56.43khm²，占巴州总耕地面积的 14.88%。尉犁县一级地面积最大，为 15.87khm²，占一级地面积的 28.13%；其次为和硕县和库尔勒市，分别占一级地面积的 19.81% 和 17.71%；若羌县和且末县一级地面积较小，分别占一级地面积的 0.54% 和 1.94%。

（二）二级

巴州二级地面积 87.74khm²，占巴州总耕地面积的 23.14%。库尔勒市二级地面积最大，为 24.50khm²，占二级地面积的 27.92%；其次为和静县和尉犁县，分别占二级地面积的 23.14% 和 14.75%；若羌县和且末县二级地面积较小，分别占二级地面积的 1.09% 和 2.82%。

（三）三级

巴州三级地面积 170.44khm²，占巴州总耕地面积的 44.96%。尉犁县三级地面积最大，为 34.60khm²，占三级地面积的 20.30%；其次为库尔勒市和和静县，分别占三级地面积的 19.51% 和 14.76%；若羌县和且末县三级地面积较小，分别占三级地面积的 1.81% 和 5.07%。

（四）四级

巴州四级地面积 60.47khm²，占巴州总耕地面积的 15.95%。尉犁县四级地面积最大，为 17.89khm²，占巴州四级地面积的 29.58%；其次为库尔勒市和焉耆回族自治县，分别占四级地面积的 20.42% 和 19.54%；和静县和若羌县四级地面积较小，分别占四级地面积的 3.05% 和 4.28%。

（五）五级

巴州五级地面积 4.05khm²，占巴州总耕地面积的 1.07%。尉犁县五级地面积最大，为 1.71khm²，占巴州五级地面积的 42.30%；其次为且末县和若羌县，分别占五级地面积的 17.77% 和 12.66%；和静县和轮台县五级地面积较小，分别占五级地面积的 2.16% 和 3.54%。和硕县无五级地面积分布。

六、土壤速效钾调控

提高土壤中钾的有效性，一般要从以下三方面调控。一是采取增施速效态钾肥来增加土壤中钾的含量，以保证供给当季作物对钾的吸收利用。二是调节土壤环境条件，使土壤中的缓效钾快速转化为速效钾。三是要促使土壤中难溶态钾的溶解，提高钾的活性，使难溶性钾逐渐转化为速效钾。

根据土壤条件和作物对钾的吸收，一般可采取以下农业措施。

（一）调节土壤 pH 值

在酸性土壤上施用碱性肥料，降低土壤的酸性，以减少土壤中速效性钾的淋溶，增强土壤对钾的固定。在碱性土壤上使用酸性肥料，减少土壤对钾的固定，提高钾的活性。

（二）因土、因作物施钾肥

在施用钾肥时要考虑不同的土壤条件和作物不同种类，选择适宜的钾肥品种。由于钾肥多数水溶性较强，作物后期对钾的吸收较强，提倡钾肥后移，以提高钾肥的利用率。

（三）使用有机肥料

在缺钾的土壤上，增施有机肥能起到一定的补钾作用。因为有机肥的钾含量较高，有机肥在腐熟后，能将有机态的钾肥转化为无机钾，供植物吸收利用。

（四）集中施钾肥

采取集中施用钾肥的方法，尽量减少或避免与土壤的接触面，把钾肥施在根系附近效果较好。或采取叶面喷施磷酸二氢钾等，均可提高钾肥的有效性，达到迅速补充钾肥的目的。

第六节　土壤缓效钾

缓效钾主要指 2：1 型层状硅酸盐矿物层间和颗粒边缘的一部分钾，通常占全钾量的 1%～10%。缓效钾是速效钾的贮备库，当速效钾因作物吸收和淋失，浓度降低时，部分缓效钾可以释放出来转化为交换性钾和溶液钾，成为速效钾。因此，判断土壤供钾能力应综合考虑土壤速效钾和土壤缓效钾两项指标。如果土壤速效钾含量低，而缓效钾含量较高时，土壤的供钾能力并不一定很低，施用钾肥往往效果不明显。只有土壤速效钾和缓效钾含量都低的情况下，施用钾肥的效果才十分显著。

一、土壤缓效钾含量及其空间差异

通过对巴州耕层土壤样品缓效钾含量测定结果分析，巴州耕层土壤缓效钾平均值为 1 195.79 mg/kg，平均含量以和硕县含量较高，为 2 143.83 mg/kg，其次分别为且末县 1 270.00 mg/kg、和静县 1 196.00 mg/kg、库尔勒市 1 173.36 mg/kg、尉犁县 1 168.79 mg/kg、若羌县 973.00 mg/kg、焉耆回族自治县 966.57 mg/kg、轮台县 880.20 mg/kg，博湖县含量最低，为 725.25 mg/kg。

巴州土壤缓效钾平均变异系数为 36.50%，最小值出现在且末县，为 11.63%；最大值出现在轮台县，为 38.33%。详见表 5-27。

表 5-27　巴州土壤缓效钾含量及其空间差异

名称	平均值（mg/kg）	标准差（mg/kg）	变异系数（%）
博湖县	725.25	153.00	21.10
和静县	1 196.00	256.39	21.44
和硕县	2 143.83	386.42	18.02
库尔勒市	1 173.36	246.74	21.03
轮台县	880.20	337.42	38.33
且末县	1 270.00	147.73	11.63
若羌县	973.00	—	—
尉犁县	1 168.79	205.41	17.57
焉耆回族自治县	966.57	326.18	33.75
巴州	1 195.79	436.43	36.50

二、土壤缓效钾的分级与分布

从巴州耕层土壤缓效钾分级面积统计数据看，巴州耕地土壤缓效钾多数在一级、二级。按等级分，一级占 37.46%，二级占 27.53%，三级占 24.41%，四级占 2.36%，五级占 8.23%，提升空间较大。详见表5-28，图5-6。

表 5-28　土壤缓效钾不同等级在巴州的分布

含量	>1 200mg/kg		1 000~1 200mg/kg		800~1 000mg/kg		600~800mg/kg		≤600mg/kg		合计	
县市	面积(khm²)	占比(%)	面积(khm²)	占比(%)	面积(khm²)	占比(%)	面积(khm²)	占比(%)	面积(khm²)	占比(%)	面积(khm²)	占比(%)
博湖县	8.02	5.65	5.89	5.64	5.43	5.87	0.41	4.59	1.29	4.12	21.03	5.55
和静县	22.07	15.54	15.11	14.48	11.45	12.37	1.23	13.75	1.97	6.32	51.83	13.67
和硕县	14.89	10.48	9.40	9.01	9.57	10.34	1.17	13.03	3.82	12.24	38.84	10.25
库尔勒市	27.96	19.69	27.20	26.06	19.34	20.90	1.41	15.75	4.64	14.86	80.55	21.25
轮台县	15.35	10.81	10.61	10.17	10.28	11.11	0.30	3.31	1.18	3.78	37.72	9.95
且末县	6.13	4.32	4.14	3.97	5.64	6.10	0.63	6.99	1.33	4.25	17.87	4.71
若羌县	4.06	2.86	1.46	1.40	1.48	1.60	0.09	1.03	0.34	1.08	7.44	1.96
尉犁县	31.95	22.50	21.21	20.32	20.38	22.02	2.30	25.71	7.17	22.95	83.01	21.90
焉耆回族自治县	11.60	8.17	9.35	8.96	8.96	9.69	1.42	15.85	9.49	30.41	40.82	10.77
总计	142.03	37.46	104.38	27.53	92.53	24.41	8.96	2.36	31.22	8.23	379.12	100.00

图 5-6　耕层缓效钾含量在各县市的分布

（一）一级

巴州一级地面积 142.03khm²，占巴州总耕地面积的 37.46%。尉犁县一级地面积最大，为 31.95khm²，占一级地面积的 22.50%；其次为库尔勒市和和静县，分别占一级地面积的 19.69% 和 15.54%；若羌县和且末县一级地面积较小，分别占一级地面积的 2.86% 和 4.32%。

（二）二级

巴州二级地面积 104.38khm²，占巴州总耕地面积的 27.53%。库尔勒市二级地面积最大，为 27.20khm²，占二级地面积的 26.06%；其次为尉犁县和和静县，分别占二级地面积的 20.32% 和 14.48%；若羌县和且末县二级地面积较小，分别占二级地面积的 1.40% 和 3.97%。

（三）三级

巴州三级地面积 92.53khm²，占巴州总耕地面积的 24.41%。尉犁县三级地面积最大，为 20.38khm²，占三级地面积的 22.02%；其次为库尔勒市和和静县，分别占三级地面积的 20.90% 和 12.37%；若羌县和博湖县三级地面积较小，分别占三级地面积的 1.60% 和 5.87%。

（四）四级

巴州四级地面积 8.96khm²，占巴州总耕地面积的 2.36%。尉犁县四级地面积最大，为 2.30khm²，占巴州四级地面积的 25.71%；其次为焉耆回族自治县和库尔勒市，分别占四级地面积的 15.85% 和 15.75%；若羌县和轮台县四级地面积较小，分别占四级地面积的 1.03% 和 3.31%。

（五）五级

巴州五级地面积 31.22khm²，占巴州总耕地面积的 8.23%。焉耆回族自治县五级地面积最大，为 9.49khm²，占巴州五级地面积的 30.41%；其次为尉犁县和库尔勒市，分别占五级地面积的 22.95% 和 14.86%；若羌县和轮台县五级地面积较小，分别占五级地面积的 1.08% 和 3.78%。

三、土壤缓效钾调控

（一）土壤缓效钾钾含量的变化及影响因素

土壤钾素含量变化的影响因素很多，主要是施肥和种植制度。巴州一般土壤不缺乏钾素，但施用钾肥往往能起到一定增产效果，究其原因大概有以下几方面。

1. 有机肥投入不足

虽然土壤速效钾、缓效钾含量不低，但容易被土壤固定，不如施入的钾肥水溶性高，容易被作物吸收。有机肥不仅富含作物生长发育的多种营养元素，还含有丰富的钾素，不但能改良培肥土壤，还可提高土壤钾素供应能力，对土壤钾素的循环十分重要。但有机肥料肥效缓慢、周期长、见效慢，不如化肥养分含量高、施用方便、见效快，因此投入相对不足。

2. 土壤钾素含量出现下滑

人们对钾肥的认识不足，生产上一直存在着"重氮磷肥，轻钾肥"的施肥现象。施用化学钾肥，水溶性好，因而能够被作物迅速吸收，从而达到增产目的。

3. 作物产量和复种指数提高

随着农业的迅猛发展，高产品种的引进和科学栽培技术的应用，复种指数和产量不断提高，从土壤中带走的钾越来越多，加剧了土壤钾素的消耗。

（二）土壤钾素调控

合理施用钾肥应以土壤钾素丰缺状况为依据。因为在土壤缺钾的情况下，钾肥的增产效果极为显著，一般可增产 10%~25%。当土壤速效钾含量达到较高或极高时，一般就没有必要施钾肥了，因为土壤中的钾已能满足作物的需要。总的来说，巴州大部分地区的缺钾现象并不十分严重，但某些地区也存在着钾肥施用不合理、钾肥利用率低的现象，造成了钾素资源的大量浪费。因此，科学合理地评价土壤供钾特性、充分发挥土壤的供钾潜力，有效施用和分配钾肥显得尤为重要。针对土壤钾素状况，可以通过以下几种途径进行调控。

1. 提高对钾肥投入的认识

利用一切形式广泛深入地宣传增施钾肥的重要性，以增强农户的施用钾肥意识，增加钾肥投入的自觉性。另外，还应当认识到：①钾肥的肥效一定要在满足作物对氮、磷营养的基础上才能显现出来；②土壤速效钾的丰缺标准会随着作物产量的提高和氮、磷化肥用量的增加而变化，例如，原来不缺钾的土壤，这几年施钾也有效了；③我国钾肥资源紧缺，多年来依靠进口，因此有限的钾肥应优先分配在缺钾土壤和喜钾作物上。

2. 深翻晒垡

这一措施可改良土壤结构，协调土壤水、肥、气、热状况，有利于土壤钾素释放。

3. 增施有机肥

作物秸秆还田对增加土壤钾素尤为明显，秸秆可通过过腹、堆沤和直接覆盖 3 种形式还田。另外，发展绿肥生产也是提高土壤钾素含量的有效途径，可利用秋收后剩余光热资源、种植一季绿肥进行肥田。

4. 施用生物钾肥

土壤中钾素含量比较丰富，但 90%~98% 是一般作物难以吸收的形态。施用生物钾肥可将难溶性钾转变为有效钾，挖掘土壤钾素潜力，从而增加土壤有效钾含量，达到补钾目的。

5. 优化配方施肥，增施化学钾肥

改变多氮、磷肥，少钾肥的施肥现状，充分利用各地地力监测和试验示范结果，因土壤因作物制定施肥方案，协调氮、磷、钾，有机肥与无机肥之间的比例。根据不同土壤及作物，在增施有机肥的基础上，适量增加钾肥用量，逐步扭转钾素亏缺局面。

第七节　土壤有效铁

铁（Fe）是地壳中较丰富的元素。铁在土壤中广泛存在，是土壤的染色剂，和土壤的颜色有直接相关性。土壤中铁的含量主要与土壤 pH 值、氧化还原条件、土壤全氮、碳酸钙含量和成土母质等有关。容易发生缺铁的土壤一般有：盐碱土、施用大量磷肥土壤、风沙土和砂土等。由于铁的有效性差，植物容易出现缺铁症状，其土壤本身可能不缺铁。在酸性和淹水还原条件下，铁以亚铁形式出现，易使植物亚铁中毒。

土壤铁的有效性受到很多因素的影响，如土壤 pH、$CaCO_3$ 含量、水分、孔隙度等。铁的有效性与 pH 值呈负相关。pH 值高的土壤易生成难溶的氢氧化铁，降低土壤铁有效性。长期处于还原条件的酸性土壤，铁被还原成溶解度大的亚铁，铁的有效性增加。干旱少雨地区土壤中氧化环境占优势，降低了铁的溶解度。土壤中有效铁含量与全氮成正比。碱性土壤中，铁能与碳酸根生成难溶的碳酸盐，降低铁的有效性。而在酸性土壤上很难观察到缺铁现象。成土母质影响全铁含量。土壤母质含铁高，土壤表层含铁量也高。

铁作为含量相对较大的微量元素，其在植物生长过程中具有重要的生理意义，因此，明确土壤有效铁含量变化及其分布，对于合理调控土壤肥力，促进作物高产具有重要意义。

一、土壤有效铁含量及其空间差异

通过对巴州耕层土壤样品有效铁含量测定结果分析，巴州耕层土壤有效铁平均值为 18.35mg/kg。平均含量以且末县含量最高，为 30.80mg/kg，其次分别为博湖县 26.28mg/kg、库尔勒市 24.89mg/kg、尉犁县 18.27mg/kg、焉耆回族自治县 16.47mg/kg、若羌县 14.78mg/kg、和静县 13.20mg/kg 和和硕县 11.75mg/kg，轮台县含量最低，为 7.52mg/kg。

巴州土壤有效铁平均变异系数为 64.84%，最小值出现在焉耆回族自治县，为 30.06%；最大值出现在和硕县，为 92.29%。详见表 5-29。

表 5-29　巴州土壤有效铁含量及其空间差异

名称	平均值（mg/kg）	标准差（mg/kg）	变异系数（%）
博湖县	26.28	9.57	36.44
和静县	13.20	4.05	30.67
和硕县	11.75	10.84	92.29
库尔勒市	24.89	17.79	71.45
轮台县	7.52	3.90	51.92
且末县	30.80	16.22	52.65
若羌县	14.78	4.50	30.44
尉犁县	18.27	8.15	44.58
焉耆回族自治县	16.47	4.95	30.06
巴州	18.35	11.90	64.84

二、土壤有效铁的分级与分布

从巴州耕层土壤有效铁分级面积统计数据看，巴州耕地土壤有效铁多数在三级和四级。按等级分，一级占 1.00%，二级占 20.60%，三级占 25.94%，四级占 29.57%，五级占 22.89%。提升空间较大。详见表 5-30，图 5-7。

表 5-30　土壤有效铁不同等级在巴州的分布

含量	>20mg/kg		15~20mg/kg		10~15mg/kg		5~10mg/kg		≤5mg/kg		合计	
县市	面积(khm²)	占比(%)	面积(khm²)	占比(%)	面积(khm²)	占比(%)	面积(khm²)	占比(%)	面积(khm²)	占比(%)	面积(khm²)	占比(%)
博湖县	0.32	8.29	3.96	5.08	5.60	5.69	5.58	4.98	5.58	6.42	21.03	5.55
和静县	—	—	11.36	14.55	13.64	13.87	13.77	12.28	13.07	15.06	51.83	13.67
和硕县	0.24	6.38	8.14	10.42	10.95	11.14	11.33	10.11	8.17	9.42	38.84	10.25
库尔勒市	1.04	27.36	14.88	19.05	20.59	20.94	26.51	23.64	17.53	20.20	80.55	21.25
轮台县	—	—	9.01	11.54	11.51	11.71	9.72	8.67	7.48	8.62	37.72	9.95
且末县	1.59	41.89	3.44	4.41	4.43	4.51	4.33	3.87	4.07	4.69	17.87	4.71
若羌县	—	—	1.31	1.67	2.64	2.68	2.14	1.91	1.35	1.55	7.44	1.96
尉犁县	0.61	16.05	19.67	25.19	20.34	20.68	23.01	20.53	19.38	22.34	83.01	21.90
焉耆回族自治县	0.001	0.03	6.32	8.09	8.64	8.78	15.72	14.02	10.15	11.70	40.82	10.77
总计	3.80	1.00	78.09	20.60	98.33	25.94	112.12	29.57	86.77	22.89	379.12	100.00

图 5-7　耕层有效铁含量在各县市的分布

（一）一级

巴州一级地面积 3.80khm²，占巴州总耕地面积的 1.00%。且末县一级地面积最大，为 1.59khm²，占一级地面积的 41.89%；其次为库尔勒市和尉犁县，分别占一级地面积的

27.36%和16.05%；焉耆回族自治县和和硕县一级地面积较小，分别占一级地面积的0.03%和6.38%。和静县、轮台县和若羌县无一级地面积分布。

（二）二级

巴州二级地面积78.09km²，占巴州总耕地面积的20.60%。尉犁县二级地面积最大，为19.67km²，占二级地面积的25.19%；其次为库尔勒市和和静县，分别占二级地面积的19.05%和14.55%；若羌县和且末县二级地面积较小，分别占二级地面积的1.67%和4.41%。

（三）三级

巴州三级地面积98.33km²，占巴州总耕地面积的25.94%。库尔勒市和尉犁县三级地面积最大，分别为20.59km²和20.34km²，分别占三级地面积的20.94%和20.68%；其次为和静县和轮台县，分别占三级地面积的13.87%和11.71%；若羌县和且末县三级地面积较小，分别占三级地面积的2.68%和4.51%。

（四）四级

巴州四级地面积112.12km²，占巴州总耕地面积的29.57%。库尔勒市四级地面积最大，为26.51km²，占巴州四级地面积的23.64%；其次为尉犁县和焉耆回族自治县，分别占四级地面积的20.53%和14.02%；若羌县和且末县四级地面积较小，分别占四级地面积的1.91%和3.87%。

（五）五级

巴州五级地面积86.77km²，占巴州总耕地面积的22.89%。尉犁县五级地面积最大，为19.38km²，占巴州五级地面积的22.34%；其次为库尔勒市和和静县，分别占五级地面积的20.20%和15.06%；若羌县和且末县五级地面积较小，分别占五级地面积的1.55%和4.69%。

三、土壤有效铁调控

（一）作物缺铁状况

由于作物产量大幅提高、微肥投入不足以及石灰性土壤自身碱性反应及氧化作用，使铁形成难溶性化合物而降低其有效性，致使植物缺铁现象连年发生，涉及的植物品种较为广泛。植物这种缺铁病害，不但影响作物的生长发育、产量及品质，更重要的是影响人体健康，如缺铁营养病、缺铁性贫血病等。而合理施用铁肥有助于提高植物性产品的铁含量，改善人类的铁营养。另外高位泥炭土、砂质土、通气性不良的土壤、富含磷或大量施用磷肥的土壤、全氮含量低的酸性土壤、过酸的土壤上也易发生缺铁。通过合理施铁肥调控改善土壤缺铁状况。

作物缺铁常出现在游离碳酸钙含量高的碱性土壤上，一些落叶果树（桃、苹果、山楂等）在高温多雨季节叶片缺铁失绿现象十分明显。对缺铁敏感的有花生、大豆、草莓、苹果、梨和桃等。单子叶植物如玉米、小麦等很少缺铁，其原因是由于它们的根可分泌一种能螯合铁的有机物——麦根酸，活化土壤中的铁，增加对铁的吸收利用。由于铁在植物体内很难移动，又是叶绿素形成的必需元素，所以缺铁常见的症状是幼叶的失绿症。开始时叶色变淡，进而叶脉间失绿黄化，叶脉仍保持绿色。缺铁严重时整个叶片变白，并出现坏死的斑点。

（二）铁肥类型及合理使用技术

1. 铁肥类型

铁肥可分为无机铁肥、有机铁肥两大类。硫酸亚铁和硫酸铁是常用的无机铁肥。有机铁肥包括络合、螯合、复合有机铁肥，如乙二胺四乙酸（EDTA）、二乙酰三胺五醋酸铁（DTPA）、羟乙基乙二胺三乙酸铁（HEEDTA）等，这类铁肥可适用的 pH 值、土壤类型范围广，肥效高，可混性强。但其成本昂贵、售价极高，多用作叶面喷施。柠檬酸铁、葡萄糖酸铁十分有效。柠檬酸土施可提高土壤铁的溶解吸收，可促进土壤钙、磷、铁、锰、锌的释放，提高铁的有效性。

2. 铁肥施用方法及注意问题

（1）铁肥在土壤中易转化为无效铁，其后效弱。因此，每年都应向缺铁土壤施用铁肥，土施铁肥应以无机铁肥为主，如七水硫酸亚铁。施铁量一般为 $22.5 \sim 45 \text{kg/hm}^2$。

（2）根外施铁肥，以有机铁肥为主，其用量小，效果好。螯合铁肥、柠檬酸铁类有机铁肥价格极为昂贵，约 12 元/kg 以上，土壤施用成本非常高，其主要用于根外施肥，即叶面喷施或茎秆钻孔施用。果树类可采用叶片喷施，吊针输液，及树干钉铁钉或钻孔置药法。

（3）叶面喷施是最常用的校正植物缺铁黄化病的高效方法，也就是采用均匀喷雾的方法将含铁营养液喷到叶面上，其可与酸性农药混合喷施。叶面喷施铁肥的时间一般选在晴朗无风的下午 4:00 以后，喷施后遇雨应在天晴后再补喷 1 次。无机铁肥随喷随配，肥液不宜久置，以防止氧化失效。叶面喷施铁肥的浓度一般为 $5 \sim 30 \text{g/kg}$，可与酸性农药混合喷施。单喷铁肥时，可在肥液中加入尿素或表面活性剂（非离子型洗衣粉），以促进肥液在叶面的附着及铁素的吸收。由于叶面喷施肥料持效期短，因此，果树或长生育期作物缺铁矫正时，一般每半月左右喷施 1 次，连喷 2~3 次，可起到良好的效果。

吊针输液与人体输液一样，向树皮输含铁营养液。树干钉铁钉是将铁钉直接钉入树干，其缓慢释放供铁，效果较差。钻孔置药法是在茎秆较为粗大的果树茎秆上钻孔置入颗粒状或片状有机铁肥。

（4）土施铁肥与生理酸性肥料混合施用能起到较好的效果，如硫酸亚铁和硫酸钾造粒合施的肥效明显高于各自单独施用的肥效之和。

（5）浸种和种子包衣。对于易缺铁作物种子或缺铁土壤上播种，用铁肥浸种或包衣可矫正缺铁症。浸种溶液浓度为 1g/kg 硫酸亚铁，包衣剂铁含量为 100g/kg。

（6）肥灌铁肥。对于具有喷灌或滴灌设备的农田缺铁防治或矫正，可将铁肥加入灌溉水中，效果良好。

第八节　土壤有效锰

锰（Mn）在地壳中是一个分布很广的元素，至少能在大多数岩石中，特别是铁镁物质中找到微量锰的存在。土壤中全锰含量比较丰富，一般在 $100 \sim 5\,000 \text{mg/kg}$。土壤中锰的含量因母质的种类、质地、成土过程以及土壤的酸度、全氮的积累程度等而异，其中母质的影响尤为明显。锰在植株中的正常浓度一般是 20～500mg/kg。土壤中的有效锰主要包括水溶态锰、交换态锰和一部分易还原态锰。土壤 pH 值愈低，锰有效性愈高，在碱性或石灰性土壤中锰易形成 MnO 沉淀，有效性降低。大多数中性或碱性土壤有可能缺锰。石灰性土壤，尤其是排水不良和全氮含量高的土壤易缺锰。

对锰较敏感的作物有麦类、水稻、玉米、马铃薯、甘薯、甜菜、豆类、花生、棉花、烟草、油菜和果树等。作物施用锰肥对种子发芽、苗期生长及生殖器官的形成、促进根茎的发育等都有良好作用。

一、土壤有效锰含量及其空间差异

通过对巴州耕层土壤样品有效锰含量测定结果分析，巴州耕层土壤有效锰平均值为 5.49mg/kg，平均含量以和硕县含量最高，为 8.03mg/kg，其次分别为和静县 7.55mg/kg、焉耆回族自治县 5.79mg/kg、轮台县 5.60mg/kg、库尔勒市 5.34mg/kg、且末县 4.93mg/kg、博湖县 4.78mg/kg 和若羌县 4.95mg/kg，尉犁县含量最低，为 3.84mg/kg。

巴州土壤有效锰平均变异系数为 40.91%，最小值出现在且末县，为 6.52%；最大值出现在库尔勒市，为 50.81%。详见表 5-31。

表 5-31　巴州土壤有效锰含量及其空间差异

名称	平均值（mg/kg）	标准差（mg/kg）	变异系数（%）
博湖县	4.78	0.98	20.55
和静县	7.55	1.55	20.51
和硕县	8.03	2.96	36.82
库尔勒市	5.34	2.71	50.81
轮台县	5.60	1.71	30.54
且末县	4.93	0.32	6.52
若羌县	4.95	2.22	44.87
尉犁县	3.84	1.31	34.14
焉耆回族自治县	5.79	1.21	20.99
巴州	5.49	2.25	40.91

二、土壤有效锰的分级与分布

从巴州耕层土壤有效锰分级面积统计数据看，巴州耕地土壤有效锰多数在五级。按等级分，二级占 6.35%，三级占 21.70%，四级占 11.15%，五级占 60.81%。无一级地分布。提升空间较大。详见表 5-32，图 5-8。

表 5-32　土壤有效锰不同等级在巴州的分布

含量	>15mg/kg		10~15mg/kg		5~10mg/kg		3~5mg/kg		≤3mg/kg		合计	
县市	面积 (khm²)	占比 (%)	面积 (khm²)	占比 (%)	面积 (khm²)	占比 (%)	面积 (khm²)	占比 (%)	面积 (khm²)	占比 (%)	面积 (khm²)	占比 (%)
博湖县	—	—	1.46	6.08	4.16	5.05	2.47	5.85	12.94	5.61	21.03	5.55
和静县	—	—	3.28	13.64	13.49	16.40	4.57	10.82	30.48	13.22	51.83	13.67
和硕县	—	—	1.79	7.42	5.49	6.67	3.60	8.52	27.97	12.13	38.84	10.25
库尔勒市	—	—	5.73	23.81	18.08	21.97	7.08	16.77	49.66	21.54	80.55	21.25
轮台县	—	—	2.19	9.12	8.77	10.66	3.63	8.58	23.13	10.04	37.72	9.95
且末县	—	—	1.39	5.77	3.11	3.78	3.29	7.78	10.09	4.38	17.87	4.71
若羌县	—	—	0.70	2.89	1.85	2.25	0.68	1.60	4.21	1.83	7.44	1.96
尉犁县	—	—	6.94	28.82	20.92	25.42	11.54	27.32	43.61	18.92	83.01	21.90
焉耆回族自治县	—	—	0.59	2.46	6.41	7.79	5.39	12.76	28.43	12.33	40.82	10.77
总计	—	—	24.07	6.35	82.27	21.70	42.25	11.15	230.52	60.81	379.12	100.00

图 5-8　耕层有效锰含量在各县市的分布

(一) 二级

巴州二级地面积 24.07khm²，占巴州总耕地面积的 6.35%。尉犁县二级地面积最大，为 6.94khm²，占二级地面积的 28.82%；其次为库尔勒市和和静县，分别占二级地面积的 23.81% 和 13.64%；焉耆回族自治县和若羌县二级地面积最小，分别占二级地面积的

2.46%和2.89%。

（二）三级

巴州三级地面积82.27khm²，占巴州总耕地面积的21.70%。尉犁县三级地面积最大，为20.92khm²，占三级地面积的25.42%；其次为库尔勒市和和静县，分别占三级地面积的21.97%和16.40%；若羌县和且末县三级地面积最小，分别占三级地面积的2.25%和3.78%。

（三）四级

巴州四级地面积42.25khm²，占巴州总耕地面积的11.15%。尉犁县四级地面积最大，为11.54khm²，占巴州四级地面积的27.32%；其次为库尔勒市和焉耆回族自治县，分别占四级地面积的16.77%和12.76%；若羌县和博湖县四级地面积最小，分别占四级地面积的1.60%和5.85%。

（四）五级

巴州五级地面积230.52khm²，占巴州总耕地面积的60.81%。库尔勒市五级地面积最大，为49.66khm²，占巴州五级地面积的21.54%；其次为尉犁县和和静县，分别占五级地面积的18.92%和13.22%；若羌县和且末县五级地面积最小，分别占五级地面积的1.83%和4.38%。

三、土壤有效锰调控

土壤中锰的有效性与土壤 pH 值、通气性和碳酸盐含量有一定关系，在 pH 值 4~9 的范围内，随着土壤 pH 值的提高，锰的有效性降低，在酸性土壤中，全锰和交换性锰（有效锰）含量都较高。一般来说，有些土壤锰的含量比较高，但它的有效态含量却很低，生长在这种土壤中的农作物，依然会因缺锰而出现缺素的生理症状。另外，随着作物产量的增加和复种指数的提高，从土壤中带走的锰也越来越多，而且氮磷化肥的施用量越来越大，有机肥料施用不足，致使锰大面积的缺乏，有的地块已明显表现出缺素症状。

巴州大部分为中性或碱性土壤，较易出现缺锰现象，尤其是排水不良和石灰性土含量高的土壤极易缺锰。针对土壤缺锰状况，一般是通过施用含锰的肥料（锰肥）的方式进行补充。常用的锰肥有硫酸锰、氯化锰、碳酸锰、氧化锰等。在实际施用锰肥时，应注意以下主要原则。

（一）根据土壤锰丰缺情况和作物种类确定施用

一般情况下，在土壤锰有效含量低时易产生缺素症，所以应采取缺什么补什么的原则，才能达到理想的效果。不同的作物种类，对锰肥的敏感程度不同，其需要量也不一样，如对锰敏感的作物有豆科作物、小麦、马铃薯、洋葱、菠菜、苹果、草莓等，需求量大；其次是大麦、甜菜、三叶草、芹菜、萝卜、番茄、棉花等，需求量一般；对锰不敏感的作物有玉米、黑麦、牧草等，需求量则较小。

（二）注意施用量及浓度

只有在土壤严重缺乏锰元素时，才向土壤施用锰肥，因为一般作物对微量元素的需要量都很少，而且从适量到过量的范围很窄，因此要防止锰肥用量过大。土壤施用时必须施得均匀，否则会引起植物中毒，污染土壤与环境。锰肥可用作基肥和种肥。在播种前结合整地施入土中，或者与氮、磷、钾等化肥混合在一起均匀施入，施用量要根据作物和锰肥种类而定，一般不宜过大。土壤施用锰肥有后效，一般可每隔3~4年施用一次。

（三）注意改善土壤环境条件

微量元素锰的缺乏，往往不是因为土壤中锰含量低，而是其有效性低，通过调节土壤条件，如土壤酸碱度、土壤质地、全氮含量、土壤含水量等，可以有效改善土壤的锰营养条件。

（四）注意与大量元素肥料配合施用

注意与大量元素肥料配合施用。微量元素和氮、磷、钾等营养元素都是同等重要、不可代替的，只有在满足了植物对大量元素需要的前提下，施用微量元素肥料才能充分发挥肥效，表现出明显的增产效果。

第九节　土壤有效铜

土壤铜含量常常与其母质来源和抗风化能力有关，与土壤质地间接相关。土壤中的铜大部分来自含铜矿物。一般情况下，基性岩发育的土壤，其含铜量多于酸性岩发育的土壤，沉积岩中以砂岩含铜最低。

一、土壤有效铜含量及其空间差异

通过对巴州耕层土壤样品有效铜含量测定结果分析，巴州耕层土壤有效铜平均值为1.85mg/kg，平均含量以博湖县含量最高，为2.90mg/kg，其次分别为焉耆回族自治县2.21mg/kg、库尔勒市2.02mg/kg、尉犁县1.69mg/kg、和硕县1.65mg/kg、若羌县1.70mg/kg、和静县1.57mg/kg、轮台县1.50mg/kg，且末县含量最低，为1.30mg/kg。

巴州土壤有效铜平均变异系数为41.82%，最小值出现在博湖县，为8.90%；最大值出现在和硕县，为48.60%。详见表5-33。

表5-33　巴州土壤有效铜含量及其空间差异

名称	平均值（mg/kg）	标准差（mg/kg）	变异系数（%）
博湖县	2.90	0.26	8.90
和静县	1.57	0.53	33.70
和硕县	1.65	0.80	48.60
库尔勒市	2.02	0.94	46.47
轮台县	1.50	0.46	30.91
且末县	1.30	0.53	40.70

名称	平均值（mg/kg）	标准差（mg/kg）	变异系数（%）
若羌县	1.70	0.42	24.61
尉犁县	1.69	0.79	46.60
焉耆回族自治县	2.21	0.58	26.13
巴州	1.85	0.77	41.82

二、土壤有效铜的分级与分布

从巴州耕层土壤有效铜分级面积统计数据看，巴州耕地土壤有效铜多数在一级。按等级分，一级占49.81%，二级占14.90%，三级占17.91%，四级占17.37%，无五级地分布。提升空间较大。详见表5-34，图5-9。

表5-34　土壤有效铜不同等级在巴州的分布

含量	>2.00mg/kg		1.50~2.00mg/kg		1.00~1.50mg/kg		0.50~1.00mg/kg		≤0.50mg/kg		合计	
县市	面积（khm²）	占比（%）	面积（khm²）	占比（%）	面积（khm²）	占比（%）	面积（khm²）	占比（%）	面积（khm²）	占比（%）	面积（khm²）	占比（%）
博湖县	10.33	5.47	3.44	6.09	3.79	5.58	3.47	5.28	—	—	21.03	5.55
和静县	29.67	15.71	8.01	14.18	7.33	10.79	6.83	10.37	—	—	51.83	13.67
和硕县	19.43	10.29	6.53	11.55	6.55	9.64	6.34	9.62	—	—	38.84	10.25
库尔勒市	40.70	21.55	13.31	23.55	14.69	21.62	11.86	18.01	—	—	80.55	21.25
轮台县	21.77	11.53	5.34	9.46	4.86	7.15	5.75	8.73	—	—	37.72	9.95
且末县	7.35	3.89	2.32	4.10	4.67	6.88	3.53	5.35	—	—	17.87	4.71
若羌县	3.26	1.73	1.09	1.92	1.87	2.75	1.22	1.86	—	—	7.44	1.96
尉犁县	40.48	21.43	11.22	19.85	14.88	21.92	16.43	24.96	—	—	83.01	21.90
焉耆回族自治县	15.87	8.40	5.25	9.29	9.28	13.66	10.46	15.83	—	—	40.82	10.77
总计	188.86	49.81	56.51	14.90	67.92	17.91	65.84	17.37	—	—	379.12	100.00

（一）一级

巴州一级地面积188.86khm²，占巴州总耕地面积的49.81%。有效铜一级地面积最大出现在库尔勒市和尉犁县，面积分别为40.70khm²和40.48khm²，分别占一级地面积的21.55%和21.43%；其次为和静县、轮台县和和硕县，分别占一级地面积的15.71%、11.53%和10.29%；若羌县一级地面积最小，占一级地面积的1.73%。

（二）二级

巴州二级地面积56.51khm²，占巴州总耕地面积的14.90%。库尔勒市二级地面积最大，为13.31khm²，占二级地面积的23.55%；其次为尉犁县和和静县，分别占二级地面

图 5-9　耕层有效铜含量在各县市的分布

积的 19.85% 和 14.18%；若羌县二级地面积最小，占二级地面积的 1.92%。

（三）三级

巴州三级地面积 67.92khm²，占巴州总耕地面积的 17.91%。尉犁县和库尔勒市三级地面积最大，分别为 14.69khm² 和 14.88khm²，分别占三级地面积的 21.92% 和 21.62%；其次为焉耆回族自治县和和静县，分别占三级地面积的 13.66% 和 10.79%；若羌县三级地面积最小，占三级地面积的 2.75%。

（四）四级

巴州四级地面积 65.84khm²，占巴州总耕地面积的 17.37%。尉犁县四级地面积最大，为 16.43khm²，占巴州四级地面积的 24.96%；其次为库尔勒市和焉耆回族自治县，分别占四级地面积的 18.01% 和 15.83%；若羌县四级地面积最小，占四级地面积的 1.86%。

三、土壤有效铜调控

一般认为，土壤缺铜的临界含量为 0.5mg/kg，土壤有效铜低于 0.5mg/kg 时，属于缺铜；低于 0.2mg/kg 时，属于严重缺铜。针对土壤缺铜的情况，一般通过施用铜肥进行调控。

（一）铜的生理作用

铜参与植物的光合作用，以 Cu^{2+} 的形式被植物吸收，它可以畅通无阻地催化植物的氧化还原反应，从而促进碳水化合物和蛋白质的代谢与合成，使植物抗寒、抗旱能力大为增强；铜还参与植物的呼吸作用，影响到作物对铁的利用，在叶绿体中含有较多的铜，因此铜与叶绿素形成有关；铜具有提高叶绿素稳定性的能力，避免叶绿素过早遭受破坏，这有利于叶片更好地进行光合作用。缺铜时，叶绿素减少，叶片出现失绿现象，幼叶的叶尖因缺绿而黄化并干枯，最后叶片脱落；还会使繁殖器官的发育受到破坏。植物需铜量很微，植物一般不会缺铜。

（二）土壤铜的变化特性

不同作物种植区土壤铜含量变化不一。土壤中铜的形态包括水溶态铜、有机态铜、离子态铜。水溶态铜在土壤全铜中所占比例较低，土壤中水溶性铜占全铜的比例仅为 $1.2\% \sim 2.8\%$，离子态铜占全铜及水溶态铜的比例分别为 $0.0003\% \sim 0.018\%$ 和 $0.01\% \sim 1.4\%$。使用有机肥会降低活性态铜含量，增加有机结合态铜含量，在铜缺乏土壤上应该避免过量使用有机肥。

（三）铜肥类型及合理施用技术

铜肥的主要品种有硫酸铜、氧化铜、氧化亚铜、碱式硫酸铜、铜矿渣等。

1. 硫酸铜

分子式为 $CuSO_4 \cdot 5H_2O$，含铜量为 25.5%，或失水成为 $CuSO_4 \cdot H_2O$，含铜量为 35%，能溶于水、醇、甘油及氨液，水溶液呈酸性。适用于各种施肥方法，但要注意在磷肥施用量较大的土壤上，最好采用种子处理或叶面喷施，以防止磷与铜结合成难溶的盐，降低铜的有效性。基施和拌种可促进玉米对铜的吸收，增产 $6\% \sim 15\%$。

2. 氧化铜

分子式为 CuO，含铜量 78.3%，不溶于水和醇，但可在氨溶液中缓慢溶解。只能用作基肥，一般施入酸性土壤为好，每亩施用量为 $0.4 \sim 0.6kg$，每隔 $3 \sim 5$ 年施 1 次。

3. 氧化亚铜

分子式为 Cu_2O，含铜量为 84.4%。不溶于水、醇；溶于盐酸、浓氨水、浓碱。在干燥空气中稳定，在湿润空气中逐渐氧化成黑色氧化铜。由于难溶于水，只能作基肥，每亩施 $0.3 \sim 0.5kg$，每隔 $3 \sim 5$ 年施 1 次。

4. 碱式硫酸铜

分子式为 $CuSO_4 \cdot 3Cu(OH)_2 \cdot H_2O$，含铜量为 $13\% \sim 53\%$。只溶于无机酸，不溶于水，只适用于基肥，用于酸性土壤，每亩施 $0.5 \sim 1kg$。

5. 铜矿渣

含铜（Cu）、铁（Fe）、氧化硅（SiO_2）、氧化镁（MgO）等，含铜量为 $0.3\% \sim 1.0\%$，该产品为矿山生产副产品，难溶于水，也可作铜肥使用，亩施 $30 \sim 40kg$，于秋耕或春耕时施入。对改良泥炭土和腐殖质湿土效果显著。但若含有大量镉、铅、汞等元素，应先加工处理，去掉镉、铅、汞有害物质后再进行施用。

第十节　土壤有效锌

锌（Zn）是一种浅灰色的过渡金属，是第四种"常见"的金属，仅次于铁、铝及铜。土壤锌含量因土壤类型而异，并受成土母质的影响。锌是一些酶的重要组成成分，这些酶在缺锌的情况下活性大大降低。绿色植物的光合作用，必需要有含锌的碳酸酐酶的参与，它主要存在于植株的叶绿体中，催化二氧化碳的水合作用，提高光合强度，促进碳水化合物的转化。锌能促进氮素代谢。缺锌植株体内的氮素代谢要发生紊乱，造成氨的大量累积，抑制了蛋白质的合成。植株的失绿现象，在很大程度上与蛋白质的合成受阻有关。施锌促进植株生长发育的效应显著，并能增强抗病、抗寒能力，对防治玉米花叶白苗病、柑橘小叶病，减轻小麦条锈病、大麦和冬黑麦的坚黑穗病、冬黑麦的秆黑粉病、向日葵的白腐和灰腐病的危害，增强玉米植株的耐寒性。

锌作为作物生长必需的微量元素，其在土壤中的含量及变化状况直接影响作物产量和产品品质，影响农业的高产高效生产，因此进行微量元素锌的调查分析具有重要意义。

一、土壤有效锌含量及其空间差异

通过对巴州耕层土壤样品有效锌含量测定结果分析，巴州耕层土壤有效锌平均值为0.80mg/kg，平均含量以轮台县和尉犁县含量最高，为0.94mg/kg，其次分别为焉耆回族自治县0.86mg/kg、博湖县0.85mg/kg、且末县0.77mg/kg、库尔勒市0.75mg/kg、和硕县0.68mg/kg、若羌县0.90mg/kg，和静县含量最低，为0.50mg/kg。

巴州土壤有效锌平均变异系数为51.05%，最小值出现在且末县，为19.92%；最大值出现在轮台县，为93.53%。详见表5-35。

表5-35　巴州土壤有效锌含量及其空间差异

名称	平均值（mg/kg）	标准差（mg/kg）	变异系数（%）
博湖县	0.85	0.33	39.02
和静县	0.50	0.26	52.15
和硕县	0.68	0.26	38.63
库尔勒市	0.75	0.37	48.65
轮台县	0.94	0.88	93.53
且末县	0.77	0.15	19.92
若羌县	0.90	0.31	34.25
尉犁县	0.94	0.41	43.38
焉耆回族自治县	0.86	0.30	35.55
巴州	0.80	0.41	51.05

二、土壤有效锌的分级与分布

从巴州耕层土壤有效锌分级面积统计数据看，巴州耕地土壤有效锌在各个等级分布较为分散。按等级分，一级占22.33%，二级占20.09%，三级占20.52%，四级占23.38%，五级占13.68%。提升空间较大。详见表5-36，图5-10。

表5-36　土壤有效锌不同等级在巴州的分布

含量　县市	>2.00mg/kg		1.50~2.00mg/kg		1.00~1.50mg/kg		0.50~1.00mg/kg		≤0.50mg/kg		合计	
	面积（khm²）	占比（%）	面积（khm²）	占比（%）	面积（khm²）	占比（%）	面积（khm²）	占比（%）	面积（khm²）	占比（%）	面积（khm²）	占比（%）
博湖县	4.33	5.11	4.31	5.66	4.49	5.77	5.38	6.07	2.52	4.87	21.03	5.55
和静县	12.69	15.00	9.91	13.01	9.44	12.14	14.97	16.88	4.81	9.29	51.83	13.67
和硕县	8.38	9.90	8.47	11.12	8.28	10.64	8.82	9.95	4.89	9.43	38.84	10.25
库尔勒市	20.77	24.54	16.49	21.65	15.74	20.24	17.81	20.09	9.73	18.76	80.55	21.25
轮台县	9.72	11.48	8.85	11.62	7.65	9.83	7.32	8.26	4.18	8.07	37.72	9.95
且末县	3.75	4.43	3.24	4.25	3.99	5.13	4.22	4.76	2.68	5.16	17.87	4.71
若羌县	1.75	2.07	2.06	2.70	1.44	1.85	1.11	1.25	1.08	2.09	7.44	1.96
尉犁县	15.80	18.67	16.21	21.29	19.37	24.90	18.65	21.04	12.97	25.02	83.01	21.90
焉耆回族自治县	7.45	8.80	6.63	8.70	7.39	9.50	10.38	11.70	8.98	17.31	40.82	10.77
总计	84.65	22.33	76.17	20.09	77.80	20.52	88.65	23.38	51.85	13.68	379.12	100.00

图5-10　耕层有效锌含量在各县市的分布

（一）一级

巴州一级地面积84.65khm²，占巴州总耕地面积的22.33%。有效锌一级地面积最大出现在库尔勒市，面积为20.77khm²，占一级地面积的24.54%；其次为尉犁县和和静县，分别占一级地面积的18.67%和15.00%；若羌县一级地面积最小，占一级地面积的 2.07%。

（二）二级

巴州二级地面积 76.17khm²，占巴州总耕地面积的 20.09%。库尔勒市和尉犁县二级地面积最大，分别为 16.49khm² 和 16.21khm²，分别占二级地面积的 21.65% 和 21.29%；其次为和静县、轮台县和和硕县，分别占二级地面积的 13.01%、11.62% 和 11.12%；若羌县二级地面积最小，占二级地面积的 2.70%。

（三）三级

巴州三级地面积 77.80khm²，占巴州总耕地面积的 20.52%。尉犁县和库尔勒市三级地面积最大，分别为 19.37khm² 和 15.74khm²，分别占三级地面积的 24.90% 和 20.24%；其次为和静县和和硕县，分别占三级地面积的 12.14% 和 10.64%；若羌县三级地面积最小，占三级地面积的 1.85%。

（四）四级

巴州四级地面积 88.65khm²，占巴州总耕地面积的 23.38%。尉犁县和库尔勒市四级地面积最大，分别为 18.65khm² 和 17.81khm²，分别占四级地面积的 21.04% 和 20.09%；其次为和静县和焉耆回族自治县，分别占四级地面积的 16.88% 和 11.70%；若羌县四级地面积最小，占四级地面积的 1.25%。

（五）五级

巴州五级地面积 51.85khm²，占巴州总耕地面积的 13.68%。尉犁县五级地面积最大，为 12.97khm²，占巴州五级地面积的 25.02%；其次为库尔勒市和焉耆回族自治县，分别占五级地面积的 18.76% 和 17.31%；若羌县五级地面积最小，占五级地面积的 2.09%。

三、土壤有效锌调控

一般认为，土壤缺锌的临界含量为 0.5mg/kg，有效锌含量低于 0.5mg/kg 时，属于缺锌；低于 0.3mg/kg 时，属于严重缺锌。针对土壤缺锌的情况，一般通过施用锌肥进行调控。

（一）锌肥类型

常见的锌肥包括硫酸锌、氯化锌、氧化锌等。硫酸锌（$ZnSO_4 \cdot 7H_2O$），含 Zn 量为 23%~24%，白色或橘红色结晶，易溶于水。氯化锌（$ZnCl_2$），含 Zn 量为 40%~48%，白色结晶，易溶于水。氧化锌（ZnO），含 Zn 量为 70%~80%，白色的粉末，难溶于水。

（二）施用方法

锌肥可以基施、追施、浸种、拌种、喷施，一般以叶面肥喷施效果最好。

（三）锌肥施用注意事项

（1）锌肥施用在对锌敏感作物上：像玉米、花生、大豆、甜菜、菜豆、果树、番茄等施用锌肥效果较好。

（2）施在缺锌的土壤上：在缺锌的土壤上施用锌肥较好，在不缺锌的土壤上不用施锌肥。如果植株早期表现出缺锌症状，可能是早春气温低，微生物活动弱，锌肥没有完全溶解，秧苗根系活动弱，吸收能力差；磷-锌的拮抗作用，土壤环境影响可能缺锌。但到后期气温升高，此症状就消失了。

（3）做基肥隔年施用：锌肥做基肥每公顷用硫酸锌20~25kg，要均匀施用，同时要隔年施用，因为锌肥在土壤中的残效期较长，不必每年施用。

（4）不要与农药一起拌种：拌种用硫酸锌2g/kg左右，以少量水溶解，喷于种子上或浸种，待种子干后，再进行农药处理，否则影响效果。

（5）不要与磷肥混用：因为锌-磷有拮抗作用，锌肥要与干细土或酸性肥料混合施用，撒于地表，随耕地翻入土中，否则将影响锌肥的效果。

（6）不要表施，要埋入土中：追施硫酸锌时，施硫酸锌1.0kg/亩左右，开沟施用后覆土，表施效果较差。

（7）浸秧根不要时间过长，浓度不宜过大，以1%的浓度为宜，浸半分钟即可，时间过长会发生药害。

（8）叶面喷施效果好：用浓度为0.1%~0.2%硫酸锌、锌宝溶液进行叶面喷雾，每隔6~7d喷1次，喷2~3次，但注意不要把溶液灌进心叶，以免灼伤植株。

第十一节　土壤有效硫

有效硫是指土壤中能被植物直接吸收利用的硫。通常包括易溶硫、吸附性硫和部分有机硫。有效硫主要是无机硫酸根SCT，它以溶解状态存在于土壤溶液中，或被吸附在土壤胶体上，在浓度较大的土壤中则因过饱和而沉淀为硫酸盐固体，这些形态的硫酸盐大多是水溶性的、酸溶性的或代换性的，易于被植物吸收。

一、土壤有效硫含量及其空间差异

通过对巴州耕层土壤样品有效硫含量测定结果分析，巴州耕层土壤有效硫平均值为415.61mg/kg。平均含量以轮台县含量最高，为943.86mg/kg，其次分别为和硕县723.23mg/kg、库尔勒市442.42mg/kg、若羌县431.30ng/kg、尉犁县397.53mg/kg、博湖县353.70mg/kg、和静县297.58mg/kg、焉耆回族自治县106.90mg/kg，且末县含量最低，为71.00mg/kg。

巴州土壤有效硫平均变异系数为145.35%，最小值出现在焉耆回族自治县，为48.08%；最大值出现在和静县，为181.31%。详见表5-37。

表5-37　巴州土壤有效硫含量及其空间差异

名称	平均值（mg/kg）	标准差（mg/kg）	变异系数（%）
博湖县	353.70	349.78	98.89
和静县	297.58	539.55	181.31
和硕县	723.23	929.62	128.54
库尔勒市	442.42	508.44	114.92

（续表）

名称	平均值（mg/kg）	标准差（mg/kg）	变异系数（%）
轮台县	943.86	1 134.20	120.17
且末县	71.00	39.71	55.94
若羌县	431.30	378.31	87.72
尉犁县	397.53	504.08	126.80
焉耆回族自治县	106.90	51.40	48.08
总计	415.61	604.11	145.35

二、土壤有效硫的分级与分布

从巴州耕层土壤有效硫分级面积统计数据看，巴州耕地土壤有效硫多数在一级。按等级分，一级占 64.25%，二级占 11.13%，三级占 14.89%，四级占 7.94%，五级占 1.79%。详见表 5-38、图 5-11。

表 5-38 土壤有效硫不同等级在巴州的分布

含量\县市	>50.0mg/kg		30.0~50.0mg/kg		15.0~30.0mg/kg		10.0~15.0mg/kg		≤10.0mg/kg		合计	
	面积(khm²)	占比(%)	面积(khm²)	占比(%)	面积(khm²)	占比(%)	面积(khm²)	占比(%)	面积(khm²)	占比(%)	面积(khm²)	占比(%)
博湖县	10.90	4.48	2.03	4.81	4.91	8.69	2.75	9.12	0.45	6.56	21.03	5.55
和静县	40.58	16.66	3.61	8.55	4.90	8.68	2.55	8.46	0.20	2.98	51.83	13.67
和硕县	23.76	9.76	5.34	12.67	5.08	9.00	3.56	11.83	1.09	16.12	38.84	10.25
库尔勒市	42.74	17.55	12.78	30.30	16.05	28.43	7.44	24.73	1.53	22.51	80.55	21.25
轮台县	28.61	11.74	3.10	7.36	3.74	6.62	1.64	5.45	0.63	9.31	37.72	9.95
且末县	13.83	5.68	1.34	3.17	1.32	2.33	1.14	3.78	0.25	3.61	17.87	4.71
若羌县	6.41	2.63	0.17	0.40	0.45	0.79	0.18	0.59	0.24	3.49	7.44	1.96
尉犁县	54.52	22.38	7.87	18.65	13.90	24.62	5.28	17.53	1.44	21.26	83.01	21.90
焉耆回族自治县	22.22	9.12	5.95	14.10	6.11	10.83	5.58	18.53	0.96	14.15	40.82	10.77
总计	243.58	64.25	42.19	11.13	56.46	14.89	30.10	7.94	6.79	1.79	379.12	100.00

（一）一级

巴州一级地面积 243.58khm²，占巴州总耕地面积的 64.25%。尉犁县有效硫一级地面积最大，为 54.52khm²，占一级地面积的 22.38%；其次为库尔勒市和和静县，分别占一级地面积的 17.55% 和 16.66%。若羌县一级地面种最小，占一级地面积的 2.63%。

（二）二级

巴州二级地面积 42.19khm²，占巴州总耕地面积的 11.13%。库尔勒市二级地面积最

图 5-11　耕层有效硫含量在各县市的分布

大，为 12.78khm²，占二级地面积的 30.30%；其次为尉犁县和焉耆回族自治县，分别占二级地面积的 18.65% 和 14.10%。若羌县二级地面种最小，占二级地面积的 0.40%。

（三）三级

巴州三级地面积 56.46khm²，占巴州总耕地面积的 14.89%。库尔勒市三级地面积最大，为 16.05khm²，占三级地面积的 28.43%；其次为尉犁县和焉耆回族自治县，分别占三级地面积的 24.62% 和 10.83%。若羌县三级地面积最小，占三级地面积的 0.79%。

（四）四级

巴州四级地面积 30.10khm²，占巴州总耕地面积的 7.94%。库尔勒市四级地面积最大，为 7.44khm²，占四级地面积的 24.7.3%；其次为焉耆回族自治县和尉犁县，分别占四级地面积的 18.53% 和 17.53%。若羌县四级地面积最小，占四级地面积的 0.59%。

（五）五级

巴州五级地面积 6.79khm²，占巴州总耕地面积的 1.79%。库尔勒市和尉犁县五级地面积最大，分别为 1.53khm² 和 1.44khm²，分别占五级地面积的 22.51% 和 21.26%；其次为和硕县和焉耆回族自治县，分别占五级地面积的 16.12% 和 14.15%。和静县五级地面积最小，占五级地面积的 2.98%。

三、土壤有效硫调控

（一）控制硫肥用量

小麦适宜的施硫量为 60kg/hm²，水稻为 80~190kg/hm²。具体用量视土壤有效硫水平高低而定。就一般作物而言，土壤有效硫低于 16mg/kg 时，施硫才会有增产效果，若有效硫大于 20mg/kg，除喜硫作物外，施硫一般无增产效果。在不缺硫的土壤上施用硫肥不仅不会增产，甚至会导致土壤酸化和减产。十字花科、豆科作物以及葱蒜、韭菜等都是需硫较多的作物，对施肥的反应敏感。而谷类作物则比较耐缺硫胁迫。硫肥用量的确定除了应考虑土壤、作物硫供需状况外，还要考虑到各元素间营养平衡问题，尤其是氮、硫的平衡。一些试验表明，只有在氮、硫比接近 7 时，氮、硫才能都得到有效的利用。当然，这一比值应随不同土壤氮、硫基础含量不同而作相应调整。

（二）选择适宜的硫肥品种

硫酸铵、硫酸钾及金属微量元素硫酸盐中的硫酸根都是易于被作物吸收利用的硫形态。普钙中的石膏肥效要慢些。施用硫酸盐肥料的同时不应忽视由此带入的其他元素的平衡问题。施用硫黄虽然元素单纯，但须经微生物转化后才能有效，其肥效与土壤环境条件及肥料本身的细度有密切关系，而且其后效也比硫酸盐肥料大得多，甚至可以隔年施用。

（三）确定合理的施硫时期

硫肥的施用时间也直接影响着硫肥效果的好坏。在温带地区，硫酸盐类等可溶性硫肥春季使用效果比秋季好。在热带、亚热带地区则宜夏季施用。硫肥一般可以作基肥，于播种或移栽前耕地时施入，通过耕耙使之与土壤混合。根外喷施硫肥仅可作为补硫的辅助性措施。使用微溶或不溶于水的石膏或硫黄的悬液进行沾根处理是经济用硫的有效方法。

第十二节　土壤有效硅

一般作物不会缺硅（Si），但个别作物却对硅敏感，如水稻、果树等。硅主要存在地壳中，自然界中硅的主要来源是含硅矿物。土壤中的硅主要是以硅酸盐的形式存在，土壤中的有效硅一般在几十至几百毫克每千克。

施用硅肥后，可使植物表皮细胞硅质化，茎秆挺立，增强叶片的光合作用。硅化细胞还可增加细胞壁的厚度，形成一个坚固的保护壳，病菌难以入侵；病虫害一旦危害即遭抵制。作物吸收硅肥后，导管刚性加强，有防止倒伏和促进根系生长的作用，是维持植物正常生命的一个重要组成部分。

此外，缺硅会使瓜果畸形，色泽灰暗，糖度减少，口感变差，影响商品性。增施硅肥则能大大提高这些性状。从植物生理学上的解释是：植物在硅肥的调节下，能抑制作物对氮肥的过量吸收，相应地促进了同化产物向多糖物质转化的结果，所以，农业中既要保证高产，又要保证优质，这就要施用硅肥。但由于硅的性质稳定，会在土壤中以化合物的形态被固定，移动性差，所以，我们就要以施用硅肥的方法来补充，这在肥料应用日益减少的现在显得更为必要。

一、土壤有效硅含量及其空间差异

通过对巴州耕层土壤样品有效硅含量测定结果分析，巴州耕层土壤有效硅平均值为101.78mg/kg，平均含量以和静县含量最高，为 208.37mg/kg；其次分别为焉耆回族自治县 118.37mg/kg、轮台县 111.74mg/kg、和硕县 103.07mg/kg、博湖县 89.85mg/kg、尉犁县 82.93mg/kg、库尔勒市 77.22mg/kg 和若羌县 63.58mg/kg；且末县含量最低，为 48.90mg/kg。

巴州土壤有效硅平均变异系数为 83.55%，最小值出现在和静县，为 33.16%；最大值出现在轮台县，为 127.40%。详见表 5-39。

表 5-39 巴州土壤有效硅含量及其空间差异

名称	平均值（mg/kg）	标准差（mg/kg）	变异系数（%）
博湖县	89.85	60.86	67.73
和静县	208.37	69.10	33.16
和硕县	103.07	75.73	73.48
库尔勒市	77.22	85.73	111.02
轮台县	111.74	142.36	127.40
且末县	48.90	12.57	25.71
若羌县	63.58	24.23	38.11
尉犁县	82.93	77.43	93.37
焉耆回族自治县	118.37	44.57	37.65
巴州	101.78	85.03	83.55

二、土壤有效硅的分级与分布

从巴州耕层土壤有效硅分级面积统计数据看，巴州耕地土壤有效硅多数在一级和二级。按等级分，一级占 28.58%，二级占 25.15%，三级占 12.80%，四级占 16.58%，五级占 16.89%。详见表 5-40、图 5-12。

表 5-40 土壤有效硅不同等级在巴州的分布

含量	>250mg/kg		150～250mg/kg		100～150mg/kg		50～100mg/kg		≤50mg/kg		合计	
县市	面积（khm²）	占比（%）	面积（khm²）	占比（%）	面积（khm²）	占比（%）	面积（khm²）	占比（%）	面积（khm²）	占比（%）	面积（khm²）	占比（%）
博湖县	5.35	4.94	5.41	5.67	2.99	6.17	3.74	5.94	3.54	5.53	21.03	5.55
和静县	17.13	15.81	11.42	11.98	7.46	15.37	9.10	14.47	6.73	10.51	51.83	13.67
和硕县	9.85	9.09	11.08	11.62	5.19	10.69	6.38	10.10	6.35	9.91	38.84	10.25
库尔勒市	26.29	24.27	21.84	22.91	7.91	16.30	10.51	16.71	14.00	21.86	80.55	21.25
轮台县	11.08	10.23	11.56	12.13	4.57	9.41	4.99	7.94	5.52	8.62	37.72	9.95
且末县	4.93	4.55	4.15	4.35	2.64	5.45	2.91	4.62	3.25	5.07	17.87	4.71
若羌县	3.02	2.79	2.17	2.28	0.66	1.35	0.89	1.42	0.69	1.08	7.44	1.96
尉犁县	22.73	20.98	21.56	22.61	11.29	23.26	13.77	21.90	13.66	21.33	83.01	21.90

（续表）

含量	>250mg/kg		150~250mg/kg		100~150mg/kg		50~100mg/kg		≤50mg/kg		合计	
县市	面积 (khm²)	占比 (%)	面积 (khm²)	占比 (%)	面积 (khm²)	占比 (%)	面积 (khm²)	占比 (%)	面积 (khm²)	占比 (%)	面积 (khm²)	占比 (%)
焉耆回族自治县	7.96	7.34	6.16	6.46	5.82	12.00	10.59	16.85	10.29	16.07	40.82	10.77
总计	108.34	28.58	95.35	25.15	48.52	12.80	62.88	16.58	64.03	16.89	379.12	100.00

图 5-12　耕层有效硅含量在各县市的分布

（一）一级

巴州一级地面积 108.34km²，占巴州总耕地面积的 28.58%。有效硅一级地面积最大的是库尔勒市，为 26.29km²，占一级地面积的 24.27%；其次为尉犁县和和静县，占一级地面积的 20.98% 和 15.81%。若羌县一级地面积最小，占一级地面积的 2.79%。

（二）二级

巴州二级地面积 95.35km²，占巴州总耕地面积的 25.15%。库尔勒市和尉犁县二级地面积最大，面积为 21.84km² 和 21.56km²，占二级地面积的 22.91% 和 22.61%；其次为轮台县、和静县和和硕县，分别占二级地面积的 12.13%、11.98% 和 11.62%。若羌县二级地面积最小，占二级地面积的 2.28%。

（三）三级

巴州三级地面积 48.52km²，占巴州总耕地面积的 12.80%。尉犁县三级地面积最大，为 11.29km²，占三级地面积的 23.26%；其次为库尔勒市和和静县，分别占三级地面积的 16.30% 和 15.37%。若羌县三级地面积最小，占三级地面积的 1.35%。

（四）四级

巴州四级地面积 62.88km²，占巴州总耕地面积的 16.58%。尉犁县四级地面积最大，为 13.77km²，占巴州四级地面积的 21.90%；其次为焉耆回族自治县和库尔勒市，分别占四级地面积的 16.85% 和 16.71%。若羌县四级地面积最小，占四级地面积的 1.42%。

（五）五级

巴州五级地面积 64.03km²，占巴州总耕地面积的 16.89%。库尔勒市和尉犁县五级地面积最大，分别为 14.00km² 和 13.66km²，占巴州五级地面积的 21.86% 和 21.33%；其次为焉耆回族自治县，占五级地面积的 16.07%。若羌县五级地面积最小，占五级地面积的 1.08%。

三、土壤有效硅调控

缺硅与作物种类密切相关，以水稻最为敏感，此外对果树、蔬菜也有一定效果。作物施用硅肥可以有效提高作物的抗病虫害能力，特别是对病虫害的抗性加强，针对土壤缺硅的不同类型，及作物对硅肥的需求不同，通过合理施用硅肥进行调控。

（一）根据作物种类

各种作物需硅的情况不一样，对硅肥也有不同的反应。在各种作物中，以水稻对硅肥的反应最好，其次为水果、蔬菜。

（二）根据肥料种类

硅肥主要有硅酸铵、硅酸钠、三氧化硅和含硅矿渣，可作基肥、种肥和追肥施用。

目前，硅肥的品种主要有枸溶性硅肥、水溶性硅肥两大类，枸溶性硅肥是指不溶于水而溶于酸后可以被植物吸收的硅肥；水溶性硅肥是指溶于水可以被植物直接吸收的硅肥，农作物对其吸收利用率较高，为高温化学合成，生产工艺较复杂，成本较高，但施用量较小，一般常用作叶面喷施、冲施和滴灌，也可进行基施和追施，具体用量可根据作物品种喜硅情况、当地土壤的缺硅情况以及硅肥的具体含量而定。

（三）根据土壤情况

硅是第四大矿物元素，理想的土壤调理剂，硅肥缓释长效，保证作物对硅元素的吸收达到最优水平，根据其原料生产产品养分全面、含量高、活性强、吸收利用率高。

第十三节　土壤有效钼

土壤中钼（Mo）的含量主要与成土母质、土壤质地、土壤类型、气候条件及全氮含量等有关。钼主要存在地壳中，自然界中钼的主要来源是含钼矿藏。钼对动植物的营养及代谢具有重要作用，土壤中的钼来自含钼矿物（主要含钼矿物是辉钼矿）。含钼矿物经过风化后，钼则以钼酸离子（MoO_4^{2-}或$HMoO_4^-$）的形态进入溶液。

土壤中的钼可区分成 4 部分。①水溶态钼，包括可溶态的钼酸盐。②代换态钼，MoO_4^{2-}离子被黏土矿物或铁锰的氧化物所吸附。以上两部分称为有效态钼，是植物能够吸收的。③难溶态钼，包括原生矿物、次生矿物、铁锰结核中所包被的钼。④有机结合态的钼。需注意探明土壤有效钼含量高低，为合理施肥、促进作物高产奠定基础。同时，也要防止钼过量带来的危害。

一、土壤有效钼含量及其空间差异

通过对巴州耕层土壤样品有效钼含量测定结果分析，巴州耕层土壤有效钼平均值为0.081mg/kg，平均含量以轮台县含量较高，为 0.236mg/kg，其次分别为焉耆回族自治县0.139mg/kg、若羌县 0.086mg/kg、尉犁县 0.066mg/kg、且末县 0.055mg/kg、库尔勒市0.054mg/kg、和硕县 0.050mg/kg、博湖县 0.048mg/kg，和静县含量最低为 0.045mg/kg。

巴州土壤有效钼平均变异系数为 113.33%，最小值出现在和硕县，为 29.57%；最大值出现在尉犁县，为 120.12%。详见表 5-41。

表 5-41　巴州土壤有效钼含量及其空间差异

名称	平均值（mg/kg）	标准差（mg/kg）	变异系数（%）
博湖县	0.048	0.015	30.10
和静县	0.045	0.024	53.73
和硕县	0.050	0.015	29.57
库尔勒市	0.054	0.020	37.91
轮台县	0.236	0.169	71.71
且末县	0.055	0.039	69.63
若羌县	0.086	0.080	95.10
尉犁县	0.066	0.080	120.12
焉耆回族自治县	0.139	0.117	84.31
巴州	0.081	0.092	113.33

二、土壤有效钼的分级与分布

从巴州耕层土壤有效钼分级面积统计数据看，巴州耕地土壤有效钼多数在一级和五级。按等级分，一级占 27.66%，二级占 5.97%，三级占 7.00%，四级占 8.57%，五级占50.80%。提升空间很大。详见表 5-42、图 5-13。

表 5-42　土壤有效钼不同等级在巴州的分布

含量 县市	>0.20mg/kg		0.15~ 0.20mg/kg		0.10~ 0.15mg/kg		0.05~ 0.10mg/kg		≤0.05mg/kg		合计	
	面积 (khm²)	占比 (%)	面积 (khm²)	占比 (%)	面积 (khm²)	占比 (%)	面积 (khm²)	占比 (%)	面积 (khm²)	占比 (%)	面积 (khm²)	占比 (%)
博湖县	6.53	6.22	1.42	6.29	1.34	5.07	1.39	4.29	10.35	5.37	21.03	5.55
和静县	23.06	21.99	5.12	22.63	4.40	16.60	3.91	12.02	15.34	7.96	51.83	13.67
和硕县	11.16	10.64	2.17	9.57	2.65	9.99	2.51	7.73	20.36	10.57	38.84	10.25
库尔勒市	22.34	21.31	5.11	22.57	3.95	14.88	5.23	16.10	43.92	22.80	80.55	21.25
轮台县	4.41	4.21	0.88	3.91	2.65	9.99	1.41	4.35	28.36	14.73	37.72	9.95
且末县	5.31	5.06	1.49	6.59	1.40	5.26	1.75	5.39	7.92	4.11	17.87	4.71
若羌县	3.64	3.47	0.67	2.98	1.25	4.72	0.66	2.03	1.21	0.63	7.44	1.96
尉犁县	23.52	22.43	4.26	18.81	7.31	27.54	8.03	24.70	39.90	20.72	83.01	21.90
焉耆回族 自治县	4.90	4.67	1.50	6.65	1.58	5.95	7.60	23.39	25.24	13.10	40.82	10.77
总计	104.87	27.66	22.63	5.97	26.53	7.00	32.50	8.57	192.59	50.80	379.12	100.00

图 5-13　耕层有效钼含量在各县市的分布

（一）一级

　　巴州一级地面积 104.87khm²，占巴州总耕地面积的 27.66%。有效钼一级地面积排前三位的分布在尉犁县、和静县和库尔勒市，分别为 23.52khm²、23.06khm² 和 22.34khm²，分别占一级地面积的 22.43%、21.99% 和 21.31%；其次为和硕县，占一级地面积的

10. 64%。若羌县一级地面积最小，占一级地面积的 3. 47%。

（二）二级

巴州二级地面积 22. 63km²，占巴州总耕地面积的 5. 97%。有效钼二级地面积排前两位的分布在和静县和库尔勒市，分别为 5. 12km² 和 5. 11km²，分别占二级地面积的 22. 63% 和 22. 57%；其次为尉犁县，占二级地面积的 18. 81%。若羌县二级地面积最小，占二级地面积的 2. 98%。

（三）三级

巴州三级地面积 26. 53km²，占巴州总耕地面积的 7. 00%。有效钼三级地面积最大为尉犁县，面积为 7. 31km²，占三级地面积的 27. 54%；其次为和静县和库尔勒市，分别占三级地面积的 16. 60% 和 14. 88%。若羌县三级地面积最小，占三级地面积的 4. 72%。

（四）四级

巴州四级地面积 32. 50km²，占巴州总耕地面积的 8. 57%。有效钼四级地面积排前两位的分布在尉犁县和焉耆回族自治县，分别为 8. 03km² 和 7. 60km²，占四级地面积的 24. 70% 和 23. 39%；其次为库尔勒市和和静县，分别占四级地面积的 16. 10% 和 12. 02%。若羌县四级地面积最小，占四级地面积的 2. 03%。

（五）五级

巴州五级地面积 192. 59km²，占巴州总耕地面积的 50. 80%。有效钼五级地面积排前两位的分布在库尔勒市和尉犁县，分别为 43. 92km² 和 39. 90km²，占五级地面积的 22. 80% 和 20. 72%；其次为轮台县、焉耆回族自治县和和硕县，分别占五级地面积的 14. 73%、13. 10% 和 10. 57%。若羌县五级地面积最小，占五级地面积的 0. 63%。

三、土壤有效钼调控

缺钼与作物种类密切相关，以豆科作物最为敏感，如紫云英、苕子、苜蓿、大豆、花生等。高含量钼对植物有不良影响。针对土壤缺钼的不同类型，通过合理施用钼肥进行调控。

（一）根据作物种类

各种作物需钼的情况不一样，对钼肥也有不同的反应。在各种作物中，豆科和十字花科作物对钼肥的反应最好。由于钼与固氮作用有密切关系，豆科作物对钼肥有特殊的需要，所以钼肥应当首先集中施用在豆科作物上。

1. 大豆

大豆使用钼肥使苗壮早发，根系发达，根瘤多而大，色泽鲜艳，株高、叶宽，总节数、分枝数、荚数、三粒荚数、蛋白质含量等都增加，因而能提高产量。

2. 花生

施用钼肥能使花生的单株荚果数、百果重和百仁重提高，空秕率降低，产量提高。

3. 其他

玉米施用钼肥拌种，平均增产 8. 7%。小麦施用钼肥，平均增产 13% ~ 16%，谷子施用钼肥，增产 4. 5% ~ 18%。

（二）根据肥料种类

钼肥主要有钼酸铵、钼酸钠、三氧化钼和含钼矿渣，可作基肥、种肥和追肥施用。

1. 基肥

含钼矿渣难溶解，以作基肥施用为好。钼肥可以单独施用，也可和其他常用化肥或有机肥混合施用，如单独施用，用量少，不易施匀，可拌干细土 5kg，搅拌均匀后施用。施用时可以撒施后犁入土中或耙入耕层内。钼肥的价格高，为节约用肥，可采取沟施、穴施的办法。

2. 种肥

种肥是一种常用的施肥方法，既省工，又省肥，操作方便，效果很好。①浸种，用 0.05%~0.1%的钼酸铵溶液浸种 12h 左右，肥液用量要淹没种子。用浸种方法，要考虑当时的土壤墒情，如果墒情不好，浸种处理过的种子中的水分反被土壤吸走，造成芽干而不能出苗。②拌种，每千克种子用钼酸铵 2g，先用少量的热水溶解，再兑水配成 2%~3%的溶液，用喷雾器在种子上薄薄地喷一层肥液，边喷边搅拌，溶液不要用得过多，以免种皮起皱，造成烂种。拌好后，将种子阴干即可播种。如果种子还要进行农药处理，一定要等种子阴干后进行。浸过或拌过钼肥的种子，人畜不能食用，以免引起钼中毒。

3. 追肥

多采用根外追肥的办法。叶面喷施要求肥液溶解彻底，不可有残渣。一般要连续喷施 2 次为好，大豆需钼量多，拌种时可用 3%的钼酸铵溶液，均匀地喷在豆种上，阴干即可播种。

钼与磷有相互促进的作用，磷能增强钼肥的效果。可将钼肥与磷肥配合施用，也可再配合氮肥。每公顷磷酸钙加水 1 125kg，搅拌溶解放置过夜，第二天将沉淀的渣滓滤去，加入钼肥及尿素即可进行喷雾。另外，硫能抑制作物对钼的吸收，含硫多的土壤或施用硫肥过量会降低钼肥作用。

总体来说，作物对钼的需求总量相对较少；有效钼的供应过多，可能会对作物产生毒害，因此在钼肥的施用上，要严格控制用量，避免过量。由于钼肥用量较少，作为基肥施用时，要力求达到均匀施用，可与土或其他肥料充分混合后施用；根外追肥也要浓度适宜，不可随意增加用量或浓度，避免局部浓度过高。

第十四节　土壤有效硼

硼（B）是作物生长必需的营养元素之一，虽然需求总量不高，但硼所起的作用不可忽视。土壤中的硼大部分存在于土壤矿物中，小部分存在于有机物中。受成土母质、土壤质地、土壤 pH 值、土壤类型、气候条件等因素的影响，盐土全硼含量通常高于其他土壤。

土壤中的硼通常分为酸不溶态、酸溶态和水溶态 3 种形式，其中水溶性硼对作物是有效的，属有效硼。土壤有效硼含量与盐渍化程度密切相关，盐化土壤和盐土有效硼含量高，盐渍化程度越高，有效硼含量也越高，碱土和碱化土则低。影响土壤硼有效性的因素有气候条件、土壤全氮含量、土壤质地、pH 值等。降水量影响有效硼的含量，硼是一种比较容易淋失的元素，降水量大，有效硼淋失多。在降水量小的情况下，全氮的分解受到影响，硼的供应减少；同时由于土壤干旱增加硼的固定，硼的有效性降低。所以，降水过多或过少都降低硼的有效性。有效硼含量与全氮含量呈正相关，一般土壤中的硼含量随全氮含量的增加有增加的趋势。土壤全氮含量高，有效硼含量也高。这是因为土壤全氮与硼结合，防止了硼的淋失；在全氮被矿化后，其中的硼即被释放出来。由于种植结构、施肥习惯的不同，各地土壤硼含量差异很大。

一、土壤有效硼含量及其空间差异

通过对巴州耕层土壤样品有效硼含量测定结果分析，巴州耕层土壤有效硼平均值为2.85mg/kg，平均含量以和硕县含量最高，为5.55mg/kg；其次分别为且末县5.47mg/kg、若羌县3.78mg/kg、轮台县3.60mg/kg、博湖县2.58mg/kg、焉耆回族自治县2.27mg/kg、库尔勒市2.20mg/kg、尉犁县2.15mg/kg；和静县含量最低，为2.12mg/kg。

巴州土壤有效硼平均变异系数为84.61%，较小值出现在且末县，为13.85%；最大值出现在和硕县，为103.26%。详见表5-43。

表5-43　巴州土壤有效硼含量及其空间差异

名称	平均值（mg/kg）	标准差（mg/kg）	变异系数（%）
博湖县	2.58	1.56	60.44
和静县	2.12	0.71	33.46
和硕县	5.55	5.73	103.26
库尔勒市	2.20	1.32	60.10
轮台县	3.60	2.77	76.85
且末县	5.47	0.76	13.85
若羌县	3.78	3.01	79.81
尉犁县	2.15	0.81	37.82
焉耆回族自治县	2.27	0.99	43.71
巴州	2.85	2.41	84.61

二、土壤有效硼的分级与分布

从巴州耕层土壤有效硼分级面积统计数据看，巴州耕地土壤有效硼多数在一级。按等级分，一级占81.42%，二级占4.18%，三级占6.23%，四级占8.17%，无五级地面积分布。需要合理施用硼肥。详见表5-44、图5-14。

表5-44　土壤有效硼不同等级在巴州的分布

含量 县市	>2.00mg/kg		1.50~ 2.00mg/kg		1.00~ 1.50mg/kg		0.50~ 1.00mg/kg		≤0.50mg/kg		合计	
	面积 （khm²）	占比 （%）	面积 （khm²）	占比 （%）	面积 （khm²）	占比 （%）	面积 （khm²）	占比 （%）	面积 （khm²）	占比 （%）	面积 （khm²）	占比 （%）
博湖县	16.72	5.42	1.06	6.67	1.52	6.44	1.74	5.60	—	—	21.03	5.55
和静县	44.70	14.48	1.47	9.30	2.65	11.21	3.02	9.73			51.83	13.67

（续表）

含量	>2.00mg/kg		1.50~2.00mg/kg		1.00~1.50mg/kg		0.50~1.00mg/kg		≤0.50mg/kg		合计	
县市	面积（khm²）	占比（%）	面积（khm²）	占比（%）	面积（khm²）	占比（%）	面积（khm²）	占比（%）	面积（khm²）	占比（%）	面积（khm²）	占比（%）
和硕县	30.91	10.01	1.84	11.62	2.64	11.19	3.44	11.12	—	—	38.84	10.25
库尔勒市	68.86	22.31	2.66	16.80	3.66	15.50	5.37	17.33	—	—	80.55	21.25
轮台县	33.05	10.71	1.56	9.86	1.22	5.16	1.89	6.09	—	—	37.72	9.95
且末县	14.07	4.56	0.79	5.01	0.93	3.96	2.07	6.67	—	—	17.87	4.71
若羌县	6.12	1.98	0.12	0.78	0.88	3.72	0.31	1.00	—	—	7.44	1.96
尉犁县	68.40	22.16	4.04	25.50	5.45	23.04	5.13	16.55	—	—	83.01	21.90
焉耆回族自治县	25.83	8.37	2.29	14.45	4.67	19.78	8.03	25.91	—	—	40.82	10.77
总计	308.67	81.42	15.83	4.18	23.63	6.23	30.98	8.17	—	—	379.12	100.00

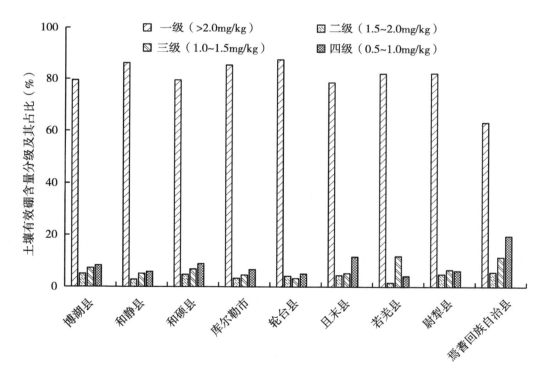

图 5-14　耕层有效硼含量在各县市的分布

（一）一级

巴州一级地面积 308.67khm²，占巴州总耕地面积的 81.42%。有效硼一级地面积主要分布在库尔勒市和尉犁县，分别为 68.86khm² 和 68.40khm²，占一级地面积的 22.31% 和 22.16%；其次为和静县、轮台县和和硕县，分别占一级地面积的 14.48%、10.71% 和

10.01%。若羌县一级地面积最小，占一级地面积的 1.98%。

（二）二级

巴州二级地面积 15.83khm²，占巴州总耕地面积的 4.18%。尉犁县二级地面积最大，为 4.04khm²，占巴州二级地面积的 25.50%；其次为库尔勒市、焉耆回族自治县和和硕县，分别占巴州二级地面积的 16.80%、14.45% 和 11.62%。若羌县二级地面积最小，占二级地面积的 0.78%。

（三）三级

巴州三级地面积 23.63khm²，占巴州总耕地面积的 6.23%。尉犁县三级地面积最大，为 5.45khm²，占巴州三级地面积的 23.04%；其次为焉耆回族自治县、库尔勒市、和硕县和和静县，分别占巴州三级地面积的 19.78%、15.50%、11.21% 和 11.19%。若羌县三级地面积最小，占三级地面积的 3.72%。

（四）四级

巴州四级地面积 30.98khm²，占巴州总耕地面积的 8.17%。焉耆回族自治县四级地面积最大，为 8.03khm²，占巴州四级地面积的 25.91%；其次为库尔勒市、尉犁县和和硕县，分别占四级地面积的 17.33%、16.55% 和 11.12%。若羌县四级地面积最小，占四级地面积的 1.00%。

三、土壤有效硼调控

一般认为，土壤缺硼的临界含量为 0.5mg/kg，水溶性硼低于 0.5mg/kg 时，属于缺硼；低于 0.25mg/kg 时，属于严重缺硼。针对土壤缺硼的情况，一般通过施用硼肥进行调控。在硼含量较高的地区，可以采取适当施用石灰的方法，防止硼的毒害。硼肥在棉花、苹果、花生、蔬菜等作物上已经得到大面积的推广应用。硼肥对于防止苹果、梨、桃等果树的落花落果和花而不实，效果显著，还能增加产量，改善果品品质。

（一）针对土壤和作物情况施用硼肥

土壤缺硼时，施硼肥能明显增产。不同土壤和作物，临界指标也有所差别。一般来说，双子叶植物的需硼量比单子叶植物高，多年生植物需硼量比一年生植物高，谷类作物一般需硼较少。甜菜是敏感性最强的作物之一；各种十字花科作物，如萝卜、油菜、甘蓝、花椰菜等需硼量高，对缺硼敏感；果树中的苹果对缺硼也特别敏感。硼肥的施用要因土壤、因作物而异，根据土壤硼含量和作物种类确定是否施用硼肥以及施用量。

（二）因硼肥种类选择适宜的施肥方式

硼酸易溶于水，硼砂易溶于热水，而硼泥则部分溶于水。因此，硼酸适宜根外追肥；硼砂可以作为根外追肥，也可以作为基肥；硼泥适宜作基肥。

（三）因土壤酸碱性施用硼肥

硼在石灰性土壤或碱性土壤上有效性较低，在酸性土壤中有效性较高，但易淋失。因此，为了提高肥料的有效性，在石灰性土壤或碱性土壤上，硼肥适宜作为根外追肥进行沾根、喷施（不适宜拌种）；而酸性土壤上，则可以作为基肥直接施入土壤中，同时注意尽量避免淋溶损失。

（四）控制用量，均匀施用

总体来说，作物对硼的需求总量还是相对较少的；硼的供应过多，可能会对作物产生毒害，因此在硼肥的施用上，要严格控制用量，避免过量。由于硼肥用量较少，作为基肥施用时，要力求达到均匀施用，可与氮肥和磷肥混合施用，也可单独施用；单独施用时必须均匀，最好与干土混匀后施入土壤。

由于作物对硼肥的适宜量和过量之间的差异较小，因此对硼肥的用量和施用技术应特别注意，以免施用过量造成中毒。在缓冲性较小的沙质土壤上，用量宜适当减小。如果引起作物毒害，可适当施用石灰以减轻毒害。

（五）合理使用不同硼含量等级的灌溉水

灌溉水的硼含量，会影响土壤的硼含量，也会影响作物的生长发育。因此对于不同的作物，在灌溉时要考虑灌溉水中的硼含量对作物生长发育的影响。

第六章　其他指标

第一节　土壤pH

土壤酸碱性是土壤的重要性质，是土壤一系列化学性状，特别是盐基状况的综合反映，对土壤微生物的活性、元素的溶解性及其存在形态等均具有显著影响，制约着土壤矿质元素的释放、固定、迁移及其有效性等，对土壤肥力、植物吸收养分及其生长发育均具有显著影响。

一、土壤分布情况

（一）土壤pH的空间分布

巴州耕地土壤pH统计分析如表6-1所示。在各县市中，以且末县的土壤pH平均值最高，为8.61，其次为焉耆回族自治县为8.15；以轮台县的土壤pH平均值最低，为7.85，其次为和硕县为7.92。从pH分级情况来看，巴州耕地土壤pH平均值为8.01，处于弱碱性水平。

从土壤pH空间差异性来看，各县市变异系数均小于5.0%，属于弱变异性，这说明巴州耕地土壤pH空间差异均不显著。其中焉耆回族自治县土壤pH变异系数最小，为2.35%，博湖县土壤pH变异系数最大，为4.28%。巴州不同土壤类型pH及其空间分布变异见表6-2。

表6-1　巴州土壤pH及其空间变异

行政区	样点数（个）	平均值	标准差	变异系数（%）
博湖县	35	8.14	0.35	4.28
和静县	66	7.94	0.20	2.57
和硕县	54	7.92	0.32	4.03
库尔勒市	106	7.98	0.24	3.05
轮台县	52	7.85	0.19	2.46
且末县	25	8.61	0.20	2.37
若羌县	13	8.03	0.24	2.98
尉犁县	125	7.95	0.22	2.77

行政区	样点数（个）	平均值	标准差	变异系数（%）
焉耆回族自治县	59	8.15	0.19	2.35
总计	535	8.01	0.29	3.57

（二）不同土壤类型 pH 分级的空间分布

如表 6-2 所示，在各县市中，潮土的 pH 平均值最高，为 8.12，其次是棕钙土为 8.06；沼泽土、灌淤土的 pH 平均值较低，分别为 7.91、7.96。不同土壤类型 pH 空间差异均不显著。其中灌淤土土壤 pH 变异系数最高，为 5.22%；棕钙土土壤 pH 变异系数最低，为 1.39%。

表 6-2　巴州不同土壤类型 pH 及其空间变异

土壤类型	样点数（个）	平均值	标准差	变异系数（%）
草甸土	192	8.03	0.28	3.52
潮土	101	8.12	0.30	3.67
风沙土	6	7.82	0.21	2.74
灌漠土	8	8.02	0.46	5.72
灌淤土	23	7.96	0.42	5.22
林灌草甸土	51	7.91	0.20	2.49
漠境盐土	1	7.79	—	—
石质土	2	7.97	0.25	3.11
盐土	48	7.96	0.25	3.09
沼泽土	20	7.91	0.22	2.76
棕钙土	5	8.06	0.11	1.39
棕漠土	78	7.97	0.27	3.36
总计	535	8.01	0.29	3.57

二、土壤 pH 分级与变化

（一）土壤 pH 分级的空间分布

巴州土壤 pH 呈弱碱性（7.5~8.5）的耕地面积共 362.04khm²，占巴州耕地面积的 95.50%，在各县市均有分布。其中，博湖县 19.29khm²，占巴州弱碱性耕地面积的 5.33%，占该县耕地面积的 91.72%；和静县 51.63khm²，占巴州弱碱性耕地面积的 14.26%，占该县耕地面积的 99.60%；和硕县 38.84khm²，占巴州弱碱性耕地面积的 10.73%，占该县耕地面积的 100%；库尔勒市 80.55khm²，占巴州弱碱性耕地面积的 22.25%，占该市耕地面积的 100%；轮台县 37.72khm²，占巴州弱碱性耕地面积的 10.42%，占该县耕地面积的 100%；且末县 2.74khm²，占巴州弱碱性耕地面积的 0.76%，占该县耕地面积的 15.32%；若羌县 7.44khm²，占巴州弱碱性耕地面积的 2.05%，占该县耕地面积的 100%；尉犁县 83.01km²，占巴州弱碱性耕地面积的 22.93%，占该县耕地面积的 100%；焉耆回族自治县 40.82km²，占巴州弱碱性耕地面积的 11.28%，占该县耕地面积的 100%。

巴州土壤 pH 呈碱性（8.5～9.5）的耕地面积共 17.08km²，占巴州耕地面积的 4.50%，分布在博湖县、和静县和且末县。其中，博湖县 1.74km²，占碱性耕地面积的 10.20%，占该县耕地面积的 8.28%；和静县 0.21km²，占碱性耕地面积的 1.21%，占该县耕地面积的 0.40%；且末县 15.13km²，占碱性耕地面积的 88.59%，占该县耕地面积的 84.68%。详见表 6-3。

表 6-3 巴州土壤 pH 分级面积统计 （khm²）

行政区	中性（6.5~7.5）	弱碱性（7.5~8.5）	碱性（8.5~9.5）
博湖县	—	19.29	1.74
和静县	—	51.63	0.21
和硕县	—	38.84	—
库尔勒市	—	80.55	—
轮台县	—	37.72	—
且末县	—	2.74	15.13
若羌县	—	7.44	—
尉犁县	—	83.01	—
焉耆回族自治县	—	40.82	—
总计		362.04	17.08

（二）土壤类型 pH 分级的空间分布

如表 6-4 所示，巴州耕地土壤类型以草甸土、潮土和棕漠土为主。其中，草甸土 pH 分级值以弱碱性（7.5～8.5）水平为主，合计面积 133.70km²，占巴州草甸土面积的 94.14%。潮土 pH 分级值以弱碱性（7.5～8.5）水平为主，合计面积 58.64km²，占巴州潮土面积的 91.75%。棕漠土 pH 分级值以弱碱性（7.5～8.5）水平为主，面积为 54.74km²，占巴州棕漠土面积的 98.54%。

从 pH 分级情况来看，pH 呈弱碱性（7.5～8.5）耕地土壤类型主要有草甸土、潮土、棕漠土、林灌草甸土和盐土等，面积为 314.61km²，占碱性耕地土壤面积的 86.90%。pH 呈碱性（8.5～9.5）的耕地土壤类型主要有草甸土、潮土和灌淤土等，合计面积 15.07km²，占强碱性耕地土壤面积的 88.22%。

表 6-4 巴州主要土壤类型 pH 分级面积统计 （khm²）

土壤类别	中性（6.5~7.5）	弱碱性（7.5~8.5）	碱性（8.5~9.5）
草甸土	—	133.70	8.320
潮土	—	58.64	5.270
风沙土		5.77	0.970

（续表）

土壤类别	中性（6.5~7.5）	弱碱性（7.5~8.5）	碱性（8.5~9.5）
灌漠土	—	6.17	
灌淤土	—	15.83	1.480
冷钙土	—	0.08	
栗钙土	—	0.14	—
林灌草甸土	—	34.04	—
漠境盐土	—	0.64	
石质土	—	1.03	0.001
盐土	—	33.48	—
沼泽土	—	16.54	0.230
棕钙土	—	1.24	0.001
棕漠土	—	54.74	0.810
总计	—	362.04	17.080

三、土壤 pH 与土壤有机质及耕地质量等级

（一）土壤 pH 与土壤有机质

如表6-5所示，巴州耕地土壤有机质含量大于25g/kg的耕地面积为9.24khm²，占巴州耕地面积的2.44%，该土壤有机质含量等级 pH 分级呈弱碱性（7.5~8.5）的耕地面积为8.09khm²，占此土壤有机质含量等级土壤面积的87.55%，pH 分级呈碱性（8.5~9.5）的耕地面积为1.15khm²，占此土壤有机质含量等级土壤面积的12.45%；土壤有机质含量介于20~25g/kg的耕地面积为29.89khm²，占巴州耕地面积的7.88%，该土壤有机质含量等级 pH 分级呈弱碱性（7.5~8.5）的耕地面积为28.40khm²，占此土壤有机质含量等级土壤面积的95.02%，pH 分级呈碱性（8.5~9.5）的耕地面积为1.49khm²，占此土壤有机质含量等级土壤面积的4.98%；土壤有机质含量介于15~20g/kg的耕地面积为149.41khm²，占巴州耕地面积的39.41%，其中 pH 分级呈弱碱性（7.5~8.5）的耕地面积为143.27khm²，占此土壤有机质含量等级土壤面积的95.89%，pH 分级呈碱性（8.5~9.5）的耕地面积为6.14khm²，占此土壤有机质含量等级土壤面积的4.11%；土壤有机质含量介于10~15g/kg的耕地面积为102.56khm²，占巴州耕地面积的27.05%，其中 pH 分级呈弱碱性（7.5~8.5）的耕地面积为98.17khm²，占此土壤有机质含量等级土壤面积的95.72%，pH 分级呈碱性（8.5~9.5）的耕地面积为4.39khm²，占此土壤有机质含量等级土壤面积的4.28%；土壤有机质含量介于≤10.0g/kg的耕地面积为88.02khm²，占巴州耕地面积的23.22%，其中 pH 分级呈弱碱性（7.5~8.5）的耕地面积为84.11khm²，占此土壤有机质含量等级土壤面积的95.56%，pH 分级呈碱性（8.5~9.5）的耕地面积为3.91khm²，占此土壤有机质含量等级土壤面积的4.44%。

表 6-5　巴州土壤有机质含量 pH 分级面积统计　　　　　　　　　（khm²）

土壤有机质含量等级（g/kg）	中性（6.5~7.5）	弱碱性（7.5~8.5）	碱性（8.5~9.5）
>25.0	—	8.09	1.15
20.0~25.0	—	28.40	1.49
15.0~20.0	—	143.27	6.14
10.0~15.0	—	98.17	4.39
≤10.0	—	84.11	3.91

（二）土壤 pH 与耕地质量等级

如表 6-6 所示，巴州高产（一、二、三等地为高产耕地，下文同）耕地合计面积 97.42km²，占巴州耕地面积的 25.70%，其 pH 分级值以弱碱性（7.5~8.5）水平为主，合计面积 96.29km²，占巴州高产耕地面积的 98.84%。巴州中产（四、五、六等地为中产耕地，下文同）耕地合计面积 172.42km²，占巴州耕地面积的 45.48%，其 pH 分级值以弱碱性（7.5~8.5）水平为主，合计面积 161.18km²，占巴州中产耕地面积的 93.48%。巴州低产（七、八、九、十等地为低产耕地，下文同）耕地合计面积 109.27km²，占巴州耕地面积的 28.82%，其 pH 分级值以弱碱性（7.5~8.5）水平为主，合计面积 104.58km²，占巴州低产耕地面积的 95.71%。

从 10 个等级的耕地 pH 分级值面积分布情况来看，巴州一等耕地 pH 分级值以弱碱性（7.5~8.5）水平为主，面积为 26.60km²，占巴州一等耕地面积的 99.48%，pH 分级值呈碱性（8.5~9.0）的一等耕地占巴州一等耕地面积比例为 0.52%；巴州二等耕地 pH 分级值以弱碱性（7.5~8.5）水平为主，面积为 40.61km²，占巴州二等耕地面积的 98.90%，pH 分级值呈碱性（8.5~9.5）的二等耕地占巴州二等耕地面积比例为 1.10%；巴州三等耕地 pH 分级值以弱碱性（7.5~8.5）水平为主，面积为 29.08km²，占巴州三等耕地面积的 98.18%，pH 分级值呈碱性（8.5~9.5）的三等耕地占巴州三等耕地面积比例为 1.82%；巴州四等耕地 pH 分级值以弱碱性（7.5~8.5）水平为主，面积为 53.06km²，占巴州四等耕地面积的 94.18%，pH 分级值呈碱性（8.5~9.5）的四等耕地占巴州四等耕地面积比例为 5.82%；巴州五等耕地 pH 分级值以弱碱性（7.5~8.5）水平为主，面积为 78.12km²，占巴州五等耕地面积的 91.53%，pH 分级值呈碱性（8.5~9.5）的五等耕地占巴州五等耕地面积比例为 8.47%；巴州六等耕地 pH 分级值以弱碱性（7.5~8.5）水平为主，面积为 30.00km²，占巴州六等耕地面积的 97.62%，pH 分级值呈碱性（8.5~9.5）的六等耕地占巴州六等耕地面积比例为 2.38%；巴州七等耕地 pH 分级值以弱碱性（7.5~8.5）水平为主，面积为 31.03km²，占巴州七等耕地面积的 97.27%，pH 分级值呈碱性（8.5~9.5）的七等耕地占巴州七等耕地面积比例为 2.73%；巴州八等耕地 pH 分级值以弱碱性（7.5~8.5）水平为主，面积为 22.54km²，占巴州八等耕地面积的 90.67%，pH 分级值呈碱性（8.5~9.5）的八等耕地占巴州八等耕地面积比例为 9.33%；巴州九等耕地 pH 分级值以弱碱性（7.5~8.5）水平为主，面积为 16.22km²，占巴州九等耕地面积的 98.90%，pH 分级值呈碱性（8.5~9.5）的九等耕地占巴州九等耕地面积比例为 1.10%；巴州十等耕地 pH 分级值以弱碱性（7.5~8.5）水平为主，面积为 34.79km²，占巴州十等耕地面积的 96.34%，pH 分级值呈碱性（8.5~9.5）的十等耕地占巴州十等耕地面积比例为 3.66%。

根据表 6-6，巴州 pH 分级值呈弱碱性（7.5~8.5）的耕地集中在五等、四等和二等之间，面积最大的是弱碱性五等耕地，面积为 78.12km²，占巴州弱碱性（7.5~8.5）耕地面积的 21.58%。pH 分级值呈碱性（8.5~9.5）的耕地集中在五等、四等和八等之间，面积最大的是碱性五等耕地，面积为 7.23km²，占巴州碱性（8.5~9.5）耕地面积的 42.38%。

表 6-6 巴州耕地质量等级 pH 分级面积统计表 （khm²）

耕地质量等级	中性（6.5~7.5）	弱碱性（7.5~8.5）	碱性（8.5~9.5）
一等地	—	26.60	0.14
二等地	—	40.61	0.45
三等地	—	29.08	0.54
四等地	—	53.06	3.28
五等地	—	78.12	7.23
六等地	—	30.00	0.73
七等地	—	31.03	0.87
八等地	—	22.54	2.32
九等地	—	16.22	0.18
十等地	—	34.79	1.32

第二节 灌排能力

灌排能力包括灌溉能力和排涝能力，涉及灌排设施、灌排技术和灌排方式等。新疆是绿洲灌溉农业，降水量少，灌溉保证率与水源条件、灌溉方式有关。排水能力是排出农田多余的地表水和地下水的能力，排水能力是控制地表径流以消除内涝，压盐洗盐治理盐碱，控制地下水以防治土壤次生盐渍化，排水能力在盐碱化区域非常重要，排水能力的强弱直接影响着土壤盐渍化程度。

一、灌排能力分布情况

巴州灌溉能力和排水能力充分满足的耕地面积均为 76.68km²，满足的耕地面积分别为 159.75km² 和 166.08km²，基本满足的耕地面积分别为 115.03km² 和 108.70km²，不满足的耕地面积均为 27.67km²。

（一）巴州灌溉能力

巴州灌溉能力充分满足的耕地面积共计 76.68km²，占巴州耕地面积的 20.22%，主要分布在和静县和和硕县，面积为 20.72km² 和 19.21km²，占巴州灌溉能力充分满足耕地面积的 27.02% 和 25.06%。如表 6-7 所示，博湖县灌溉能力充分满足耕地面积共计 4.33km²，占该评价区耕地面积的 20.58%；和静县灌溉能力充分满足耕地面积共计 20.72km²，占该评价区耕地面积的 39.97%；和硕县灌溉能力充分满足耕地面积共计 19.21km²，占该评价区耕地面积的 49.46%；库尔勒市灌溉能力充分满足耕地面积共计 9.70km²，占该评价区耕地面积的 12.05%；轮台县灌溉能力充分满足耕地面积共计 11.39km²，占该评价区耕地面积的 30.20%；尉犁县灌溉能力充分满足耕地面积共计 11.32km²，占该评价区耕地面积的 13.64%。

巴州灌溉能力满足的耕地面积共计 159.75km²，占巴州耕地面积的 42.14%，主要分布在尉犁县、焉耆回族自治县和库尔勒市，面积为 35.70km²、32.33km² 和 31.12km²，占巴州灌溉能力满足耕地面积的 22.35%、20.24% 和 19.48%。如表 6-7 所示，博湖县灌溉能力满足耕地面积共计 7.89km²，占该评价区耕地面积的 37.50%；和静县灌溉能力满足耕地面积共计 18.56km²，占该评价区耕地面积的 35.80%；和硕县灌溉能力满足耕地面积共计 6.82km²，占该评价区耕地面积的 17.55%；库尔勒市灌溉能力满足耕地面积共计 31.12km²，占该评价区耕地面积的 38.64%；轮台县灌溉能力满足耕地面积共计 9.07km²，占该评价区耕地面积的 24.06%；且末县灌溉能力满足耕地面积共计 12.43km²，占该评价区耕地面积的 69.55%；若羌县灌溉能力满足耕地面积共计 5.83km²，占该评价区耕地面积的 78.36%；尉犁县灌溉能力满足耕地面积共计 35.70km²，占该评价区耕地面积的 43.01%；焉耆回族自治县灌溉能力满足耕地面积共计 32.33km²，占该评价区耕地面积的 79.20%。

巴州灌溉能力基本满足的耕地面积共计 115.03km²，占巴州耕地面积的 30.34%，主要分布在尉犁县和库尔勒市，面积为 28.62km² 和 27.06km²，占巴州灌溉能力基本满足耕地面积的 24.88% 和 23.52%。如表 6-7 所示，博湖县灌溉能力基本满足耕地面积共计 7.37km²，占该评价区耕地面积的 35.05%；和静县灌溉能力基本满足耕地面积共计 12.56km²，占该评价区耕地面积的 24.23%；和硕县灌溉能力基本满足耕地面积共计 12.82km²，占该评价区耕地面积的 32.99%；库尔勒市灌溉能力基本满足耕地面积共计 27.06km²，占该评价区耕地面积的 33.59%；轮台县灌溉能力基本满足耕地面积共计 11.13km²，占该评价区耕地面积的 29.51%；且末县灌溉能力基本满足耕地面积共计 5.37km²，占该评价区耕地面积的 30.05%；若羌县灌溉能力基本满足耕地面积共计 1.61km²，占该评价区耕地面积的 21.64%；尉犁县灌溉能力基本满足耕地面积共计 28.62km²，占该评价区耕地面积的 34.48%；焉耆回族自治县灌溉能力基本满足耕地面积共计 8.49km²，占该评价区耕地面积的 20.80%。

巴州灌溉能力不满足的耕地面积共计 27.67km²，占巴州耕地面积的 7.30%，主要分布在库尔勒市，面积为 12.66km²，占巴州灌溉能力不满足耕地面积的 45.76%。如表 6-7 所示，博湖县灌溉能力不满足耕地面积共计 1.45km²，占该评价区耕地面积的 6.88%；库尔勒市灌溉能力不满足耕地面积共计 12.66km²，占该评价区耕地面积的 15.72%；轮台县灌溉能力不满足耕地面积共计 6.12km²，占该评价区耕地面积的 16.23%；且末县排水能力不满足耕地面积共计 0.07km²，占该评价区耕地面积的 0.39%；尉犁县灌溉能力不满足耕地面积共计 7.37km²，占该评价区耕地面积的 8.87%。详见表 6-7。

表 6-7　巴州耕地灌溉能力面积分布

行政区	不同灌溉能力面积（khm²）				不同灌溉能力占比（%）			
	不满足	充分满足	基本满足	满足	不满足	充分满足	基本满足	满足
总计	27.67	76.68	115.03	159.75	7.30	20.22	30.34	42.14
博湖县	1.45	4.33	7.37	7.89	5.23	5.64	6.41	4.94
和静县	—	20.72	12.56	18.56	—	27.02	10.92	11.62
和硕县	—	19.21	12.82	6.82	—	25.06	11.14	4.27
库尔勒市	12.66	9.70	27.06	31.12	45.76	12.66	23.52	19.48
轮台县	6.12	11.39	11.13	9.07	22.13	14.86	9.68	5.68
且末县	0.07	—	5.37	12.43	0.26	—	4.67	7.78
若羌县	—	—	1.61	5.83	—	—	1.40	3.65
尉犁县	7.37	11.32	28.62	35.70	26.62	14.76	24.88	22.35
焉耆回族自治县	—	—	8.49	32.33	—	—	7.38	20.24

（二）巴州排水能力

巴州排水能力充分满足的耕地面积共计 76.68khm²，占巴州耕地面积的 20.22%，主要分布在和静县，面积为 20.72khm²，占巴州排水能力充分满足耕地面积的 27.02%。如表 6-8 所示，博湖县排水能力充分满足耕地面积共计 4.33khm²，占该评价区耕地面积的 20.58%；和静县排水能力充分满足耕地面积共计 20.72khm²，占该评价区耕地面积的 39.97%；和硕县排水能力充分满足耕地面积共计 19.21khm²，占该评价区耕地面积的 49.46%；库尔勒市排水能力充分满足耕地面积共计 9.70khm²，占该评价区耕地面积的 12.05%；轮台县排水能力充分满足耕地面积共计 11.39khm²，占该评价区耕地面积的 30.20%；尉犁县排水能力充分满足耕地面积共计 11.32khm²，占该评价区耕地面积的 13.64%。

巴州排水能力满足的耕地面积共计 166.08khm²，占巴州耕地面积的 43.81%，主要分布在尉犁县，面积为 37.00khm²，占巴州排水能力满足耕地面积的 22.28%。如表 6-8 所示，博湖县排水能力满足耕地面积共计 8.07km²，占该评价区耕地面积的 38.36%；和静县排水能力满足耕地面积共计 20.46khm²，占该评价区耕地面积的 39.47%；和硕县排水能力满足耕地面积共计 6.82khm²，占该评价区耕地面积的 17.55%；库尔勒市排水能力满足耕地面积共计 33.26khm²，占该评价区耕地面积的 41.29%；轮台县排水能力满足耕地面积共计 9.07khm²，占该评价区耕地面积的 24.06%；且末县排水能力满足耕地面积共计 12.53khm²，占该评价区耕地面积的 70.15%；若羌县排水能力满足耕地面积共计 6.53khm²，占该评价区耕地面积的 87.88%；尉犁县排水能力满足耕地面积共计 37.00khm²，占该评价区耕地面积的 44.57%；焉耆回族自治县排水能力满足耕地面积共计 32.33khm²，占该评价区耕地面积的 79.20%。

巴州排水能力基本满足的耕地面积共计 108.70khm²，占巴州耕地面积的 28.67%，主要分布在尉犁县，面积为 27.32khm²，占巴州排水能力基本满足耕地面积的 25.14%。如表 6-8 所示，博湖县排水能力基本满足耕地面积共计 7.19khm²，占该评价区耕地面积的 34.19%；和静县排水能力基本满足耕地面积共计 10.66khm²，占该评价区耕地面积的 20.56%；和硕县排水能力基本满足耕地面积共计 12.82khm²，占该评价区耕地面积的 32.99%；库尔勒市排水能力基本满足耕地面积共计 24.93khm²，占该评价区耕地面积的 30.94%；轮台县排水能力基本满足耕地面积共计 11.13khm²，占该评价区耕地面积的 29.51%；且末县排水能力基本满足耕地面积共计 5.26khm²，占该评价区耕地面积的 29.45%；若羌县排水能力基本满足耕地面积共计 0.90khm²，占该评价区耕地面积的 12.12%；尉犁县排水能力基本满足耕地面积共计 27.32khm²，占该评价区耕地面积的 32.92%；焉耆回族自治县排水能力基本满足耕地面积共计 8.49khm²，占该评价区耕地面积的 20.80%。

巴州排水能力不满足的耕地面积共计 27.67khm²，占巴州耕地面积的 7.30%，主要分布在库尔勒市，面积为 12.66khm²，占巴州排水能力不满足耕地面积的 45.76%。如表 6-8 所示，博湖县排水能力不满足耕地面积共计 1.45khm²，占该评价区耕地面积的 6.88%；库尔勒市排水能力不满足耕地面积共计 12.66khm²，占该评价区耕地面积的 15.72%；轮台县排水能力不满足耕地面积共计 6.12khm²，占该评价区耕地面积的 16.23%；且末县排水能力不满足耕地面积共计 0.07khm²，占该评价区耕地面积的 0.39%；尉犁县排水能力不满足耕地面积共计 7.37khm²，占该评价区耕地面积的 8.87%。

表 6-8　巴州耕地排水能力面积分布

行政区	不同排水能力面积（khm²）				不同排水能力占比（%）			
	不满足	充分满足	基本满足	满足	不满足	充分满足	基本满足	满足
总计	27.67	76.68	108.70	166.08	7.30	20.22	28.67	43.81
博湖县	1.45	4.33	7.19	8.07	5.23	5.64	6.62	4.86
和静县	—	20.72	10.66	20.46	—	27.02	9.80	12.32
和硕县	—	19.21	12.82	6.82	—	25.06	11.79	4.10
库尔勒市	12.66	9.70	24.93	33.26	45.76	12.66	22.93	20.03
轮台县	6.12	11.39	11.13	9.07	22.13	14.86	10.24	5.46
且末县	0.07	—	5.26	12.53	0.26	—	4.84	7.55
若羌县	—	—	0.90	6.53	—	—	0.83	3.93
尉犁县	7.37	11.32	27.32	37.00	26.62	14.76	25.14	22.28
焉耆回族自治县	—	—	8.49	32.33	—	—	7.81	19.47

二、耕地主要土壤类型灌排能力

巴州灌溉能力处于充分满足水平的耕地面积最大为草甸土，面积为 22.58khm²，占草甸土面积的 15.90%；另外还有部分土类灌溉能力处于充分满足水平，如潮土、风沙土、灌漠土、灌淤土、冷钙土、栗钙土、林灌草甸土、石质土、盐土、沼泽土、棕钙土和棕漠土等，分别占各自土类面积的 21.08%、18.76%、42.65%、35.54%、0.37%、65.64%、16.25%、53.33%、23.19%、13.59%、68.29% 和 24.32%。灌溉能力处于满足水平的耕地面积最大为草甸土，面积为 57.32khm²，占草甸土面积的 40.36%；另外还有部分土类灌溉能力处于满足水平，如潮土、风沙土、灌漠土、灌淤土、冷钙土、栗钙土、林灌草甸土、漠境盐土、石质土、盐土、沼泽土、棕钙土和棕漠土等，分别占各自土类面积的 49.24%、35.99%、20.18%、27.88%、99.63%、34.36%、54.54%、100%、43.10%、30.79%、51.99%、31.70% 和 41.88%。灌溉能力处于基本满足水平的耕地面积最大为草甸土，面积为 44.94khm²，占草甸土面积的 31.65%；另外还有部分土类灌溉能力处于基本满足水平，如潮土、风沙土、灌漠土、灌淤土、林灌草甸土、石质土、盐土、沼泽土、棕钙土和棕漠土等，分别占各自土类面积的 26.37%、33.69%、37.17%、29.17%、24.24%、3.57%、40.16%、23.57%、0.01%、32.27%；灌溉能力处于不满足水平的耕地面积最大为草甸土，面积为 17.17khm²，占草甸土面积的 12.09%；另外还有部分土类灌溉能力处于不满足水平，如潮土、风沙土、灌淤土、林灌草甸土、盐土、沼泽土和棕漠土等，分别占各自土类面积的 3.30、11.57%、7.42%、4.97%、5.86%、10.85% 和 1.53%。详见表 6-9。

表 6-9　巴州耕地主要土壤类型灌溉能力面积分布

土类	不同灌溉能力面积（khm²）				不同灌溉能力占比（%）			
	不满足	充分满足	基本满足	满足	不满足	充分满足	基本满足	满足
草甸土	17.17	22.58	44.94	57.32	12.09	15.90	31.65	40.36
潮土	2.11	13.47	16.85	31.47	3.30	21.08	26.37	49.24
风沙土	0.78	1.26	2.27	2.43	11.57	18.76	33.69	35.99
灌漠土	—	2.63	2.29	1.25	—	42.65	37.17	20.18
灌淤土	1.28	6.15	5.05	4.83	7.42	35.54	29.17	27.88
冷钙土	—	0.0003	—	0.08	—	0.37	—	99.63
栗钙土	—	0.09	—	0.05	—	65.64	—	34.36
林灌草甸土	1.69	5.53	8.25	18.57	4.97	16.25	24.24	54.54
漠境盐土	—	—	—	0.64	—	—	—	100.00
石质土	—	0.55	0.04	0.45	—	53.33	3.57	43.10
盐土	1.96	7.76	13.45	10.31	5.86	23.19	40.16	30.79
沼泽土	1.82	2.28	3.95	8.72	10.85	13.59	23.57	51.99
棕钙土	—	0.85	0.0001	0.39	—	68.29	0.01	31.70
棕漠土	0.85	13.51	17.93	23.26	1.53	24.32	32.27	41.88

巴州排水能力处于充分满足水平的耕地面积最大为草甸土，面积为 22.58khm²，占潮土面积的 15.90%；另外还有部分土类排水能力处于充分满足水平，如潮土、风沙土、灌漠土、灌淤土、冷钙土、栗钙土、林灌草甸土、石质土、盐土、沼泽土、棕钙土和棕漠土等，分别占各自土类面积的 21.08%、18.76%、42.65%、35.54%、0.37%、65.64%、

16.25%、53.33%、23.19%、13.59%、68.29%和24.32%。排水能力处于满足水平的耕地面积最大为草甸土，面积为59.61khm²，占草甸土面积的41.97%；另外还有部分土类排水能力处于满足水平，如潮土、风沙土、灌漠土、灌淤土、冷钙土、栗钙土、林灌草甸土、漠境盐土、石质土、盐土、沼泽土、棕钙土和棕漠土等，分别占各自土类面积的49.72%、37.09%、22.47%、29.33%、99.63%、34.36%、56.77%、100%、43.10%、32.46%、53.28%、31.70%和45.01%。排水能力处于基本满足水平的耕地面积最大为草甸土，面积为42.66khm²，占草甸土面积的30.04%；另外还有部分土类排水能力处于基本满足水平，如潮土、风沙土、灌漠土、灌淤土、林灌草甸土、石质土、盐土、沼泽土、棕钙土和棕漠土等，分别占各自土类面积的25.90%、32.59%、34.88%、27.71%、22.01%、3.57%、38.50%、22.28%、0.01%和29.15%。排水能力处于不满足水平的耕地面积最大为草甸土，面积为17.17khm²，占草甸土面积的12.09%；另外还有部分土类排水能力处于不满足水平，如潮土、风沙土、灌淤土、林灌草甸土、盐土、沼泽土和棕漠土等，分别占各自土类面积的3.30%、11.57%、7.42%、4.97%、5.86%、10.85%和1.53%。详见6-10。

表6-10　巴州耕地主要土壤类型排水能力面积分布

土类	不同排水能力面积（khm²）				不同排水能力占比（%）			
	不满足	充分满足	基本满足	满足	不满足	充分满足	基本满足	满足
草甸土	17.17	22.58	42.66	59.61	12.09	15.90	30.04	41.97
潮土	2.11	13.47	16.55	31.78	3.30	21.08	25.90	49.72
风沙土	0.78	1.26	2.20	2.50	11.57	18.76	32.59	37.09
灌漠土	—	2.63	2.15	1.39	—	42.65	34.88	22.47
灌淤土	1.28	6.15	4.80	5.08	7.42	35.54	27.71	29.33
冷钙土	—	0.000 3	—	0.08	—	0.37	—	99.63
栗钙土	—	0.09	—	0.05	—	65.64	—	34.36
林灌草甸土	1.69	5.53	7.49	19.33	4.97	16.25	22.01	56.77
漠境盐土	—	—	—	0.64	—	—	—	100.00
石质土	—	0.55	0.04	0.45	—	53.33	3.57	43.10
盐土	1.96	7.76	12.89	10.87	5.86	23.19	38.50	32.46
沼泽土	1.82	2.28	3.74	8.93	10.85	13.59	22.28	53.28
棕钙土	—	0.85	0.000 6	0.39	—	68.29	0.01	31.70
棕漠土	0.85	13.51	16.19	25.00	1.53	24.32	29.15	45.01

三、灌排能力与地形部位

从耕地灌溉能力的满足程度来看，灌溉能力处于充分满足状态的耕地主要分布在平原低阶和平原中阶，合计面积76.51khm²，占该状态耕地面积的99.79%；灌溉能力处于满足状态的耕地主要分布在平原低阶和平原中阶，合计面积 131.99km²，占该状态耕地面积的 82.62%；灌溉能力处于基本满足状态的耕地主要分布在平原低阶和平原中阶，合计面积 73.29km²，占该状态耕地面积的 63.71%；灌溉能力处于不满足状态的耕地主要分布在沙漠边缘，面积为 13.72km²，占该状态耕地面积的 49.60%。从地形部位上看，平原高阶耕地灌溉能力主要处于满足状态和基本满足状态，其灌溉能力处于满足、基本满足、不满足状态耕地面积占该地形部位面积比例分别为 48.10%、47.44%、4.46%；平原中阶耕地灌溉能力主要处于满足、充分满足和基本满足状态，其灌溉能力处于充分满足、满足、基本满足、不满足状态耕地面积占该地形部位面积比例分别为 24.19%、46.96%、23.33%、5.51%；平原低阶耕地灌溉能力主要处于满足、充分满足和基本满足状态，其灌溉能力处于充分满足、满足、基本满足、不满足状态耕地面积占该地形部位面积比例分别为 28.02%、43.06%、26.68%、2.24%；沙漠边缘耕地灌溉能力主要处于不满足状态和基本满足状态，其灌溉能力处于基本满足、不满足状态耕地面积占该地形部位面积比例分别为 31.73%、68.27%；山地坡下耕地灌溉能力主要处于基本满足状态，其灌溉能力处于充分满足、满足、基本满足状态耕地面积占该地形部位面积比例分别为 1.93%、1.65%、96.42%。

从耕地排水能力的满足程度来看，排水能力处于充分满足状态的耕地主要分布在平原低阶和平原中阶，合计面积 76.51km²，占该状态耕地面积的 99.79%；排水能力处于满足状态的耕地主要分布在平原低阶和平原中阶，合计面积 131.99km²，占该状态耕地面积的 79.47%；排水能力处于基本满足状态的耕地主要分布在平原低阶和平原中阶，合计面积 73.29km²，占该状态耕地面积的 67.42%；排水能力处于不满足状态的耕地主要分布在沙漠边缘，面积 13.72km²，占该状态耕地面积的 49.60%。从地形部位上看，平原高阶耕地排水能力主要处于满足状态和基本满足状态，其排水能力处于满足、基本满足、不满足状态耕地面积占该地形部位面积比例分别为 48.10%、47.44%、4.46%；平原中阶耕地排水能力主要处于满足、充分满足和基本满足状态，其排水能力处于充分满足、满足、基本满足、不满足状态耕地面积占该地形部位面积比例分别为 24.19%、46.96%、23.33%、5.51%；平原低阶耕地排水能力主要处于满足、充分满足和基本满足状态，其排水能力处于充分满足、满足、基本满足、不满足状态耕地面积占该地形部位面积比例分别为 28.02%、43.06%、26.68%、2.24%；沙漠边缘耕地排水能力主要处于不满足状态和基本满足状态，其排水能力处于基本满足、不满足状态耕地面积占该地形部位面积比例分别为 31.73%、68.27%；山地坡下耕地排水能力主要处于基本满足状态，其排水能力处于充分满足、满足、基本满足状态耕地面积占该地形部位面积比例分别为 1.90%、76.84%、21.26%。详见表 6-11。

表 6-11 巴州不同地形部位耕地灌排能力面积分布

地形部位	不同灌溉能力面积（km²）				不同排水能力面积（km²）			
	不满足	充分满足	基本满足	满足	不满足	充分满足	基本满足	满足
平原低阶	3.28	40.91	38.95	62.88	3.28	40.91	38.95	62.88
平原高阶	2.56	—	27.24	27.62	2.56	—	27.24	27.62

（续表）

地形部位	不同灌溉能力面积（khm²）				不同排水能力面积（khm²）			
	不满足	充分满足	基本满足	满足	不满足	充分满足	基本满足	满足
平原中阶	8.11	35.60	34.33	69.11	8.11	35.60	34.33	69.11
沙漠边缘	13.72	—	6.38	—	13.72	—	6.38	—
山地坡下	—	0.16	8.12	0.14	—	0.16	1.79	6.47

第三节　有效土层厚度

一、有效土层厚度分布情况

巴州平均有效土层厚度为 100.6cm，最厚处 120cm，最薄为 16cm，数值差异大。

巴州不同县市来看，和硕县有效土层厚度最厚，平均为 114.3cm，变动范围 28~120cm；博湖县、焉耆回族自治县耕地有效土层厚度较厚，平均分别为 103cm、104.3cm，变动范围 22~120cm；其下依次是和静县、尉犁县、若羌县、库尔勒市，平均在 89.5~100.5cm，轮台县、且末县平均有效土层厚度较小，分别为 82.4cm、81.9cm（图 6-1）。

图 6-1　巴州不同县市耕地有效土层厚度

二、土壤有效土层厚度分级

巴州有效土层厚度大于 100cm 的耕地面积共计 115.98khm²，占巴州耕地面积的 30.59%，在各县市均有分布。其中，博湖县评价区 6.35khm²，占该评价区耕地面积的

5.48%；和静县评价区 24.31khm²，占该评价区耕地面积的 20.96%；和硕县评价区 26.69khm²，占该评价区耕地面积的 23.01%；库尔勒市评价区 17.67khm²，占该评价区耕地面积的 15.24%；轮台县评价区 2.63khm²，占该评价区耕地面积的 2.27%；且末县评价区 0.91khm²，占该评价区耕地面积的 0.78%；若羌县评价区 2.45khm²，占该评价区耕地面积的 2.11%；尉犁县评价区 9.62khm²，占该评价区耕地面积的 8.29%；焉耆回族自治县评价区 25.35khm²，占该评价区耕地面积的 21.68%。

巴州有效土层厚度在 60~100cm 的耕地面积共计 205.33khm²，占巴州耕地面积的 54.16%。其中，博湖县评价区 14.06khm²，占该评价区耕地面积的 6.85%；和静县评价区 4.61khm²，占该评价区耕地面积的 2.25%；和硕县评价区 11.26khm²，占该评价区耕地面积的 5.48%；库尔勒市评价区 56.65khm²，占该评价区耕地面积的 27.59%；轮台县评价区 24.03khm²，占该评价区耕地面积的 11.70%；且末县评价区 9.97khm²，占该评价区耕地面积的 4.86%；若羌县评价区 4.72khm²，占该评价区耕地面积的 2.30%；尉犁县评价区 68.12khm²，占该评价区耕地面积的 33.18%；焉耆回族自治县评价区 11.91khm²，占该评价区耕地面积的 5.80%。

巴州有效土层厚度在 30~60cm 的耕地面积共计 31.74khm²，占巴州耕地面积的 8.37%。其中，博湖县评价区 0.55khm²，占该评价区耕地面积的 1.73%；和静县评价区 11.85khm²，占该评价区耕地面积的 37.72%；和硕县评价区 0.18khm²，占该评价区耕地面积的 0.57%；库尔勒市评价区 0.77khm²，占该评价区耕地面积的 2.43%；轮台县评价区 10.01khm²，占该评价区耕地面积的 31.53%；且末县评价区 5.31khm²，占该评价区耕地面积的 16.72%；若羌县评价区 0.15khm²，占该评价区耕地面积的 0.47%；尉犁县评价区 2.81khm²，占该评价区耕地面积的 8.85%；焉耆回族自治县评价区 0.12khm²，占该评价区耕地面积的 0.38%。

巴州有效土层厚度在小于 30cm 的耕地面积共计 26.06khm²，占巴州耕地面积的 6.87%。其中，博湖县评价区 0.07khm²，占该评价区耕地面积的 0.27%；和静县评价区 11.06khm²，占该评价区耕地面积的 42.44%；和硕县评价区 0.71khm²，占该评价区耕地面积的 2.72%；库尔勒市评价区 5.47khm²，占该评价区耕地面积的 20.99%；轮台县评价区 1.05khm²，占该评价区耕地面积的 4.03%；且末县评价区 1.68khm²，占该评价区耕地面积的 6.45%；若羌县评价区 0.11khm²，占该评价区耕地面积的 0.42%；尉犁县评价区 2.46khm²，占该评价区耕地面积的 9.44%；焉耆回族自治县评价区 3.45khm²，占该评价区耕地面积的 13.24%。详见表 6-12。

表 6-12 巴州土壤有效土层厚度分级面积统计

行政区	土壤有效土层厚度分级面积（khm²）			
	>100cm	60~100cm	30~60cm	<30cm
总计	115.98	205.33	31.75	26.06
博湖县	6.35	14.06	0.55	0.07
和静县	24.31	4.61	11.85	11.06
和硕县	26.69	11.26	0.18	0.71

（续表）

行政区	土壤有效土层厚度分级面积（khm²）			
	>100cm	60~100cm	30~60cm	<30cm
库尔勒市	17.67	56.65	0.77	5.47
轮台县	2.63	24.03	10.01	1.05
且末县	0.91	9.97	5.31	1.68
若羌县	2.45	4.72	0.15	0.11
尉犁县	9.62	68.12	2.81	2.46
焉耆回族自治县	25.35	11.91	0.12	3.45

三、耕地主要土壤类型有效土层厚度

如表 6-13 所示，巴州有效土层厚度大于 100cm 的耕地土壤类型主要有草甸土、潮土和盐土等，合计面积 89.77khm²，分别占巴州在该厚度耕地面积的 33.07%、31.88% 和 12.44%；巴州有效土层厚度在 60~100cm 的耕地土壤类型主要有草甸土、潮土和林灌草甸土等，合计面积 136.93khm²，分别占巴州在该厚度耕地面积的 40.37%、12.00% 和 14.32%；巴州有效土层厚度在 30~60cm 的耕地土壤类型主要为草甸土、棕漠土和灌淤土，面积为 23.88khm²，分别占巴州在该厚度耕地面积的 39.43%、27.62% 和 8.16%；巴州有效土层厚度在小于 30cm 的耕地土壤类型主要为棕漠土和草甸土，面积为 23.56khm²，分别占巴州在该厚度耕地面积的 58.79% 和 31.62%。

表 6-13　巴州耕地主要土壤类型有效土层厚度面积分布

土类	土壤有效土层厚度分级面积（khm²）			
	>100cm	60~100cm	30~60cm	<30cm
合计	115.98	205.33	31.75	26.06
草甸土	38.36	82.90	12.52	8.24
潮土	36.98	24.63	1.90	0.40
风沙土	1.51	4.57	0.39	0.27
灌漠土	5.85	0.30	0.02	—
灌淤土	2.46	11.70	2.59	0.55
冷钙土	0.08	—	—	—
栗钙土	0.14	—	—	—
林灌草甸土	2.53	29.40	1.60	0.52
漠境盐土	—	0.64	—	—
石质土	—	—	0.99	0.04
盐土	14.43	17.91	0.73	0.42

土类	土壤有效土层厚度分级面积（khm²）			
	>100cm	60~100cm	30~60cm	<30cm
沼泽土	5.01	10.45	1.00	0.30
棕钙土	—		1.24	—
棕漠土	8.63	22.83	8.77	15.32

四、有效土层厚度与地形部位

从土壤有效土层厚度分级来看，有效土层厚度大于100cm的耕地主要分布在平原中阶和平原低阶，合计面积93.79khm²，占该状态耕地面积的80.87%；有效土层厚度在60~100cm的耕地主要分布在平原低阶和平原中阶，合计面积161.80khm²，占该状态耕地面积的78.80%；有效土层厚度在30~60cm的耕地主要分布在平原高阶和平原低阶，合计面积22.26khm²，占该状态耕地面积的70.11%；有效土层厚度在小于30cm的耕地主要分布在平原中阶和平原低阶，合计面积21.45khm²，占该状态耕地面积的82.31%。

从地形部位上看，平原高阶有效土层厚度主要在60~100cm和30~60cm，其大于100cm和小于30cm有效土层厚度的耕地面积占该地形部位面积比例分别为9.40%和6.60%；平原中阶有效土层厚度主要在大于100cm和60~100cm，其30~60cm和小于30cm有效土层厚度的耕地面积占该地形部位面积比例分别为4.68%和7.54%；平原低阶有效土层厚度主要在大于100cm和60~100cm，其30~60cm和小于30cm有效土层厚度的耕地面积占该地形部位面积比例分别为6.33%和7.09%；沙漠边缘有效土层厚度主要在大于100cm和60~100cm，其有效土层厚度在各耕地面积占该地形部位面积比例分别为80.80%和17.01%；山地坡下有效土层厚度主要在60~100cm和30~60cm，其大于100cm和小于30cm有效土层厚度的耕地面积占该地形部位面积比例分别为6.53%和9.38%。详见表6-14。

表6-14 巴州耕地不同地形部位有效土层厚度面积分布

地形部位	土壤有效土层厚度分级面积（khm²）			
	>100cm	60~100cm	30~60cm	<30cm
合计	115.98	205.33	31.75	26.06
平原低阶	43.12	83.29	9.25	10.36
平原高阶	5.4	35.23	13.01	3.79
平原中阶	50.67	78.51	6.88	11.09
沙漠边缘	16.24	3.42	0.41	0.03
山地坡下	0.55	4.88	2.2	0.79

第四节　剖面质地构型

一、剖面质地构型分布情况

（一）巴州剖面质地构型分布情况

巴州薄层型耕地面积共计 12.81km²，占巴州耕地面积的 3.38%，主要分布在和静县，占巴州薄层型耕地面积的 96.64%。如表 6-15 所示，和硕县评价区薄层型耕地面积共计 0.08km²，占该评价区耕地面积的 0.62%；轮台县评价区薄层型耕地面积共计 0.20km²，占该评价区耕地面积的 1.60%；若羌县评价区薄层型耕地面积共计 0.11km²，占该评价区耕地面积的 0.83%；焉耆回族自治县评价区海绵型耕地面积共计 0.04km²，占该评价区耕地面积的 0.31%。

巴州海绵型耕地面积共计 171.12km²，占巴州耕地面积的 45.14%，主要分布在焉耆回族自治县，占巴州海绵型耕地面积的 23.17%。如表 6-15 所示，博湖县评价区海绵型耕地面积共计 5.63km²，占该评价区耕地面积的 3.29%；和静县评价区海绵型耕地面积共计 19.58km²，占该评价区耕地面积的 11.44%；和硕县评价区海绵型耕地面积共计 35.44km²，占该评价区耕地面积的 20.71%；库尔勒市评价区海绵型耕地面积共计 38.81km²，占该评价区耕地面积的 22.68%；轮台县评价区海绵型耕地面积共计 2.65km²，占该评价区耕地面积的 1.55%；且末县评价区海绵型耕地面积共计 11.83km²，占该评价区耕地面积的 6.92%；若羌县评价区海绵型耕地面积共计 4.76km²，占该评价区耕地面积的 2.78%；尉犁县评价区海绵型耕地面积共计 12.77km²，占该评价区耕地面积的 7.46%。

巴州夹层型耕地面积共计 38.32km²，占巴州耕地面积的 10.11%，主要分布在尉犁县，占巴州夹层型耕地面积的 74.07%。如表 6-15 所示，博湖县评价区夹层型耕地面积共计 5.49km²，占该评价区耕地面积的 14.32%；和静县评价区夹层型耕地面积共计 3.0km²，占该评价区耕地面积的 7.82%；和硕县评价区夹层型耕地面积共计 0.004km²，占该评价区耕地面积的 0.01%；库尔勒市评价区夹层型耕地面积共计 0.28km²，占该评价区耕地面积的 0.72%；轮台县评价区夹层型耕地面积共计 1.07km²，占该评价区耕地面积的 2.79%；若羌县评价区夹层型耕地面积共计 0.10km²，占该评价区耕地面积的 0.26%；焉耆回族自治县评价区夹层型耕地面积共计 0.01km²，占该评价区耕地面积的 0.02%。

巴州紧实型耕地面积 16.58km²，占巴州耕地面积的 4.37%，主要分布在博湖县，占巴州紧实型耕地面积的 35.38%。如表 6-15 所示，和静县评价区紧实型耕地面积共计 2.80km²，占该评价区耕地面积的 16.89%；库尔勒市评价区紧实型耕地面积共计 1.59km²，占该评价区耕地面积的 9.62%；轮台县评价区紧实型耕地面积共计 5.03km²，占该评价区耕地面积的 30.36%；尉犁县评价区紧实型耕地面积共计 0.75km²，占该评价区耕地面积的 4.53%；焉耆回族自治县评价区紧实型耕地面积共计 0.53km²，占该评价区耕地面积的 3.22%。

巴州上紧下松耕地面积共计 65.08khm²，占巴州耕地面积的 17.17%，主要分布在轮台县，占巴州上紧下松耕地面积的 43.32%。如表 6-15 所示，博湖县评价区上紧下松耕地面积共计 1.55khm²，占该评价区耕地面积的 2.38%；和静县评价区上紧下松耕地面积共计 2.41khm²，占该评价区耕地面积的 3.70%；和硕县评价区上紧下松耕地面积共计 0.46khm²，占该评价区耕地面积的 0.71%；库尔勒市评价区上紧下松耕地面积共计 23.89khm²，占该评价区耕地面积的 36.71%；且末县评价区上紧下松耕地面积共计 5.02khm²，占该评价区耕地面积的 7.71%；若羌县评价区上紧下松耕地面积共计 2.10khm²，占该评价区耕地面积的 3.22%；尉犁县评价区上紧下松耕地面积共计 1.19khm²，占该评价区耕地面积的 1.83%；焉耆回族自治县评价区上紧下松耕地面积共计 0.28khm²，占该评价区耕地面积的 0.43%。

巴州上松下紧耕地面积共计 10.42khm²，占巴州耕地面积的 2.75%，主要分布在尉犁县，占巴州上松下紧型耕地面积的 79.69%。如表 6-15 所示，博湖县评价区上松下紧型耕地面积共计 0.23khm²，占该评价区耕地面积的 2.16%；和硕县评价区上松下紧型耕地面积共计 1.42khm²，占该评价区耕地面积的 13.65%；库尔勒市评价区上松下紧型耕地面积共计 0.15khm²，占该评价区耕地面积的 1.47%；轮台县评价区上松下紧型型耕地面积共计 0.20khm²，占该评价区耕地面积的 1.95%；且末县评价区上松下紧型耕地面积共计 0.05khm²，占该评价区耕地面积的 0.48%；若羌县评价区上松下紧型耕地面积共计 0.06khm²，占该评价区耕地面积的 0.60%。

巴州松散型耕地面积共计 64.79khm²，占巴州耕地面积的 17.09%，主要分布在尉犁县，占该评价区耕地面积的 48.80%。如表 6-15 所示，博湖县评价区松散型耕地面积共计 2.28khm²，占该评价区耕地面积的 3.53%；和静县评价区松散型耕地面积共计 11.66khm²，占该评价区耕地面积的 18.00%；和硕县评价区松散型耕地面积共计 1.43khm²，占该评价区耕地面积的 2.21%；库尔勒市评价区松散型耕地面积共计 15.83khm²，占该评价区耕地面积的 24.43%；轮台县评价区松散型耕地面积共计 0.37khm²，占该评价区耕地面积的 0.57%；且末县评价区松散型耕地面积共计 0.97khm²，占该评价区耕地面积的 1.50%；若羌县评价区松散型耕地面积共计 0.31khm²，占该评价区耕地面积的 0.48%；焉耆回族自治县评价区松散型耕地面积共计 0.31khm²，占该评价区耕地面积的 0.48%。

表 6-15　巴州耕地剖面质地构型面积分布

行政区划	不同质地剖面质地构型面积（khm²）						
	薄层型	海绵型	夹层型	紧实型	上紧下松	上松下紧	松散型
总计	12.81	171.12	38.32	16.58	65.08	10.42	64.79
博湖县	—	5.63	5.49	5.87	1.55	0.23	2.28
和静县	12.38	19.58	3.00	2.80	2.41	—	11.66
和硕县	0.08	35.44	0.004	—	0.46	1.42	1.43
库尔勒市	—	38.81	0.28	1.59	23.89	0.15	15.83

（续表）

行政区划	不同质地剖面质地构型面积（khm^2）						
	薄层型	海绵型	夹层型	紧实型	上紧下松	上松下紧	松散型
轮台县	0.20	2.65	1.07	5.03	28.19	0.20	0.37
且末县	—	11.83			5.02	0.05	0.97
若羌县	0.11	4.76	0.10	—	2.10	0.06	0.31
尉犁县	—	12.77	28.38	0.75	1.19	8.30	31.62
焉耆回族自治县	0.04	39.66	0.01	0.53	0.28	—	0.31

二、耕地主要土壤类型剖面质地构型

巴州耕层剖面质地构型为薄层型的面积最大土类为棕漠土，面积为 11.33khm^2，占薄层型耕地面积的 62.58%，其次还有灌漠土、棕钙土，分别占薄层型面积的 29.27%、6.86%。草甸土、风沙土、冷钙土、石质土也有少部分分布，占薄层型面积的 1.29%。

巴州耕层剖面质地构型为海绵型的面积最大，面积为 165.82khm^2，占巴州耕地面积的 43.74%，海绵型耕层剖面质地构型中土类为草甸土，面积为 60.37khm^2，占海绵型面积的 36.40%；另外土壤类型为海绵型的还有潮土、灌淤土、栗钙土、林灌草甸土、盐土、沼泽土、棕漠土等，分别占海绵型面积的 28.07%、3.95%、0.08%、3.58%、8.29%、4.99% 和 14.63%。

巴州耕层剖面质地构型为夹层型的面积最大土类为林灌草甸土，面积为 19.67khm^2，占夹层型面积的 51.34%；其次还有草甸土、潮土、盐土和沼泽土等为夹层型，分别占夹层型面积的 18.72%、15.26%、7.35% 和 3.80%，风沙土、漠境盐土和棕漠土也有少部分分布，占夹层型面积的 0.53%。

巴州耕层剖面质地构型为紧实型的面积最大土类为草甸土，面积为 8.4khm^2，占紧实型剖面质地构型面积的 49.32%；其次还有潮土、灌淤土、林灌草甸土、漠境盐土、盐土、沼泽土和棕漠土等为紧实型剖面质地构型，分别占紧实型面积的 11.56%、7.69%、0.47%、3.46%、1.00%、23.88% 和 2.58%。

巴州耕层剖面质地构型为上紧下松型的面积最大土类为草甸土，面积为 34.19khm^2，占上紧下松型面积的 52.51%；其次还有潮土、风沙土、灌漠土、灌淤土、林灌草甸土和棕漠土等上紧下松型剖面质地构型，分别占上紧下松型面积的 8.89%、0.09%、0.42%、14.13%、8.38% 和 15.49%。

巴州耕层剖面质地构型为上松下紧型的面积最大土类为草甸土，面积为 3.71khm^2，占上松下紧型面积的 37.33%；其次还有潮土、灌淤土、林灌草甸土、盐土、沼泽土和棕漠土等上松下紧型剖面质地构型，分别占上松下紧型面积的 27.94%、2.08%、0.45%、22.44%、9.45% 和 0.31%。

巴州耕层剖面质地构型为松散型的面积最大土类为草甸土，面积为 28.17khm^2，占松散型面积的 43.48%；其次潮土、风沙土、灌漠土、林灌草甸土、盐土、沼泽土和棕漠土等松散型剖面质地构型，分别占松散型面积的 1.43%、10.15%、0.91%、4.42%、22.18%、3.11% 和 14.32%。详见表 6-16。

表 6-16　巴州耕地主要土壤类型剖面质地构型面积分布

土类	不同剖面质地构型面积（khm²）						
	薄层型	海绵型	夹层型	紧实型	上紧下松	上松下紧	松散型
草甸土	0.01	60.37	7.17	8.40	34.19	3.71	28.17
潮土	—	46.55	5.85	1.97	5.85	2.78	0.92
风沙土	0.11	—	—	—	0.06	—	6.58
灌漠土	5.30	—	—	—	0.28	—	0.59
灌淤土	—	6.55	0.04	1.31	9.20	0.21	—
冷钙土	0.08	—	—	—	—	—	—
栗钙土	—	0.14	—	—	—	—	—
林灌草甸土	—	5.93	19.67	0.08	5.45	0.04	2.86
漠境盐土	—	—	0.04	0.59	—	—	—
石质土	0.04	—	0.99	—	—	—	—
盐土	—	13.74	2.97	0.17	—	2.23	14.37
沼泽土	—	8.28	1.46	4.07	—	0.94	2.02
棕钙土	1.24	—	—	—	—	—	—
棕漠土	11.33	24.26	0.12	0.44	10.09	0.03	9.28
总计	18.11	165.82	38.32	17.04	65.10	9.94	64.79

第五节　耕层质地

一、耕层质地分布情况

巴州黏土耕地面积共 3.26khm²，占巴州耕地面积的 0.86%，主要分布在库尔勒市，面积 1.89khm²，占巴州黏土耕地面积的 58.00%。如表 6-17 所示，评价区博湖县黏土耕地面积共计 0.19khm²，占该评价区耕地面积的 5.69%；评价区和静县黏土耕地面积共计 0.10khm²，占该评价区耕地面积的 3.16%；评价区和硕县黏土耕地面积共计 0.48khm²，占该评价区耕地面积的 14.84%；评价区轮台县黏土耕地面积共计 0.01khm²，占该评价区耕地面积的 0.39%；评价区轮台县黏土耕地面积共计 0.001khm²，占该评价区耕地面积的 0.02%；评价区焉耆回族自治县黏土耕地面积共计 0.58khm²，占该评价区耕地面积的 17.91%。

巴州砂壤耕地面积共 161.61khm², 占巴州耕地面积的 42.63%, 主要分布在尉犁县, 面积 33.51khm², 占巴州砂壤耕地面积的 20.73%。如表 6-17 所示, 评价区博湖县砂壤耕地面积共计 11.36khm², 占该评价区耕地面积的 7.03%; 评价区和静县砂壤耕地面积共计 25.95khm², 占该评价区耕地面积的 16.06%; 评价区和硕县砂壤耕地面积共计 13.76khm², 占该评价区耕地面积的 8.51%; 评价区库尔勒市砂壤耕地面积共计 26.55khm², 占该评价区耕地面积的 16.43%; 评价区轮台县砂壤耕地面积共计 24.10khm², 占该评价区耕地面积的 14.91%; 评价区且末县砂壤耕地面积共计 7.12khm², 占该评价区耕地面积的 4.41%; 评价区若羌县砂壤耕地面积共计 2.31khm², 占该评价区耕地面积的 1.43%; 评价区焉耆回族自治县砂壤耕地面积共计 16.94khm², 占该评价区耕地面积的 10.49%。

巴州砂土耕地面积共 40.21khm², 占巴州耕地面积的 10.61%, 主要分布在尉犁县, 面积 37.25khm², 占巴州砂土耕地面积的 92.65%。如表 6-17 所示, 评价区博湖县砂土耕地面积共计 2.95khm², 占该评价区耕地面积的 7.35%。

巴州中壤耕地面积共 152.79khm², 占巴州耕地面积的 40.30%, 主要分布在库尔勒市, 面积 39.17khm², 占巴州中壤耕地面积的 25.64%。如表 6-17 所示, 评价区博湖县中壤耕地面积共计 6.32khm², 占该评价区耕地面积的 4.13%; 评价区和静县中壤耕地面积共计 24.76khm², 占该评价区耕地面积的 16.20%; 评价区和硕县中壤耕地面积共计 21.86khm², 占该评价区耕地面积的 14.31%; 评价区轮台县中壤耕地面积共计 13.43khm², 占该评价区耕地面积的 8.79%; 评价区且末县中壤耕地面积共计 10.53khm², 占该评价区耕地面积的 6.89%; 评价区若羌县中壤耕地面积共计 5.11khm², 占该评价区耕地面积的 3.35%; 评价区尉犁县中壤耕地面积共计 11.72khm², 占该评价区耕地面积的 7.67%; 评价区焉耆回族自治县中壤耕地面积共计 19.88khm², 占该评价区耕地面积的 13.01%。

巴州重壤耕地面积共 21.26khm², 占巴州耕地面积的 5.61%, 主要分布在库尔勒市, 面积 12.94khm², 占巴州重壤耕地面积的 60.86%。如表 6-17 所示, 评价区博湖县重壤耕地面积 0.21khm², 占该评价区耕地面积的 1.01%; 评价区和静县重壤耕地面积 1.02khm², 占该评价区耕地面积的 4.81%; 评价区和硕县重壤耕地面积 2.73khm², 占该评价区耕地面积的 12.86%; 评价区轮台县重壤耕地面积 0.17khm², 占该评价区耕地面积的 0.80%; 评价区且末县重壤耕地面积 0.21khm², 占该评价区耕地面积的 1.01%; 评价区轮台县重壤耕地面积 0.17khm², 占该评价区耕地面积的 0.82%; 评价区若羌县重壤耕地面积 0.02khm², 占该评价区耕地面积的 0.07%; 评价区尉犁县重壤耕地面积 0.53khm², 占该评价区耕地面积的 2.51%; 评价区焉耆回族自治县重壤耕地面积 3.41khm², 占该评价区耕地面积的 16.06%。

表 6-17　巴州耕地耕层质地面积统计

行政区	不同耕层质地面积（khm²）				
	黏土	砂壤	砂土	中壤	重壤
总计	3.26	161.61	40.21	152.79	21.26

行政区	不同耕层质地面积（khm²）				
	黏土	砂壤	砂土	中壤	重壤
博湖县	0.19	11.36	2.95	6.32	0.21
和静县	0.10	25.95	—	24.76	1.02
和硕县	0.48	13.76	—	21.86	2.73
库尔勒市	1.89	26.55	—	39.17	12.94
轮台县	0.01	24.10	—	13.43	0.17
且末县	—	7.12	—	10.53	0.21
若羌县	—	2.31	—	5.11	0.02
尉犁县	—	33.51	37.25	11.72	0.53
焉耆回族自治县	0.58	16.94	—	19.88	3.41

二、耕层质地与土壤主要养分

不同耕层质地的土壤有机质的变动范围是 13.31 ~ 17.12g/kg，全氮的变动范围是 0.53 ~ 0.76g/kg，碱解氮的变动范围 48.06 ~ 61.52mg/kg，有效磷的变动范围是 16.85 ~ 25.74mg/kg，速效钾的变动范围是 176 ~ 228mg/kg，缓效钾的变动范围是 1 067 ~ 1 116mg/kg。详见表6-18。

表6-18　巴州土壤耕层质地养分统计

耕层质地	有机质（g/kg）	全氮（g/kg）	碱解氮（mg/kg）	有效磷（mg/kg）	速效钾（mg/kg）	缓效钾（mg/kg）
黏土	17.12	0.67	60.44	16.85	176	1 116
砂壤	13.31	0.66	56.13	23.32	208	1 076
砂土	14.38	0.53	48.06	19.19	206	1 067
中壤	13.95	0.66	58.49	22.73	209	1 083
重壤	16.15	0.76	61.52	25.74	228	1 073
均值	13.87	0.66	56.95	22.90	210	1 079

（一）耕层质地与有机质

巴州土壤质地有机质以黏土最高，平均17.12g/kg，其次分别是重壤16.15g/kg、砂土14.38g/kg、中壤13.95g/kg，砂壤最低，为13.31g/kg。巴州土壤质地有机质变异系数中，最高为砂土36.46%，最低为重壤22.08%。详见表6-19。

表 6-19　巴州不同质地土壤有机质含量统计

耕层质地	面积（khm²）	平均值（g/kg）	标准偏差（g/kg）	变异系数（%）
黏土	3.26	17.12	3.90	22.79
砂壤	161.61	13.31	4.24	31.90
砂土	40.21	14.38	5.24	36.46
中壤	152.79	13.95	4.46	32.00
重壤	21.26	16.15	3.57	22.08

（二）耕层质地与全氮

巴州土壤质地全氮以重壤最高，平均 0.76g/kg，其次分别是黏土 0.67g/kg、砂壤和中壤 0.66g/kg，砂土最低，为 0.53g/kg。巴州土壤质地全氮变异系数中，最高为砂壤 30.03%，最低为黏土 23.27%。详见表 6-20。

表 6-20　巴州不同质地土壤全氮含量统计

耕层质地	面积（khm²）	平均值（g/kg）	标准偏差（g/kg）	变异系数（%）
黏土	3.26	0.67	0.16	23.27
砂壤	161.61	0.66	0.20	30.03
砂土	40.21	0.53	0.15	27.45
中壤	152.79	0.66	0.19	28.95
重壤	21.26	0.76	0.21	28.15

（三）耕层质地与碱解氮

巴州土壤质地碱解氮以重壤最高，平均 61.52mg/kg，其次分别是黏土 60.44mg/kg、中壤 58.49mg/kg、砂壤 56.13mg/kg，砂土最低，为 48.06mg/kg。巴州土壤质地碱解氮变异系数中，最高为砂壤 27.76%，最低为黏土 21.64%。详见表 6-21。

表 6-21　巴州不同质地土壤碱解氮含量统计

耕层质地	面积（khm²）	平均值（mg/kg）	标准偏差（mg/kg）	变异系数（%）
黏土	3.26	60.44	13.08	21.64
砂壤	161.61	56.13	15.58	27.76
砂土	40.21	48.06	11.39	23.69
中壤	152.79	58.49	16.11	27.54
重壤	21.26	61.52	14.13	22.97

（四）耕层质地与有效磷

巴州土壤质地有效磷以重壤最高，平均 25.74mg/kg，其次分别是砂壤 23.32mg/kg、中壤 22.73mg/kg、砂土 19.19mg/kg，最低为黏土 16.85mg/kg。巴州土壤质地有效磷变异系数中，最高为砂土 48.37%，最低为重壤 26.91%。详见表 6-22。

表 6-22 巴州不同质地土壤有效磷含量统计

耕层质地	面积（khm²）	平均值（mg/kg）	标准偏差（mg/kg）	变异系数（%）
黏土	3.26	16.85	8.61	51.12
砂壤	161.61	23.32	9.27	39.76
砂土	40.21	19.19	9.28	48.37
中壤	152.79	22.73	9.72	42.74
重壤	21.26	25.74	6.93	26.91

（五）耕层质地与速效钾

巴州土壤质地速效钾以重壤最高，平均 228mg/kg，其次分别是中壤 209mg/kg、砂壤 208mg/kg、砂土 206mg/kg，黏土最低，为 176mg/kg。巴州土壤质地速效钾变异系数中，最高为砂土 53.47%，最低为黏土 31.25%。详见表 6-23。

表 6-23 巴州不同质地土壤速效钾含量统计

耕层质地	面积（khm²）	平均值（mg/kg）	标准偏差（mg/kg）	变异系数（%）
黏土	3.26	176	55.03	31.25
砂壤	161.61	208	87.77	42.15
砂土	40.21	206	110.09	53.47
中壤	152.79	209	81.74	39.03
重壤	21.26	228	75.41	33.12

（六）耕层质地与缓效钾

巴州土壤质地缓效钾以黏土最高，平均 1 116 mg/kg，其次分别是中壤 1 083 mg/kg、砂壤 1 076 mg/kg、重壤 1 073 mg/kg，砂土最低，为 1 067 mg/kg。巴州土壤质地缓效钾变异系数中，最高为重壤 27.79%，最低为黏土 21.85%。详见表 6-24。

表 6-24 巴州不同质地土壤缓效钾含量统计

耕层质地	面积（khm²）	平均值（mg/kg）	标准偏差（mg/kg）	变异系数（%）
黏土	3.26	1 116	243.92	21.85
砂壤	161.61	1 076	289.12	26.86
砂土	40.21	1 067	290.46	27.21
中壤	152.79	1 083	287.80	26.56
重壤	21.26	1 073	298.15	27.79

三、耕层质地调控

（一）砂土质地调控

砂土抗旱能力弱，易漏水漏肥，因此土壤养分少，土温变化较快，加之缺少黏粒和有机质，故保肥性能弱，速效肥料易随雨水和灌溉水流失，而且施用速效肥料的肥效猛而不长效。但砂土的通气透水性较好，易于耕种。因此，在利用管理上，要注意选择耐旱作物品种，保证水源，及时灌溉，注意保墒；施肥时，砂土上要强调增施有机肥，适时追肥，并掌握少量多次的原则。

（二）黏土质地调控

黏土土壤养分丰富，而且有机质含量较高，因此，大多土壤养分不易被雨水和灌溉水淋失，保肥性能好。但由于遇雨或灌溉时，水分在土体中难以下渗而导致排水困难，影响农作物根系的生长，阻碍了根系对土壤养分的吸收。对此类土壤，在生产上要注意开沟排水，降低地下水位，以避免或减轻涝害，并选择在适宜的土壤含水条件下精耕细作，以改善土壤结构性和耕性，以促进土壤养分的释放。

（三）壤土质地调控

壤土兼有砂土和黏土的优点，以粗粉粒占优势，缺乏有机质，汀板性强，不利于幼苗扎根和发育。但上层土壤质地稍轻，有利于通气，而下层质地稍重（黏），有利于持水。壤土是一种较理想的土壤，其耕性优良，适种的农作物种类多。

（四）黏壤土质地调控

黏壤土是黏性较重的土壤，土性较黏重，保水、保肥性能较强，但不易耕作，生产上采取秋翻和短期免耕土壤来达到土壤活性。

第六节　障碍因素

一、障碍因素分类分布

制约巴州耕地质量障碍因素有盐碱、沙化、障碍层次、瘠薄、干旱灌溉型及复合型等。详见表6-25。

干旱灌溉型、瘠薄型、沙化型主要分布在库尔勒市，面积分别为 0.59khm^2、0.22khm^2 和 2.62khm^2；盐碱型面积 128.61khm^2，主要分布在和硕县，面积为 33.3khm^2，其次为尉犁县、库尔勒市和焉耆回族自治县，面积为 32.47khm^2、21.57khm^2 和 16.44khm^2；障碍层次型总面积为 19.09khm^2，主要分布在和静县、库尔勒市、且末县和轮台县，面积分别为 9.34khm^2、3.79khm^2、3.74khm^2 和 1.14khm^2；无障碍因素耕地面积为 69.80khm^2，主要分布在焉耆回族自治县，面积为 23.75khm^2，其次为和静县、库尔勒市、且末县和博湖县，面积为 12.10khm^2、9.97khm^2、6.91khm^2 和 6.81khm^2。

表6-25　巴州耕地障碍因素面积分布　　　　　　　　　　　　　　　　　　（khm²）

障碍因素	博湖县	和静县	和硕县	库尔勒市	轮台县	且末县	若羌县	尉犁县	焉耆回族自治县	总计
干旱灌溉型	0.09	—	—	0.59	0.13	—	—	—	—	0.81
干旱灌溉型和障碍层次	0.02	—	—	0.26	0.04	—	—	—	—	0.32
干旱灌溉型和瘠薄	—	—	—	—	0.02	0.07	—	—	—	0.09
瘠薄	—	—	0.02	0.22	—	1.71	0.04	—	—	1.99
沙化	0.30	3.43	0.04	2.62	0.04	0.55	0.08	—	0.31	7.37
沙化、干旱灌溉型和障碍层次	0.97	—	—	—	0.03	—	—	—	—	1.00
沙化、干旱灌溉型和瘠薄	—	—	—	—	—	—	—	0.1	—	0.10
沙化和瘠薄	—	—	—	—	0.002	0.1	—	0.32	—	0.42
沙化和盐碱	1.98	8.23	1.40	8.29	0.01	0.26	0.23	0.22	—	20.62
沙化、盐碱和干旱灌溉型	—	—	—	3.01	0.17	—	—	2.21	—	5.39
沙化、盐碱、干旱灌溉型和瘠薄	—	—	—	1.17	0.01	—	—	2.54	—	3.72
沙化、盐碱、干旱灌溉型和障碍层次	—	—	—	—	0.18	—	—	0.04	—	0.22
沙化、盐碱、干旱灌溉型、障碍层次和瘠薄	—	—	—	—	0.08	—	—	—	—	0.08
沙化、盐碱和瘠薄	0.06	—	—	0.79	0.14	0.06	0.21	2.98	—	4.24
沙化、盐碱和障碍层次	2.61	1.87	0.004	0.19	0.724	—	—	5.89	—	11.29
沙化、盐碱、障碍层次和瘠薄	0.43	—	—	—	—	—	—	0.34	—	0.77
沙化和障碍层次	1.20	1.12	—	—	0.05	—	—	—	—	2.37
无	6.81	12.1	1.676	9.97	3.04	6.91	2.92	2.63	23.75	69.80
盐碱	4.99	10.29	33.3	21.57	4.76	2.85	1.49	32.47	16.44	128.16
盐碱和干旱灌溉型	0.18	—	—	5.06	2.00	—	—	0.77	—	8.01
盐碱、干旱灌溉型和瘠薄	0.00	—	—	0.96	0.004	—	—	1.65	—	2.62
盐碱、干旱灌溉型和障碍层次	0.19	—	—	1.06	3.25	—	—	—	—	4.50
盐碱、干旱灌溉型和障碍层次和瘠薄	—	—	—	0.246	0.22	—	—	0.06	—	0.53

（续表）

障碍因素	博湖县	和静县	和硕县	库尔勒市	轮台县	且末县	若羌县	尉犁县	焉耆回族自治县	总计
盐碱和瘠薄	—	—	0.9	2.19	21.05	0.35	0.37	10.51	—	35.37
盐碱和障碍层次	1.17	5.45	1.5	16.58	—	0.65	1.28	18.08	0.04	44.75
盐碱、障碍层次和瘠薄	0.04	—	—	1.99	0.37	0.06	0.01	2.04	—	4.51
障碍层次	—	9.34	—	3.79	1.14	3.74	0.80	—	0.28	19.09
障碍层次和瘠薄	—	—	—	0.004	0.26	0.56	—	0.16	—	0.99
总计	21.03	51.83	38.84	80.56	37.72	17.87	7.44	83.01	40.82	379.12

在沙化障碍因素中，沙化和瘠薄型、沙化和盐碱型分布于尉犁县，面积分别为 0.32km² 和 0.22km²；沙化、瘠薄型和干旱灌溉型，沙化、盐碱型和干旱灌溉型，沙化、盐碱型、干旱灌溉型和瘠薄型，沙化、盐碱型和瘠薄型，主要分布尉犁县，面积分别为 0.10km²、2.21km²、2.54km²、2.98km²；沙化、盐碱型和障碍层次型分布于博湖县和尉犁县，面积分别为 2.61km² 和 5.89km²；沙化、盐碱、障碍层次和干旱灌溉型，沙化、盐碱、障碍层次、干旱灌溉和瘠薄型主要分布于轮台县，面积分别为 0.18km²、0.08km²；沙化、盐碱、障碍层次和瘠薄型主要分布于博湖县、尉犁县，面积分别为 0.43km²、0.34km²；沙化和障碍层次型分布于博湖县、和静县、轮台县，面积分别为 1.2km²、1.12km²、0.05km²。

盐碱障碍因素中，盐碱和干旱灌溉型，盐碱、干旱灌溉和瘠薄型，盐碱和瘠薄型主要分布库尔勒市，面积分别为 5.06km²、0.96km²、2.19km²；盐碱和障碍层次型分布于库尔勒市和尉犁县，面积分别为 16.58km² 和 18.08km²；盐碱、障碍层次和干旱灌溉型，盐碱、障碍层次、干旱灌溉和瘠薄型，盐碱、障碍层次和瘠薄型分布于轮台县，面积分别为 3.25km²、0.22km²、0.37km²。

障碍层次因素中，障碍层次型主要分布于和静县、库尔勒市、轮台县、且末县、若羌县以及焉耆回族自治县，面积分别为 9.34km²、3.79km²、1.14km²、3.74km²、0.80km² 和 0.28km²；障碍层次和瘠薄型主要集中于轮台县、且末县和尉犁县，面积分别为 0.26km²、0.56km² 和 0.16km²。

二、障碍因素调控措施

（一）盐碱地改良措施

盐碱地改良须以"水、盐、肥"为中心，贯彻统一规划，综合治理；因地制宜，远近结合；利用与改良相结合的原则。

1. 统一规划综合治理

"盐随水来，盐随水去"，控制与调节土壤中的水盐运动，是防治土壤盐渍化的关键。因此，首先要解决好水的问题，必须从一个流域着手，统一规划，合理布局，满足上、中、下游的需要。

　　盐分对作物的危害包括盐害、物理化学危害、营养供求失调等方面，从解决盐分危害这个主要矛盾出发，必须采取综合措施。任何单项措施，一般也只能解决某一个具体矛盾，不可能同时解决排水、洗盐、培肥诸多矛盾。例如，排水（沟排、井排、暗管排、扬排）也只能解决切断盐源，防止和控制地下水位升高；洗盐只能脱盐和压盐；农林措施只能巩固脱盐效果，恢复地力，防止土壤返盐等等。实践证明，上述的诸多措施，必须相互配合，综合应用，环环相扣，才能奏效，更能提高改良效果。如精耕细作，增强地面覆盖，可减弱返盐速度，降低临界深度，竖井与明沟相结合，更能发挥排水效果；有完善的灌排系统，才能提高种稻洗盐的效果；增施有机肥料可壮苗抗盐，培育耐盐品种，提高作物保苗率，降低洗盐标准。

　　2. 因地制宜远近结合

　　要因地制宜地制订治理方案，才能收到事半功倍的效果。例如，是否需要排水设施，要因地下水位高低而异；条田建设过宽不利于脱盐，易发生盐斑，条田过窄，机耕效率低；排水沟的深度、密度、灌排渠布置方式（并列式或相间式）等都各有其利弊，都要结合当地情况，进行合理规划。对不同程度盐渍化也应区别处理。重盐土地区首先冲洗淋盐，深沟排水，降低地下水位。轻盐土地区可深浅沟相组合，井灌井排，浅、密、通来控制地下水位；平整土地，多施有机肥料，加强淋盐、抑盐。次生盐化地区，可采取井、渠结合，以井代渠，减少地下水的补给，加强农林措施，防止返盐。低洼下潮水盐无出路的地区，可采取扬排与渠排相结合。受盐分威胁的地区，应加强灌溉管理，进行渠道防渗，加强地面覆盖，防止返盐。苏打盐化地区采取生物措施，配合施石膏进行化学改良。

　　3. 除盐培肥高产稳产

　　改良利用盐土要与提高土壤肥力相结合，因为除盐就是为了充分发挥土壤的潜在肥力，但是在洗盐过程中，不可避免地伴随有土壤养分的淋失过程。同时，培肥主要依靠农牧结合，合理种植，牧草田轮作，多种绿肥，精耕细作，相互配合，环环相扣，巩固土壤脱盐效果，防止重新返盐，保证作物丰收。

　　盐碱地改良是一个较为复杂的综合治理系统工程，包括水利工程措施、农业技术措施、生物措施、化学改良等综合治理方法，要针对实际情况准确合理使用每一项措施来改良治理盐碱地。

（二）贫瘠土壤培肥地力的措施

　　巴州要以"改、培、保、控"为重点推进耕地质量建设，通过作物秸秆还田，施用有机肥等措施改善过砂或过黏土壤的不良性质，促进土壤中团粒结构的形成，提高土壤的保蓄性和通透性，抑制毛管水的强烈上升，减少土壤蒸发和地表积盐，促进淋盐和脱盐过程，同时提升土壤肥力。具体措施如下。

　　1. 广辟肥源，增加肥料投入，保持和培肥地力

　　巴州土壤肥力属低水平，应该加紧培肥地力，首先必须稳固持续地增加有机肥投入。增加有机肥投入是提高土壤有机质含量、培肥土壤、改善土壤结构最根本的途径之一。采用间套作复播绿肥、秸秆还田等多种方式提升土壤肥力。

　　2. 有机、无机相结合是高产优质栽培的保证

　　农业生产中增加有机肥、提高土壤肥力的同时，还应该合理地投入化学肥料。有机、无机肥料相结合，一直是科学施肥所倡导的施肥原则，可以对种植的作物生长起到缓急相

济、互补长短、缓解氮磷钾比例失调等功效。虽然实施难度比较大，但仍要宣传和坚持这一原则。

3. 重视测土配方施肥技术的推广应用

测土配方施肥技术目的就是解决当前施肥工作中存在的盲目施肥、肥料利用率低、生产效益不高等实际问题。测土配方平衡施肥决不仅仅是指氮、磷、钾 3 种大量元素之间的平衡，作物生长所必需的中量元素和微量元素之间都必须有均衡供应，任何一种营养元素的缺乏和过剩，都会限制作物产量及品质的提高。巴州在农业生产中，要充分保证氮肥，合理配施磷肥、钾肥和锌、锰等微量元素，才能保证作物高产高效生产的需要。

4. 有针对性地施用微量元素肥料

微量元素肥料同大量元素氮磷钾肥料有着同等重要、不可替代的重要性，因此，微量元素肥料虽然作物需要量少，但如果缺乏，仍会成为作物高产的限制因素。调查区微量元素含量不均衡，在生产中可适量补施，以消除高产障碍因素。

5. 粮豆间作或间套作绿肥

利用豆科作物固氮，同粮食作物间作或套作，并利用残枝落叶和根茬还田可增加土壤有机质和氮素。由于豆科作物耐阴，间套种植效果好。梨园间套种植的绿肥饲草作物减少地表裸露和地面蒸腾，改善果林生态环境，提高土壤肥力。

（三）土壤质地的调节措施

土壤质地是土壤比较稳定的物理性质，与土壤肥力密切相关。但是在人为干预条件下，土壤质地是可以改变的。不合理耕种和乱砍乱伐森林可造成水土流失而改变土壤质地。过砂过黏土壤可通过客土或增施有机肥改善土壤结构而提高土壤肥力。针对巴州实际特提出以下措施。

1. 因土种植

因土种植是通过种植适宜的作物，充分发挥不同质地土壤的生产潜力。农谚有："砂地棉花、土地麦""砂土棉花，胶土瓜，石子地里种芝麻"等等，说明根据作物土宜特性种植能收到增产的效果。一般认为：薯类、花生、西瓜、棉花、豆类等较适宜于砂质土壤。小麦、玉米、水稻、高粱、苹果等较适宜于黏质土壤。

2. 因土施肥

砂质土、漏砂型土壤保水保肥力差，在施肥时应做到"少吃多餐"，多次施肥，及时保证作物各生育时期对水肥的需求。砂质土往往氮、磷、钾都缺乏，在施肥时应注意氮磷钾配合施用。黏质土保水保肥力强，但供肥性能差，为此应重视有机肥的施用和秸秆还田措施，改善土壤结构，增加土壤生产力。施肥时应注意采用"重基肥，追氮肥，补微肥，多次叶面肥"的施肥方法，提高肥料利用率。

3. 客土

过砂或过黏土壤在平整土地推土时，采用客黏改砂或客砂改黏等措施。

4. 生物改良

一是种苜蓿、玉米等牧草饲料作物，发展农区畜牧业，增加有机肥，实行过腹还田。二是种植油葵、草木樨等绿肥作物翻压还田和推广作物秸秆粉碎翻压还田。通过这样长期施用有机肥和种植绿肥，秸秆还田等措施在一定程度上是可以改善土壤不良的质地。

（四）干旱灌溉型耕地的调节措施

由于干旱灌溉型耕地是土壤保水保肥力差、季节性缺水等问题引起，应大力加强农田基础设施建设，加强渠道防渗、管道输水、滴灌等节水技术应用。培肥地力，形成良好的土壤结构，改善土壤保水性。改进耕作制度，种植耐旱品种；因地制宜实行农林牧相结合的生态产业结构，植树造林，改善农业生态环境，增强抗旱能力。

第七节　农田林网化程度

农田林网具有涵养水源、保持水土、防风固沙、调节气候等功能，是农村生态建设的一项重要组成部分。近年来，由于农村电网、道路、防渗渠的改造建设施工，致使一部分林带消失；一些林带因管护措施跟不上，导致死亡；滥伐以及正常采伐后更新不及时，造成农田防护林面积减少；一些新开发的土地大部分属于边缘乡场、荒漠地带，水土条件差，林网大部分都未配套；林业工作重点放在营造绿洲外围大型基干林和经济林上，对农田防护林建设和管理有所放松等原因，使农田林网化程度趋于下降。一个以农田防护林、大型防风固沙基干林带和天然荒漠林为主体，多林种、多带式、乔灌草、网片带相结合的绿洲综合防护林体系在巴州已初步形成。但是，一些地方新开垦的耕地林网配套没有及时跟上，老林带更新改造工作没有全面开展。造成了林网化程度减低，气候、土壤、植被及微生物的修复逐渐变差。因此，建立完善的农田防护林进而建设高标准农田势在必行。

一、巴州农田林网化现状

本次巴州耕地质量汇总评价中农田林网化程度分为高、中、低，见表6-26。其中林网化程度高的面积为99.20khm²，占巴州耕地面积的26.17%；林网化程度中的面积为194.95khm²，占巴州耕地面积的51.42%；林网化程度低的面积为84.96khm²，占巴州耕地面积的22.41%。

表6-26　巴州农田防护林建设情况统计

县市	农田林网化程度（khm²）						合计（khm²）
	高	比例（%）	中	比例（%）	低	比例（%）	
博湖县	7.01	33.32	11.39	54.16	2.63	12.52	21.03
和静县	20.66	39.87	24.49	47.25	6.68	12.88	51.83
和硕县	11.96	30.79	20.26	52.15	6.63	17.06	38.84
库尔勒市	15.72	19.52	44.37	55.08	20.46	25.39	80.55
轮台县	6.01	15.94	23.46	62.19	8.25	21.87	37.72
且末县	5.49	30.72	7.16	40.08	5.22	29.20	17.87
若羌县	0.94	12.63	3.82	51.32	2.68	36.05	7.44
尉犁县	20.61	24.83	43.25	52.10	19.15	23.07	83.01
焉耆回族自治县	10.80	26.46	16.75	41.03	13.27	32.51	40.82
总计	99.20	26.17	194.95	51.42	84.96	22.41	379.12

博湖县农田防护林林网化程度高的面积为 $7.01km^2$，占博湖县耕地面积的 33.32%；林网化程度中的面积为 $11.39km^2$，占博湖县耕地面积的 54.16%；林网化程度低的面积为 $2.63km^2$，占博湖县耕地面积的 12.52%。

和静县农田防护林林网化程度高的面积为 $20.66km^2$，占和静县耕地面积的 39.87%；林网化程度中的面积为 $24.49km^2$，占和静县耕地面积的 47.25%；林网化程度低的面积为 $6.68km^2$，占和静县耕地面积的 12.88%。

和硕县农田防护林林网化程度高的面积为 $11.96km^2$，占和硕县耕地面积的 30.79%；林网化程度中的面积为 $20.26km^2$，占和硕县耕地面积的 52.15%；林网化程度低的面积为 $6.63km^2$，占和硕县耕地面积的 17.06%。

库尔勒市农田防护林林网化程度高的面积为 $15.72km^2$，占库尔勒市耕地面积的 19.52%；林网化程度中的面积为 $44.37km^2$，占库尔勒市耕地面积的 55.08%；林网化程度低的面积为 $20.46km^2$，占库尔勒市耕地面积的 25.39%。

轮台县农田防护林林网化程度高的面积为 $6.01km^2$，占轮台县耕地面积的 15.59%；林网化程度中的面积为 $23.46km^2$，占轮台县耕地面积的 62.19%；林网化程度低的面积为 $8.25km^2$，占轮台县耕地面积的 21.87%。

尉犁县农田防护林林网化程度高的面积为 $20.61km^2$，占尉犁县耕地面积的 24.83%；林网化程度中的面积为 $43.25km^2$，占尉犁县耕地面积的 52.10%；林网化程度低的面积为 $19.15km^2$，占尉犁县耕地面积的 23.07%。

焉耆回族自治县农田防护林林网化程度高的面积为 $10.80km^2$，占焉耆回族自治县耕地面积的 26.46%；林网化程度中的面积为 $16.75km^2$，占焉耆回族自治县耕地面积的 41.03%；林网化程度低的面积为 $13.27km^2$，占焉耆回族自治县耕地面积的 32.51%。

且末县农田防护林林网化程度高的面积为 $5.49km^2$，占且末县耕地面积的 30.72%；林网化程度中的面积为 $7.16km^2$，占且末县耕地面积的 40.08%；林网化程度低的面积为 $5.22km^2$，占且末县耕地面积的 29.20%。

若羌县农田防护林林网化程度高的面积为 $0.94km^2$，占若羌县耕地面积的 12.63%；林网化程度中的面积为 $3.82km^2$，占若羌县耕地面积的 51.32%；林网化程度低的面积为 $2.68km^2$，占若羌县耕地面积的 36.05%。

二、有关建议

（一）加大对农田林网化的资金扶持力度

地方政府配套资金难以到位，对林业项目的实施造成一定的影响。各级政府应将林业生态建设项目纳入财政预算，确保林业生态建设项目的资金落实到位，保证林业各个项目的顺利实施。

（二）多部门统筹合作做好林网化的规划设计

林业部门要对当地的防护林基本情况做个详细调查，并结合农田林网化建设的新要求新特点，进一步完善修订农田防护林建设规划，特别是在实施农田节水灌溉工程时，应综合考虑周边防护林带灌溉用水规划，做到因地制宜，统筹兼顾，运用新技术，采取新措施，建立更高水平的农田生态系统，逐渐形成相对完善的农区内部农田防护林体系和农区周边外围生态防护林体系。尤其在建设农田林网、农林间作形成高标准农田的建设中，应建立以植树造林为主的生态防护林，针对不同的生态区域采用远距离种植乔木、近距离种植灌木的种植方式，采取疏透型结构推进农田林网化，农田林网设计规划本着适地适树，统一安排、因害设防、综合利用的原则，充分发挥林网的作用，做到农林兼顾，协调发展。

（三）做好防护林建设的宣传工作

通过广播、电视等媒介对林业相关的政策、法律法规进行深入广泛的宣传，提高广大人民群众对防护林重要性的认识，使他们认识到没有防护林就没有良好的生活环境，就没有农牧业的稳产丰收。

（四）加强技术服务工作

在防护林的建设过程中，要严格按照植树造林的相关技术要求进行操作，确保植树造林的质量。林业技术人员要做好技术指导工作，同时做好苗木的检疫工作，防止带疫苗木或不合格苗木入地定植，影响建设质量。技术人员也要督促广大造林户做好后期灌水、除草、病虫害防治等工作，防止重栽轻管的现象发生，确保造林质量。

（五）进一步完善防护林的经营体制

要借集体权制度改革的机会，加快林权制度改革的步伐，完善林权制度，使集体林业资源的产权、经营权、收益权和处置权进一步明确。对于个人的防护林，在检查验收合格后，要及时发放林权证，放活经营权，提高林农经营的积极性。

（六）加大新建耕地的林网化程度

严格按照《防沙治沙若干规定》中新垦农田防护林带面积不小于耕地面积的 12%。对于以前耕地已经完成林网化的，要加大补植补造和更新的力度，完善防护林体系，提高防护效益。对新开垦的耕地要有林业、土管、农业及水利等部门统一规划，做到开发与造林同步进行，在确保农田林网化工作顺利完成的同时，改善了当地生产和生活条件，促进经济的发展。

第八节　土壤盐渍化程度分析

土地盐碱化的原因是土壤和地下水盐分过高，在强烈的地表蒸发情况下，土壤盐分通过毛细管作用上升并集聚于土壤表层，使农作物生长发育受到抑制。其形成的实质是各种易溶性盐类在土壤剖面水平方向与垂直方向的重新分配。土壤盐碱地不仅涉及农业、土地、水资源问题，还涉及典型的生态环境问题。

一、巴州盐渍化分布及面积

巴州土壤盐渍化分级统计见表 6-27。巴州盐渍化面积共计 274.78km²，占巴州面积的 72.49%，轻度盐渍化、中度盐渍化、重度盐渍化和盐土的面积分别为 197.63km²、65.73km²、9.06km² 和 2.36km²。

表 6-27　巴州土壤盐渍化分级统计　　　　　　　　（khm²）

县市 分级	盐渍化程度					合计	盐渍化 面积	盐渍化 面积占 比（%）
	无	轻度	中度	重度	盐土			
	≤2.5	2.5~6.0	6.0~12.0	12.0~20.0	>20.0			
博湖县	9.38	10.44	0.74	0.44	0.04	21.04	11.66	3.07
和静县	25.99	20.88	4.49	0.47	—	51.83	25.84	6.82
和硕县	1.74	18.30	14.15	4.30	0.36	38.84	37.09	9.79
库尔勒市	17.45	53.27	9.10	0.74	—	80.55	63.11	16.64
轮台县	4.75	19.08	10.55	1.62	1.72	37.72	32.97	8.7
且末县	13.63	4.09	0.15	—	—	17.87	4.24	1.12
若羌县	3.85	0.47	1.97	0.91	0.24	7.44	3.59	0.95
尉犁县	3.21	54.62	24.58	0.60	—	83.01	79.80	21.05
焉耆回族 自治县	24.34	16.48	—	—	—	40.82	16.48	4.35
总计	104.34	197.63	65.73	9.06	2.36	379.12	274.78	72.49

注：盐分单位为 g/kg。

　　博湖县盐渍化程度主要集中在轻度盐渍化和中度盐渍化，其盐渍化面积共计 11.66km²，占全县耕地面积的 55.42%。

　　和静县盐渍化程度主要集中在轻度盐渍化和中度盐渍化，其盐渍化面积共计 25.84km²，占全县耕地面积的 49.86%。

　　和硕县盐渍化程度主要集中在轻度盐渍化、中度盐渍化和重度盐渍化，其盐渍化面积共计 37.09km²，占全县耕地面积的 95.52%。

　　库尔勒市盐渍化程度主要集中在轻度盐渍化和中度盐渍化，其盐渍化面积共计 63.11km²，占全县耕地面积的 78.34%。

　　轮台县盐渍化程度主要集中在轻度盐渍化和中度盐渍化，其盐渍化面积共计 32.97km²，占全县耕地面积的 87.41%。

　　且末县盐渍化程度主要集中在轻度盐渍化，其盐渍化面积共计 4.24km²，占全县耕地面积的 23.73%。

　　若羌县盐渍化程度主要集中在中度盐渍化和重度盐渍化，其盐渍化面积共计 3.59km²，占全县耕地面积的 48.25%。

　　尉犁县盐渍化程度主要集中在轻度盐渍化和中度盐渍化，其盐渍化面积共计 79.80km²，占全县耕地面积的 96.13%。

　　焉耆回族自治县盐渍化程度主要是轻度盐渍化，其盐渍化面积共计 16.48km²，占全县耕地面积的 40.37%。

二、土壤盐分含量及其空间差异

　　通过对巴州 535 个耕层土壤样品盐分含量测定结果分析，巴州耕层土壤盐分平均值为

4.65g/kg。平均含量以轮台县含量最高，为7.44g/kg，其次分别为和硕县7.07g/kg、若羌县5.62g/kg、尉犁县5.42g/kg、库尔勒市4.04g/kg、博湖县3.55g/kg、和静县3.18g/kg、焉耆回族自治县2.61g/kg，且末县含量最低，为2.18g/kg。

从土壤盐分含量的绝对值看，巴州耕层土壤盐分变化范围0.1~95.8g/kg，最大值出现在轮台县，为95.8g/kg；最小值出现在和静县，为0.1g/kg。

巴州土壤盐分平均变异系数为132.26%，最大值出现在轮台县，为181.42%；最小值出现在尉犁县，为67.23%。详见表6-28。

表6-28　巴州土壤盐分含量及其空间差异　　　　（g/kg）

县市	点位数	最小值	最大值	平均值	标准差	变异系数（%）
博湖县	35	0.8	23.8	3.55	4.11	115.53
和静县	66	0.1	23.5	3.18	3.85	120.92
和硕县	54	0.6	33.5	7.07	7.89	111.63
库尔勒市	106	0.7	28.7	4.04	3.74	92.68
轮台县	52	0.3	95.8	7.44	13.50	181.42
且末县	25	0.9	11.3	2.18	2.26	103.78
若羌县	13	0.7	35.3	5.62	9.94	176.78
尉犁县	125	0.3	26.4	5.42	3.64	67.23
焉耆回族自治县	59	0.6	12.2	2.61	2.09	80.17
巴州	535	0.1	95.8	4.65	6.16	132.26

三、土壤盐渍化类型

从县市已有分析数据来看，巴州主要盐化类型为氯化物硫酸盐、硫酸盐氯化物、氯化物、硫酸盐4种。详见表6-29。

表6-29　巴州各县市耕地土壤盐化类型

县市	氯化物硫酸盐	硫酸盐	硫酸盐氯化物	氯化物
博湖县	√		√	
和静县	√			√
和硕县	√	√	√	√
库尔勒市	√		√	√
轮台县	√	√	√	√
且末县	√			
若羌县			√	√
尉犁县	√		√	√
焉耆回族自治县			√	

博湖县的盐化类型有氯化物硫酸盐、硫酸盐氯化物；和静县的盐化类型为氯化物硫酸盐、氯化物；和硕县的盐化类型为氯化物硫酸盐、硫酸盐氯化物、硫酸盐、氯化物；库尔勒市的盐化类型有氯化物硫酸盐、硫酸盐氯化物、氯化物；轮台县的盐化类型为氯化物硫酸盐、硫酸盐氯化物、硫酸盐、氯化物；且末县的盐化类型有氯化物硫酸盐；若羌县的盐化类型有硫酸盐氯化物和氯化物；尉犁县的盐化类型有氯化物硫酸盐、硫酸盐氯化物、氯化物；焉耆回族自治县的盐化类型有硫酸盐氯化物。

四、盐渍化土壤的改良和利用

土壤盐碱化防治途径不外乎是排出土壤中过多的盐分，调节盐分在土壤剖面中的分布，防止盐分在土壤中的重新累积。目前，治理盐碱地的措施主要有物理、生物和化学三大技术措施。

物理措施包括水利改良、平整土地、客土改良、压沙改良、种稻改良等。生物措施主要有培肥土壤，增施有机肥，施行秸秆还田和种植耐盐碱植物或绿肥等。化学改良主要是施用石膏（磷石膏、亚硫酸钙等）等改良剂。施用化学改良剂、客土压碱等方法治理盐碱地，投入大，推广困难。农业及耕作措施如培肥土壤、深耕深松、地面覆盖减少土壤水分蒸发等，大面积的推广还存在一定的困难。

排出土壤中过多盐分最有效的方法仍然是排水、洗盐、压盐。洗盐通常在排水的条件下进行，若排水系统不健全，洗盐不但起不到应有的效果，反而会加重盐碱化程度。压盐是一种无排水条件下的缓解土壤盐分危害的措施，即用大定额的灌溉水将盐分压入深层或压入侧区，这样的治理技术须以大水漫灌为前提，不仅浪费了宝贵的水资源，增加土壤盐分输出量，而且容易抬高地下水位，进一步加重土壤次生盐碱化的隐性危害。实践证明，改良盐渍土是一项复杂、难度大、需时间长的工作，应视具体情况因地制宜，综合治理。

（一）水利改良措施

建立完善的排灌系统，使旱能灌、涝能排、灌水量适当、排水及时，是盐碱地农业利用中最基本的要求。降低地下水位是盐碱地改良的主要方法，建立排水沟体系，是降低地下水位的根本，依据地下水的深浅确定排水沟的临界水位深度。在低洼、排水不畅、地下水位浅、矿化度高、土壤含盐量重、受盐涝双重威胁的盐碱地，采用深沟排水；地下水位过浅、土质黏重的重盐碱地，修建沟渠条田，通过排水和灌水措施，排出多余的盐分，降低及控制地下水位，达到改良土壤盐渍化的目的。主推大水压盐和滴灌抑制技术。

（二）农业生物措施

1. 整地法

削高垫低，平整土地，可以使从降雨和灌溉过程中获得的水分均匀下渗，提高冲洗土壤中盐分的效果，也可以防止土壤斑状盐渍化，减轻盐碱危害。

2. 深松深翻法

深耕晒垡能够切断土壤毛细管，减弱土壤水分蒸发，提高土壤活性以及肥力，增强土壤的通透性能，从而能够有效地起到控制土壤返盐的作用。盐碱地深耕深翻的时间最好是在返盐较重的春季和秋季，且深翻时间春宜迟，秋宜早，以保作物全苗，秋季耕翻尤其有利于杀死病虫卵和清除杂草。针对中下层土层存在不透水的黏板层的重度盐碱地，可采用深松到 1.2m 的机械深松设备，进行 80cm 左右条状开沟或 "品" 字型点状机械深松挖坑破除黏板层，机械深松完成后进行大水灌溉洗盐。

3. 推广耐盐新品种

一般块根作物耐盐能力较差，谷类作物和牧草类较强，水生作物最强。但各类作物都有一定的耐盐极限。棉花、花生、甜菜、高粱、向日葵、水稻等都是较耐盐碱作物。巴州地区可以引进和推广种植一些耐盐性较高经济植物，如盐生特色蔬菜（耐盐胡萝卜、耐盐黄秋葵、耐盐小豆等）、高附加值产品（植物盐的碱蓬和海蓬子）等，以提高土地的产出率，增加效益。

4. 增加有机质和合理控制化肥的施用

盐碱地的特点是低温、土贫、结构差。有机肥经过微生物的分解后，转化形成的腐殖质不仅提高了土壤的缓冲能力，还能和碳酸钠发生化学反应形成腐殖酸钠，起到降低土壤碱性的作用。形成的腐殖酸钠还可以促进作物生长，增强作物的抗盐能力。腐殖质通过刺激团粒结构的形成，增加孔度，增强透水性，使盐分淋洗更容易，进而控制土壤返盐。有机质通过分解作用产生的有机酸，不仅可以中和土壤碱性，还可以加速养分的分解，刺激迟效养分的转化，促进磷的有效利用。因此，增加有机肥料的施用可以提高土壤肥力，改良盐碱地。此外，化肥的施用增加土壤中氮磷钾含量，促进作物的生长，提高了作物的耐盐能力，通过施用化肥改变土壤盐分组成，抑制盐类对植物的不良影响。无机肥可增加作物产量，多出秸秆，扩大有机肥源，以无机促有机。盐碱地施用化肥时要避免施用碱性肥料，选用酸性和中性肥料较好。硫酸钾复合肥是微酸性肥料，适合在盐碱地上施用，且对盐碱地的改良有良好作用。可通过作物秸秆还田、施用有机肥等措施改善过砂或过黏土壤的不良性质，促进土壤中团粒结构的形成，提高土壤的保蓄性和通透性，抑制毛管水的强烈上升，减少土壤蒸发和地表积盐，促进淋盐和脱盐过程，同时提升土壤肥力。

（三）化学改良技术

针对盐碱重、作物出苗困难的区域，可以施用酸性的腐殖酸类改良剂，对钠、氯等有害离子有很强的吸附作用，能代换碱性土壤上的吸附性钠离子，腐殖酸本身具有两性胶体的特性，可以在耕层局部调整土壤的酸碱度，腐殖酸中的黄腐酸是一种植物调节剂，可以提高植物的耐盐能力，通过施用改良剂可以提高作物的出苗。另外，针对碱化土壤，可以施用工业废弃物制作的石膏类改良剂如脱硫石膏改良剂、磷石膏改良剂等，通过钙、钠离子的置换反应，来降低土壤的碱化度，改善土壤的通透性，进而改善盐碱化程度。

图例

· 调查点

—— 主要道路

彩图3-1 巴州耕地质量调查评价点位

图例

主要道路
耕地质量等级
一等地
二等地
三等地
四等地
五等地
六等地
七等地
八等地
九等地
十等地

彩图3-5 巴州耕地质量等级分布